创新·融合·协同·共生

——构建国际一流的科技创新生态

中共北京市怀柔区委党校 编

中共中央党校出版社

图书在版编目（CIP）数据

创新·协同·融合·共生：构建国际一流的科技创新生态/中共北京市怀柔区委党校编 . --北京：中共中央党校出版社，2021.3

　　ISBN 978-7-5035-7042-1

　　Ⅰ.①创…　Ⅱ.①中…　Ⅲ.①科技中心-建设-中国-文集　Ⅳ.①G322-53

中国版本图书馆 CIP 数据核字（2021）第 052047 号

创新·协同·融合·共生——构建国际一流的科技创新生态

责任编辑	蔡锐华　刘金敏
责任印制	陈梦楠
责任校对	魏学静
出版发行	中共中央党校出版社
地　　址	北京市海淀区长春桥路 6 号
电　　话	（010）68922815（总编室）　　（010）68922233（发行部）
传　　真	（010）68922814
经　　销	全国新华书店
印　　刷	中煤（北京）印务有限公司
开　　本	700 毫米×1000 毫米　1/16
字　　数	371 千字
印　　张	27
版　　次	2021 年 3 月第 1 版　　2021 年 3 月第 1 次印刷
定　　价	80.00 元

微 信 ID：中共中央党校出版社　　　邮　　箱：zydxcbs2018@163.com

编 委 会

主　　任：王保军

委　　员：高随祥　高国忠　许　华

　　　　　阮清方　何昭瑾

序

　　党的十九届五中全会提出，要坚持创新在我国现代化建设全局中的核心地位，把科技自立自强作为国家发展的战略支撑。综合性国家科学中心是国家创新体系建设的基础平台。建设综合性国家科学中心，有助于汇聚世界一流科学家，突破一批重大科学难题和前沿技术瓶颈，将显著提升中国基础研究水平，强化原始创新能力，同时，对区域创新发展也具有极其深远的影响。

　　当前，北京、上海、合肥、深圳等地都在加速推进综合性国家科学中心建设，各有侧重，如火如荼，需要新思想新理念的启迪，需要各领域专家学者的智慧。党校作为党的重要思想理论阵地和中国特色新型智库，在干部培训、思想引领、理论建设和决策咨询方面有着独特的优势，拥有丰富的专家学者资源和高素质的教师队伍，是地方党委政府推动经济社会发展不容忽视的"智囊团"。此次由中共北京市怀柔区委党校牵头，联合中共中国科学院党校、中共上海市浦东新区区委党校、中共合肥市委党校、中共深圳市光明区委党校、中共北京市海淀区委党校共同开展的"创新·协同·融合·共生——构建国际一流的科技创新生态"主题征文活动，聚焦科技创新中心建设，开展重大课题研究，形成研究成果并汇编成集，分享经验、启迪智慧、共促发展。这种方式非常好，充分体现了党校的自身价值。

　　这本文集内容丰富，既有科技创新中心建设的理论探讨，又有北京、上海、合肥、深圳等地科学城建设的实践探索，还有推动综合性国家科学中心建设发展的对策建议。研究视角开阔，分析透彻，思想观点新颖，对策建议中肯，对推动综合性国家科学中心和科学城建设实践具有一定的参考价值。

怀柔是一座开放包容、崇尚创新、充满活力的城市，正在聚焦综合性国家科学中心，系统推进"五态"建设，加快推动科学城统领"1＋3"融合发展，引导高端创新资源要素集聚，打造国际科技创新中心新地标，建设世界级原始创新承载区。希望今后进一步加强与综合性国家科学中心和科学城所在地党校的沟通交流，发挥党校系统优势，整合领导干部、专家学者、各类智库、党校教师等资源，紧扣综合性国家科学中心与科学城建设中的重点难点问题，深入研究，深化合作，充分发挥党校智库作用。在此，真诚欢迎各类英才齐聚怀柔科学城，共同推动综合性国家科学中心建设，感谢社会各界的关心与支持。

中共北京市怀柔区委书记、怀柔科学城党工委书记

2021 年 1 月 25 日

目 录

理论探讨

实践探索

对策建议

理论探讨

论科学精神与科学家精神

一、从科学和精神说起

什么是科学？按照《现代汉语词典》解释，科学"是人们反映自然、社会、思维等的客观规律的分科的知识体系"①。在现代社会，科学已经发展成为一种集体性、创造性知识生产和智慧竞赛的活动，它包含一系列概念、原理、定理、定律等逻辑工具，是逻辑与想象、天赋与灵感、技术与发现的融合。随着人们的社会分工日益专业化和精细化，科学也专指科学研究这个行业。

科学是不断发展和丰富着的思想和理论体系。科学通过客观验证和逻辑论证相结合的严谨方法，用继承与批判的态度来验证、修改甚至否定新的或旧的科学思想和科学理论，形成了尊重和保障学术自由、求真求知、理性质疑、严谨实证的传统，被验证了的科学知识体系不断丰富和完善，具有累积性、持久性、渗透性。科学思想和科学理论的提出、验证，还必须经受实验、历史和社会实践的严格检验。一代代科学家通过探索未知、传播科学思想和科学精神，刷新人类对真理的认知，服务经济社会发展，增强人类改变世界的能力。

什么是精神？精神就是一个人或一类人在特定时期或特定环境下在某些方面表现出来的特征或特质。比如雷锋精神就是雷锋同志在他所生活和工作的环境下表现出来的一种特质；女排精神就是中国女排

---

① 《现代汉语词典》（第7版），商务印书馆2016年版。

集体在体育训练和竞技活动中所表现出来的"团结协作、顽强拼搏、永不言弃"的特质;"两弹一星"精神就是在当年艰难困苦的条件下,为新中国研制"两弹一星"的科学家们所体现出来的"热爱祖国、无私奉献、自力更生、艰苦奋斗、大力协同、勇于攀登"的英雄气概。

精神有时也指某些物的拟人化特质。比如"寒梅精神"喻指梅花"卓尔不凡,傲骨清香"的特质。这种特质,让人不禁想起"梅花香自苦寒来",想起诗句"已是悬崖百丈冰,犹有花枝俏"。又如"翠竹精神"借竹子"未出土时先有节,到凌云处总虚心""咬定青山不放松,立根原在破岩中。千磨万击还坚劲,任尔东西南北风"等特质,比喻坚韧不拔、虚心向上的品质;"红船精神"比喻中国共产党初创时期"开天辟地、敢为人先;坚定理想、百折不挠;立党为公、忠诚为民"的优秀品格。

还有一些以地域、事件或行业名字命名的精神。比如,"坚定执着追理想,实事求是闯新路,艰苦奋斗攻难关,依靠群众求胜利"的井冈山精神;"爱国,创业,求实,奉献"的大庆精神;"不怕牺牲,前赴后继,勇往直前,坚韧不拔,众志成城,团结互助,百折不挠,克服困难"的长征精神;"生命至上,举国同心,舍生忘死,尊重科学,命运与共"的抗疫精神;"特别能吃苦,特别能战斗,特别能攻关,特别能奉献"的载人航天精神等。

二、科学精神的概念和内涵

可以从多个视角来审视"科学精神"这一概念。从行为视角看,"科学精神"与奋斗精神、爱国精神等一样,是科学研究者行为做事的一种风格和态度。从职业视角来看,"科学精神"就是科学研究工作者所凝练并传承的一种职业特质,它是一种文化和范式。从属性视角来看,"科学精神"是科学的固有属性要求,它是以科学作为工作对象的人们所必须具备的基本素质,并经过长期积累凝聚成为科学家们从事科学活动的共同理念和行为准则。对科学精神内涵的把握，可以从科学活动的过程和科学活动的发展历史两个维度来考察。

从科学活动的过程看，科学研究是为解决问题或澄清问题开展的，这就要求科学活动的主体必须以问题为导向，努力发现问题的线索和症结。如果说科学活动的底部是"发现问题"，那么第二步就是"建立初步假设"。当然，所建立的假设一般具有不确定性，必须通过科学实验加以验证，因此就需要第三步："对假设加以验证"。通过验证，假设可以被证实，也可以被证伪，被证实的假设成为合理的理论，是在一定条件下的真理。

从科学活动的发展历史看，科学活动进程的不断发展，催生了科学精神。人们普遍认为，科学精神起源于古希腊，古希腊人认为自然界是具有其内在规律的，并且这种规律是可以通过数学工具来加以把握的，古希腊文明不仅关注知识的功用性，更关注知识的确定性，彰显出理性精神。到中世纪时，除阿拉伯世界的某些地方外，古希腊的科学精神在欧洲几乎绝迹。随着文艺复兴后科学革命的开启和实验科学的诞生，追求理性不断被赋予到科学精神当中。到工业革命后期，科学与工业日益结合，科学技术广泛运用于社会生产，人类对自然的支配能力大幅提升，科学作为一种革命性力量不断地改变世界和社会关系，地位越发重要。科学精神逐渐成为一种科学的思想文化特质，渐渐被职业科学家所推崇和接受。美国社会学家默顿就提出科学精神气质应具有四要素：普遍性、无私利性、无偏见性、有条件的怀疑，第一次对科学精神的内涵做出了概括。①

现代科学在中国始于五四运动，中国的科学精神也发端于这个时期。任鸿隽先生是五四时期著名的学者、科学家、教育家和思想家，他也是中国最早的综合性科学团体"中国科学社"和最早的综合性科学杂志《科学》月刊的创建人之一。1916年，他在《科学精神论》一

---

① 潜伟：《科学文化、科学精神与科学家精神》，《科学学研究》2019年第1期。

文中最早提出了"科学精神"概念，他指出："科学精神者何？求真理是已。"著名气象学家、地理学家、教育家竺可桢先生也多次就科学精神谈过自己的见解。1941 年，他在《科学之方法与精神》一文中指出[1]："近代科学的目标是什么？就是探求真理。科学方法可以随时随地而改换，这科学目标，探求真理也就是科学的精神，是永远不改变的。"新中国成立后特别是改革开放以来，随着科学技术的发展进步，科技在国民经济中不断彰显出不可替代的重要作用，影响着人们的生产生活，科学精神也越来越受到人们的关注。

2007 年，中国科学院发布的《关于科学理念的宣言》认为："科学精神体现为继承和怀疑批判的态度，科学尊重已有的认识，同时崇尚理性质疑，要求随时准备否定那些看似天经地义实则囿于认识局限的断言，接受那些看似离经叛道实则蕴含科学内涵的观点，不承认有任何亘古不变的教条，认为科学有永无止境的前沿。"[2] 通过多视角多维度考察，我们可以把科学精神的内涵概括为：唯实求真，理性客观；尊重规律，探求未知；大胆设想，严谨求证；质疑批判，传承创新；自由思想，开放包容；平等合作，追求至臻。

1. 唯实求真，理性客观

科学只看事实、只认真理，因此科学家应该对所有的事物都保持理性和客观的态度。首先是认识的客观性，其次是对待他人成果的客观性，再次是不夸大科学的作用，对科学的价值和功能实事求是地评价、理解和使用。科学理论的构建也应该符合理性规则，概念、原理和经验事实必须合乎逻辑地组织在一起。就整个科学研究的全过程而言，从问题的提出、问题的解决、直到结果的检验，都展现了理性的力量。

2. 尊重规律，探求未知

科学的一个基本信条就是相信自然界有秩序，并认为人类理性可

---

① 竺可桢等：《现代学术文化概论》（第 1 册人文学），上海华夏图书出版公司 1948 年版。

② 中国科学院编：《关于科学理念的宣言》，科学出版社 2007 年版。

以认识自然界秩序，科学的根本任务就是发现和认识客观规律，帮助人们认识世界、改造世界。因此人们必须敬畏规律、尊重规律。人类与生俱来的好奇心是科学产生和发展的动力，科学活动是人类在好奇心驱动下不断探索和揭示自然界前所未知的性质和规律的过程。人们通过探求未知，不断加深对自然规律的认知，不断丰富科学的思想、理论和知识体系。

3. 大胆设想，严谨求证

科学的发现不仅需要有好奇心，还需要有丰富的想象力，在逻辑推理的基础上，大胆假设和推断。同时要基于公理系统、现有理论以及实验条件，对假设和推断进行严谨的推导或验证，最终证实或证伪，以此一步步逐渐揭示规律或接近真理。

4. 质疑批判，传承创新

批判精神表现为在遵守求实和理性原则的基础上提出质疑。科学家应该坚信自己的判断，在这种意义上，批判精神体现为一种"个人主义"；同时，科学家可以对任何一种理论或观点提出质疑，在这个意义上，批判精神也是一种"自由主义"。

创新是科学的生命所在，科学发现与物质生产不同，物质生产可以成批地复制，而在科学研究中只有第一，没有第二。创新精神既是由人类的本质特征决定的，也是现代社会对科学事业的必然要求。科学的发展是一代代科学家不断传承积累的过程，在传承的基础上才能更好地创新，创新带来科学体系中新的积累。

5. 自由思想，开放包容

科学研究活动的一大特征是科学家必须有完全不受约束的自由思想。既不受现有的知识、思想、理论、学说、框架、规则的限制，更不受制于威权或权威。科学家还充分享有自由决定研究方向和研究领域的权力，这也体现出一种"自由"的精神。

科学活动及其结果是开放的、普惠人类的、"无私利性"的。科学研究的成果可以公布和发表，接受同行的检验，并可以作为其他人研究的基础，形成科技进步的竞争。科学研究的结果可以被证实，也可以被证伪。科学研究的失败是常有的事，科学是包容失败的，也包容不同的视角和观点。

6. 平等合作，追求至臻

平等精神强调的是真理面前人人平等，科学家之间没有权威存在。合作精神则强调科学家在科研过程中需要通过合作与交流达到提高。在宏大的科学研究面前，每个人的智力都是有限的，任何个人都不能完成科学发展的全部任务。随着科学研究逐渐深入，许多问题的解决都需要跨学科知识，各个学科间移植渗透、一体化、综合化的趋势越来越明显，这就内在地要求合作与交流成为自觉的行为。个人智慧与集体力量的有机融合构成了促进科学加速发展的动力机制。除此以外，科学发展所需要的高昂经济投入也决定了合作才能提高效率、节约资金。科学家们在合作探求真理的过程中，本能地不断发展和修正理论体系，使理论和学说达到自洽、完整和完善。

三、科学家精神及其内涵

科学家精神是科学家身上智慧、技能和优秀品行的集中体现，是科学家们在长期的科学实践中积累的行为典范和高贵品质。科学家精神的内涵可以概括为：求实理性；勇于创新；专注执着；承前启后；超然脱俗。

1. 求实理性

科学家们以探求真理、认知规律为己任，本着严谨的、实事求是的态度，进行推理和实证研究，去伪存真，以开放的心态对待可能发现的事实，平心静气地承认已发现的事实或所遭遇的失败，把自己的理论和观点建立在事实基础上，严谨理性、以理服人。

2. 勇于创新

科学研究是发现、是质疑、是探索、是创新，它对研究者有极大的吸引力。科学家在科研活动中，大都充满了强烈的好奇心、求知欲和想象力，通过不断地学习和探索来积累和更新自己的知识库。他们不迷信权威，具有质疑和批判的态度，具有使理论完善自洽和完美解释的执念，对人类的求知需求和应用需求具有自觉的响应性。这些都驱使他们不断探索、开拓创新，从而产生新思想、新理论、新方法、新知识。

3. 专注执着

优秀的科学家必定具有坚韧不拔、执着进取的品质，他们在科学研究过程中能耐得住寂寞，不怕失败，百折不挠。科学家总会对自己感兴趣的问题昼思夜想，心无旁骛，忘我钻研，穷究不舍。反过来，只有专注，才可能于细微之处有所发现，也才能在绞尽脑汁、苦思冥想的过程中激发灵感、产生顿悟。数学家陈景润曾被当作走路碰电线杆的"白专典型"。实际上是由于他对哥德巴赫猜想极其专注，对与此无关的事物毫不关心。

4. 承前启后

每一位科学家都是在前人的基础上推陈出新，产出自己的创新性成果，因此，他首先要做好学习和继承，然后才能进行质疑和批判，进而发现新规律、产生新认知。同时，他的成果又成为后来人继续开拓前行的基石。从这个意义上来说，在科学发展的进程中，每个科学家都是承前启后的接力者，既要承接前人，又要奖掖后人。事实上，许多成功的科学家都甘当人梯，做传道授业的师者。

5. 超然脱俗

一个真正的科学家在生活中往往是谦虚低调、朴实无华的，这也许是他们在科学的某个研究方向上登峰造极后的一种返璞归真，也许是他们无暇或不屑刻意追求生活的奢华享受。这使得他们在某些方面表现得超脱世俗，卓尔不群。他们大多不畏权贵、不慕虚荣，淡泊名利，排斥私欲的恶性膨胀和见利忘义的行为。他们思想独立、不受常规束缚，对世界的认知走在时代前列。

四、科学精神与科学家精神

科学家精神与科学精神既密切关联，又有区别。科学家精神是科学精神最为集中的体现，科学精神需要科学家去实现。但科学精神与科学家精神并不等同。科学精神是科学属性所决定的从事科学研究的人们所共有的特质，是科学工作者必备的基本素质，是对科学家的基本要求。而科学家精神是科学家将自己的智慧和品行融入科学研究活动中，经过长期积累凝聚出来的优秀品质。一名科研工作者要成为科学家，首先必须具备科学精神，但他不见得能够拥有科学家精神。一名优秀的科学家也许只能具有一项或几项科学家精神，而不见得能够拥有全部的科学家精神。科学家精神是引领科学家们行为的典范，是对科学家的较高要求。

在某种意义上，科学精神是尊重真理和规律的精神，而科学家精神是为真理献身的精神，是探索未知和奉献新知的精神。比如，核反应具有强烈的辐射效应，对人体有巨大伤害，在科学活动中人们要与这类放射性物质保持科学、安全的距离，这是"科学精神"。"两弹元勋"邓稼先，当年作为我国参与原子弹研制工程的科学家，十分清楚核辐射的危害性。在 1979 年我国空投氢弹失败，弹体坠地摔碎后，他冒着生命危险，进入现场用手直接拿起关键性的零件残片进行分析判断。由于他的身体长时间遭受超剂量的核辐射，后来全身出现溶血性出血，这展现的就是为真理献身的"科学家精神"。

五、中国当代科学家精神①

2019 年 5 月，中共中央办公厅、国务院办公厅印发了《关于进一

———————

① 《关于进一步弘扬科学家精神加强作风和学风建设的意见》，中共中央办公厅、国务院办公厅印发，2019 年 6 月 11 日。

步弘扬科学家精神加强作风和学风建设的意见》。在这份文件中，对中国当代科学家精神的内涵做出了明确的诠释，即胸怀祖国、服务人民的爱国精神；勇攀高峰、敢为人先的创新精神；追求真理、严谨治学的求实精神；淡泊名利、潜心研究的奉献精神；集智攻关、团结协作的协同精神；甘为人梯、奖掖后学的育人精神。对全国的科研工作者提出了弘扬科学家精神、加强作风和学风建设的要求。

1. 大力弘扬胸怀祖国、服务人民的爱国精神

继承和发扬老一代科学家艰苦奋斗、科学报国的优秀品质，弘扬"两弹一星"精神，坚持国家利益和人民利益至上，以支撑服务社会主义现代化强国建设为己任，着力攻克事关国家安全、经济发展、生态保护、民生改善的基础前沿难题和核心关键技术。

2. 大力弘扬勇攀高峰、敢为人先的创新精神

坚定敢为天下先的自信和勇气，面向世界科技前沿，面向国民经济主战场，面向国家重大战略需求，抢占科技竞争和未来发展制高点。敢于提出新理论、开辟新领域、探寻新路径，不畏挫折、敢于试错，在独创独有上下功夫，在解决受制于人的重大瓶颈问题上强化担当作为。

3. 大力弘扬追求真理、严谨治学的求实精神

把热爱科学、探求真理作为毕生追求，始终保持对科学的好奇心。坚持解放思想、独立思辨、理性质疑，大胆假设、认真求证，不迷信学术权威。坚持立德为先、诚信为本，在践行社会主义核心价值观、引领社会良好风尚中率先垂范。

4. 大力弘扬淡泊名利、潜心研究的奉献精神

静心笃志、心无旁骛、力戒浮躁，甘坐"冷板凳"，肯下"数十年磨一剑"的苦功夫。反对盲目追逐热点，不随意变换研究方向，坚决摒弃拜金主义。从事基础研究，要瞄准世界一流，敢于在世界舞台上与同行对话；从事应用研究，要突出解决实际问题，力争实现关键核心技术自主可控。

5. 大力弘扬集智攻关、团结协作的协同精神

强化跨界融合思维，倡导团队精神，建立协同攻关、跨界协作机制。坚持全球视野，加强国际合作，秉持互利共赢理念，为推动科技进步、构建人类命运共同体贡献中国智慧。

6. 大力弘扬甘为人梯、奖掖后学的育人精神

坚决破除论资排辈的陈旧观念，打破各种利益纽带和裙带关系，善于发现培养青年科技人才，敢于放手、支持其在重大科研任务中"挑大梁"，甘做致力提携后学的"铺路石"和领路人。

作者：高随祥，中国科学院党校副校长、中国科学院大学副书记；陈光宇，中国科学院党校九级职员。

加快建设创新型国家的
现实基础和实现路径

近年来，社会各界对我国发展状况展开了广泛讨论。此前热播的纪录电影《厉害了，我的国》让观众真切地感受到了中国发展所取得的伟大成就。成就令世人瞩目，甚至有专家讲中国已经全面超越了美国。这种评价是不是客观，我们如何更加客观地看当前中国的发展状况，这是我们需要十分清楚的，否则会在实践中走弯路，贻误发展机遇。

一、加快建设创新型国家的现实基础

现实基础需要从新中国成立 70 年，特别是改革开放 41 年取得的重大成就来看，找到我们的优势所在。但同时也应注意到我们存在的问题，一定要清醒地认识到核心技术和关键技术问题。而社会上也有一些不正确的看法，认为中国现在很多地方一无是处，什么都不如别人，这也是十分错误的。对于改革开放 41 年以及改革开放之前所积累的优势，我们还是应该清楚。正如习近平同志所说："我们既不能妄自尊大，也不能够妄自菲薄。"我们应该客观看中国发展的现实，客观看我们的差距，找到我们的问题所在，要踏踏实实地做好我们自己的事情。这种现实基础，我把它归纳为四个方面。

（一）科技和产业的优势

改革开放 41 年来，我国的研发投入、创新人员、创新创业型企业、产业基础以及创新平台都得到了很好的发展，这为中国的创新型国家建设和实施创新驱动发展战略，奠定了很好的科技和产业基础。首先是研发投入，这么多年来一直在不断增长，整体上来讲保持 10％以上的增长速度，甚至有些年份超过了 20％。2018 年我国研发投入为 1.97 万亿元，超过了欧盟国家的总和，占全球研发投入的 15％左右。从研发投入的强度来看，达到了 2.19％，对比来看，美国是 2.74％、日本是 3.59％、德国是 2.90％、瑞典是 3.16％、韩国是 4.29％。与以上国家相比，我国的研发投入相对还不够，但实际上我们已经超过了欧盟国家的平均水平。研发投入强度是不是越高越好？一定程度来讲，我们希望通过提高研发投入来提升我们的创新能力，这是没有问题的，但是并不是说研发投入越高越好。因为有了投入，不见得有产出，有产出也不一定合理。比如日本，研发投入强度达到 3.59％，看起来比我们高很多，但是研发投入的结构并不合理，研发投入绝大多数是大企业投的，中小企业创新活力不够，然而中小企业是创新的生力军，是很强大的后备力量。反观英国，他们的研发投入强度并不是特别高，只有 1.70％，但是英国的整个创新生态有其优势。这对我们的启发是，要进一步提高我们的研发投入强度，但是同时更重要的是要改善研发投入的结构，提升研发投入的配置效率。而从产出来看，近年来，一方面，比如人工智能领域的专利申请量不断攀升；另一方面，我们技术引进费用和研发投入的比是越来越低的。因此，我们是靠我们自己的创新来提升创新力的。

欧盟对全球 2500 家企业（占行业研发投入的 90％）的地区国别分布做了统计，中国企业占了 376 家，高于日本的 365 家。这几年颇受关注的创业和创新型企业，常以成立时间较短、市值较高的"独角兽企业"为典型进行考察，这类企业数量，我国也仅次于美国，居世界第二位。不过我国独角兽企业的质量、产业分布和美国不太一样。美国独角兽企业占比最多的是软件企业，而我国独角兽企业很多是商业模式创新。这是有差距的。但是当一个企业不断进行商业模式创新以后，未来可能会进一步进行技术创新，是技术创新的"潜力股"。

这些年，中国制造的发展成绩是有目共睹的。按照联合国的产业门类划分，中国的产业门类是最齐全的，改革开放 41 年来，实际上我们承接了发达国家的产业转移，为我们的产业奠定了很好的基础，既包括产业本身，也包括产业上附着的熟练工人和高技术人才。与美国产业空心化相比，由于中国有了产业基础、完整的产业链条，就有了创新的坚实基础。

（二）时代机遇

创新很多时候就是逼出来的。国际上有个"创新不安全理论"，比如以色列，其国土面积不大，70％～80％属于沙漠，严重缺水，但是其创新力为世界瞩目，这就是"逼出来"的。中国恰恰到了这样一个发展阶段。我们由高速增长阶段转向了高质量发展阶段，我们已处在转变发展方式、优化经济结构、转换增长动力的关键期。

中国的人口结构发生了变化，劳动年龄人口在减少，老龄化程度在加深，60 岁及以上的人口已经超过了 2.4 亿，如果劳动生产率还不提升，那么多的老人如何来养老？这实际上就是要倒逼提升产品附加值。我做了一个简单的统计分析，从 2012 年开始，我国每年平均减少的劳动年龄人口在 450 万左右。需要注意的是，劳动年龄人口减少不意味着当期的劳动力会减少。按照我国统计口径，劳动年龄人口是指16～59 岁的人口，这部分人可能因为上学等原因并不劳动，但他们是未来的劳动力。由此未来劳动力减少，老年人增加，如果劳动生产率提高不上去，老龄化问题是解决不了的。同时，年轻人的减少，创新活力可能也会减弱。年轻人多的地方，肯定是创新活跃的地方。东北的问题很多，但东北有一个很重要的问题，就是人口老龄化以及人口外流问题。如果没有人，如何谈创新？如何谈市场规模？中国是后发国家，必须要有一定的人口规模作支撑，来扩大内需，依靠内需来发展我们的经济。在这种情况下，就需要提升产业的附加值，提高我们的发展质量，要创新。

（三）市场优势

我们经常讲"五化"，即工业化、城镇化、信息化、农业现代化和绿色化，但总体上我国都是"过半"。有些地方还在工业化的初期或中期，户籍人口城镇化率还不到50%，我们还是有很大发展空间的，这是我们国家最大的优势，也是很多国家所不具备的。但是需要的注意的是，市场优势并不直接等于市场实力。推动创新发展的市场力量必须能够引导和倒逼企业技术创新。实事求是地讲，过去几十年我国巨大的市场规模为低端发展提供了广阔空间，造成一定程度的创新惰性和低端依赖。而支持创新发展的市场需要严格的产权保护和质量标准体系约束。我国在这两个方面已经取得了很大进步，但依然任重而道远。

（四）制度优势

由于中国共产党的领导，我们的政策具有持续性、稳定性优势，这是发展的根基。集中力量办大事，对攻克核心技术、关键技术，提供了极大的体制机制保障。还有全面深化改革，实际上就是要破除一些体制机制的障碍。比如《科技成果转化法》的修订，营造了良好的创新环境。同时应当看到，由于我们是"压缩式"发展，我们在几十年的时间里走完了西方发达国家几百年走的路。我们基础研究不够、核心技术关键技术掌握的也不够，但对于这一点来讲，我们也不能过于着急。一方面我们要坚持全面深化改革，加快建设创新型国家；另一方面还是要静下心来踏踏实实地做好我们自己的事情。

二、完善创新生态系统

创新问题是个系统工程，涉及科学、技术、制度、人才、资本、市场等各个方面，很难说一招下去，这个问题就解决了。我们要创新，要提高经济发展的科技含量，首先需要问有没有科学研究？有没有技术产品？有没有资金？有没有人才？有没有体制机制保障？这是创新的供给问题。那么接下来是否有市场需求？如果没有市场需求，即便产品做出来了创新价值也实现不了。而创新供给和需求是在一定硬环境和软环境之下的。下面就围绕这个问题讨论四个方面。

（一）如何完善供给

供给很重要的一方面是技术供给，而技术供给的背后就是研发投入，投入会有各方面的资金安排。当前要创新，力度仍然不足，要进一步加大研发投入，而同时也需要关注研发投入的短板在哪里，我们是不是有结构性问题？从研发投入的结构来看，我国的试验发展经费占比达 80％以上，应用研究经费占比 10％左右，基础研究经费占比基本在 6％左右。比较来看，发达国家的基础研究经费占比基本都在 15％左右，有的国家甚至达到了 30％，这是有距离的。关键技术、核心技术的突破离不开基础研究。中国很多技术创新只是冰山上的一角，冰山之下的基础研究，我们做的还不够。这是整体的情况。基础研究更多是由大学、科研院所承担的，企业是否进行基础研究？这是一个问题，从大的趋势来看，有条件的企业也要从事一些基础研究。我国企业基础研究经费占比为 0.1％，而美国基础研究经费占比是 4.4％、日本是 6.8％、英国是 5.1％、韩国是 13.1％，由此来看，我国企业在研究部分的投入是不足的。

解决我国基础薄弱的问题，可能涉及科研体制的改革。让搞基础研究的回归大学；搞共性技术、关键技术研究的要成为公益性的研究单位；搞开发的就是企业化的改革，把它推到市场，要让它自负盈亏，让它自己来发展。我们从国际经验来看，美国在二战之前，科研投入体制也是一种实用主义，技术创新很厉害，但是基础研究比较薄弱，严重依赖欧洲国家。二战以后，美国意识到无法再像之前那样依靠欧洲，必须依靠自己，要回归基础研究，要重视科学。中国现在是世界第二大经济体，需要高质量发展，要增强发展中的创新力量，这倒逼着我们要重视基础研究。因此党的十九大报告强调要强化基础研究，加强应用基础研究，特别强调了战略科技力量，这是事关全局的。

说到技术供给，我们还不能忘记另一个最重要的主体——企业。企业技术创新主体的地位到底怎么样？从数据上看，全社会研发经费的 78％以上由企业来支出，企业是技术创新主体没有问题。但是，企业技术创新主体地位还不牢固，技术创新体系产、学、研深度融合也不够，企业研发投入的强度还不够，存在研发投入不敢投、不愿投、不会投等问题。强度达不到，很多东西真的出不来。此外，中美贸易摩擦暴露出来的问题是我国 ICT 产业的短板，实际上我国制药和生物技术产业也是相对薄弱的。世界 500 强企业里，制药和生物技术领域占了 25％，而中国 100 强企业在此领域基本为空白。当前中国的老龄化问题，看病难、看病贵问题，经济持续发展的问题，实际上有个很重要的根基就是制药和生物技术的发展。

钱有的时候不是个大问题，优秀人才缺、优秀人才引进难才是大问题。创新背后实际是人才问题。人才供给涉及人才的培养，人才的培养则涉及教育，所以整体来讲，教育问题是一个关键。有个说法，经济决定着我们的今天，创新决定着我们的明天，教育决定着我们的后天。所以需要进一步完善教育制度，培养出更多的创新型人才。而在人才使用方面，充分发挥市场作用，要向用人主体放权，为人才松绑，充分发挥市场对人才资源配置的决定性作用，这就涉及政府和市场之间的关系。政府该出手时要出手，不该出手时绝对不能出手。另外，还有一个人才吸引问题，全球人才的集聚，实际上可以起到集聚效应，可以提升创新，加快创新速度，提升创新水平，美国的创新能力强，很重要一点就是集聚了全球创新人才。因此要吸引更多的人才，形成集聚效应，推动创新发展。

（二）如何完善需求

需求实际上是战略性资源，如何充分利用？需求并不是简单地说人多市场自然就会大，还涉及收入分配问题。研究结果已表明，一国收入分配差距过大，不利于该国创新发展。这是因为，收入差距过大，收入高的人对国内创新产品的需求并不是那么强烈，而收入低的人购买力不足，因此要通过改革收入分配制度，做大中等收入群体，让这些人有品牌的忠诚度，进而推动企业的创新发展。为此，一是要完善政府采购，构建以推动创新发展为核心目标的政府采购政策体系。二是要对引资有所筛选。三是要推动中国企业"走出去"。而在"走出去"上，既要避免为了"走出去"而"走出去"，也要避免低端"走出去"。

（三）如何完善创新环境

创新环境是一个大的概念，我们实际上是把供给和需求之外的这些因素全部纳入到环境里，比如投融资体系。有的学者将"硅谷"成功的原因归纳为三个方面：一是斯坦福大学，二是风险投资，三是里根政府。而风险投资和传统的金融体系不同，这启示我们要发展多层次的资本市场来为创新发展解决资金问题和创新产品价值实现问题。

通过推动创新来降低企业交易成本还需要制度的跟进。知识产权保护是推动创新发展很重要的制度安排，也是很重要的环境。知识产权保护是保护收益的，这是我们都能理解的，而知识产权保护也有平衡问题和适度保护问题。诚然，对于当前的中国，很多领域保护的仍然不够，我们在不断加强保护，但是也不能过度保护，知识产权制度保护实际上是一种垄断权，如果过度保护则是在保护一种落后。西方发达国家也曾走过这样的路，就是有一个平衡的问题，特别是对于新兴领域，也存在平衡问题，过度保护可能是不利于创新的。当然，知识产权不仅仅是个保护问题，还要运营、使用，要进行转移和转化，是一个链条上的问题。

完善创新环境还有一个创新文化问题。中华民族的文化在很多方面都是鼓励创新的，但是否还有一些制度安排阻碍了创新？我把与创新有关的文化疑问归纳了一下，主要包括"四问"：李约瑟之问、韦伯之问、钱学森之问和乔布斯之问。李约瑟是英国的科技哲学家，他对中国的科技史进行研究后提出一个问题，即现代科学为什么没有出现在中国而是出现在了欧洲？李约瑟给出了两个解答：一个是中国科举制度，由于科举制度考的是治国大略，而并非数学、物理、化学等，因而科学研究没有群众基础；另一个是中国的传统思维更多强调的是感性，形而上不够。韦伯之问问的是资本主义的发展为什么没有出现在更加早慧的中国？韦伯认为，在中国的封建社会，社会民众和统治者之间缺乏对等的契约关系。钱学森之问提出了中国为什么出不了大师？他的回答是，受封建思想影响一直如此。乔布斯之问是问中国社会为什么出不了乔布斯？这事实上对中国的文化提出了一些问题。那么中国文化应该怎样来创新？从长远来讲，应该改造我们的文化，让我们的文化更多鼓励大家创新，比如敢质疑、犯错之后不丢人的文化氛围。实际上"硅谷"的成功，很重要的一点在于"硅谷"的文化，在那里失败不丢人，反倒成为一种财富。如果有这样一种文化氛围，我们的创新之路就会走得越来越好。

（四）通过改革来推动创新生态系统的完善

党的十九大报告提到了深化市场经济体制的两个重点，一个是要素市场化配置问题，另一个就是产权制度改革。产权制度不仅是知识产权，也包含一般的产权。公有产权神圣不可侵犯，私有产权也同样神圣不可侵犯。近年来，中央出台了《关于完善产权保护制度　依法保护产权的意见》《关于营造企业家健康成长环境　弘扬优秀企业家精神　更好发挥企业家作用的意见》等文件。这些体现深化改革精神的重要文件，对于各个创新主体，可以起到激发其创新活力、创新动力的重要作用。当然改革不仅如此，还包括要构建容错、纠错的机制等。不管怎么说，深化改革最终是要营造一个科技人员要心宽、企业家要心安、党政干部要心热、创业人员要心动的好环境，这样我国创新型国家的建设就会越来越稳、越来越好。

作者：陈宇学，中共中央党校（国家行政学院）经济学部教授、博士生导师。

把握发展逻辑 加快构建科学城
统领"1＋3"融合发展新格局

习近平总书记在省部级主要领导干部学习贯彻党的十九届五中全会精神专题研讨班开班式讲话中指出："进入新发展阶段、贯彻新发展理念、构建新发展格局，是由我国经济社会发展的理论逻辑、历史逻辑、现实逻辑决定的。"科学认识和把握发展大逻辑，对于开启全面建设社会主义现代化国家新征程意义重大。中共北京市怀柔区委五届十四次全会研判形势、把握规律，做出了全力开启科学城统领"1＋3"融合发展新格局的战略部署，体现了怀柔的政治站位、阐明了未来发展的方向、确立了高质量发展的路径，是新时代经济社会发展内在逻辑的现实体现。

一、科学城统领"1＋3"融合发展是怀柔所处历史发展阶段的必然选择

习近平总书记在省部级主要领导干部学习贯彻党的十九届五中全会精神专题研讨班开班式讲话中指出："正确认识党和人民事业所处的历史方位和发展阶段，是我们党明确阶段性中心任务、制定路线方针政策的根本依据，也是我们党领导革命、建设、改革不断取得胜利的重要经验。"从一个国家，到一个区域，都必须清晰地判断自己所处的历史方位，才能在新时代找到正确的发展方向。正确认识怀柔所处的

发展阶段、历史方位，是明确怀柔未来发展方向、阶段性中心任务和制定政策措施的根本依据。

怀柔区委五届十四次全会指出："主动融入新发展格局，在首都率先探索构建新发展格局的有效路径中制定怀柔举措，必须坚定不移推动科学城统领'1＋3'融合发展。无论处在任何发展阶段，我们都要全力服务国际科技创新中心建设，为建设科技强国作贡献。"坚持科学城统领"1＋3"融合发展，是基于对当前怀柔发展环境的深入剖析和科学研判提出的全局性、长远性发展思路。

进入新发展阶段，怀柔发展与党和国家事业全局、首都发展大局的联系更加紧密，其中呈现出战略机遇叠加期、转型跨越质变期、特色优势彰显期"三期并存"的鲜明特征。

战略机遇叠加期，意味着"两个大局"之下机遇在不断凸显，新发展格局之中怀柔被持续赋能。党的十九届五中全会强调："坚持创新在我国现代化建设全局中的核心地位，把科技自立自强作为国家发展的战略支撑。"明确提出："支持北京形成国际科技创新中心。"北京市在"十四五"时期确定了"加快建设国际科技创新中心，办好国家实验室，推进国家重点实验室体系在京重组，加快综合性国家科学中心建设，形成国家战略科技力量。进一步突破怀柔科学城，推进大科学装置和交叉研究平台建成运行，形成国家重大科技基础设施群"等一系列重大部署。从中我们认识到，综合性国家科学中心和国家实验室是国家战略科技力量，怀柔科学城是北京推进国际科技创新中心建设的重要支撑。在怀柔服务北京"四个中心"进程中，中国影都、国际会都都是怀柔深度融入首都发展大局、坚持以首都发展为统领的生动体现。这些不仅有利于我们更多更好地争取上级支持，有利于我们加快形成集聚各类发展要素的"强磁场"，更有利于我们先行先试破解制约发展的深层次问题。这些"叠加"的战略机遇要求我们必须坚持科学城统领"1＋3"融合发展，唯有如此，才能深度融入首都发展和国家发展的新格局，实现自身高质量发展。

转型跨越质变期，意味着怀柔发展迎来从"量变"到"质变"的跨越，迈向高质量发展阶段。北京进入新发展阶段，走过"集聚资源求增长"向"疏解功能谋发展"转型的关键阶段，正在向"四个中心"建设、提高"四个服务"水平、提供优质政务保障能力和国际交往环境的大国首都、国际一流的和谐宜居之都的发展方向迈进。怀柔也进入了深度转型发展的新的关键阶段，正在成为首都加强"四个中心"功能建设、提高"四个服务"水平的重要支撑，形成国家战略科技力量，成为世界著名政经会议目的地和文化科技融合示范窗口。在这一背景下，将从过去确立的以生态涵养为核心，以科技创新、会议休闲、影视文化为支撑的"1＋3"发展格局，优化提升为科学城统领"1＋3"融合发展新格局，是时与势的要求，是继承中的创新，是接续中的奋斗。只有这样，才能为怀柔发展明确新方向，增添新动力，创造新机遇。

特色优势彰显期，意味着在坚持首都发展统领下，怀柔发展的特色优势越发被厚植。从改革发展看，怀柔科学城是我国科技创新的重要策源地，瞄准建设"世界级原始创新承载区"和具有全球影响力的"百年科学城"，是北京建设国际科技创新中心的"三城一区"的重要承载地。从生态文明看，作为北京北部重要生态屏障，生态环境状况指数连续五年排名全市第一，成功创建"绿水青山就是金山银山"实践创新基地，在北京生态文明建设中具有示范引领作用。从对外交往看，自 1995 年的联合国第四次世界妇女大会非政府组织（NGO）论坛到 2014 年的第二十二次亚太经合组织（APEC）领导人峰会，再到两届"一带一路"国际合作高峰论坛，怀柔实现从首都远郊区向服务国家对外交往新区的华丽转身，成为服务国家总体外交大局和北京国际交往中心的重要承载区。从文化建设看，随着北京电影学院、阿里文娱产业基地、制片人总部基地、博纳影业总部基地项目建设等项目入驻怀柔，影视拍摄、后期制作、娱乐休闲、旅游观光等蓬勃发展，"来影都过周末"品牌逐步打响。

简言之，时移势易。进入新阶段，怀柔发展机遇前所未有，"时和势都在我们这边"。在诸多特色彰显，各色灯光聚焦下，如何做到既整体推进，又重点突出，明确科学城统领"1＋3"融合发展恰逢其时、恰到好处，是我们所处历史发展阶段的必然选择。

二、科学城统领"1＋3"融合发展是怀柔实现高质量发展的最佳路径

习近平总书记指出："高质量发展，就是能够很好满足人民日益增长的美好生活需要的发展，是体现新发展理念的发展，是创新成为第一动力、协调成为内生特点、绿色成为普遍形态、开放成为必由之路、共享成为根本目的的发展。"具体到怀柔，就是能很好满足怀柔人民对美好生活需要的发展，是以创新、协调、绿色、开放、共享新发展理念为引领的发展，是以创新为第一动力全面协调可持续的发展。科学城统领"1＋3"融合发展，将为怀柔经济社会高质量发展注入科技动力，形成协调格局，打造开放品牌，满足群众期盼，提供动力支持。

科学城统领"1＋3"融合发展将为怀柔高质量发展激发动力活力。创新是引领发展的第一动力，抓创新就是抓发展，谋创新就是谋未来。站在"支持北京形成国际科技创新中心""加快综合性国家科学中心建设"等重大国家战略叠加的机遇窗口期，怀柔需要"科学城统领"实现以创新为根本驱动力的高质量发展。期间怀柔必须"怀有所长"，这个"长"就是强劲的科技创新优势。在推进科学城统领"1＋3"融合发展中，必将把创新理念融入经济社会发展的方方面面，激发怀柔高质量发展的动力活力。

科学城统领"1＋3"融合发展将充分体现区域协调发展内生特点。推动科学城统领"1＋3"融合发展，既是着力提升怀柔区域协调发展水平的生动体现，也是新时代怀柔高质量发展的题中应有之义，必将对全市区域协调发展发挥积极作用。进入新阶段，立足服务首都城市

战略定位和怀柔发展实际，逐步形成了"1＋3"发展格局，不断推进区域经济均衡、协调、绿色、创新高质量发展。从全域经济社会发展的协调性来看，还存在着优势发挥不充分、科技创新发展不足、相互支撑不够等具体问题，坚持科学城统领"1＋3"融合发展，聚焦核心动力、遵循发展逻辑，体现怀柔时代特色，将为在有限的资源和配置资源的能力下，实现高质量发展找准均衡、协调、健康、可持续的路径。

科学城统领"1＋3"融合发展将极大助力怀柔构建转型开放的现代产业新体系。开放是高质量发展的必由之路，怀柔的高质量发展也必须融入国内国际双循环的大局之中。怀柔一直以来有着开放交流的传统，从联合国第四次世界妇女大会到第二十二次亚太经合组织（APEC）领导人峰会，再到两届"一带一路"国际合作高峰论坛，既体现了服务国家外交大局和首都高质量发展的责任担当，又为自身发展赢得了机遇、注入了活力。随着科学城建设的加快，我们又一次站在了开放的新前沿。科学城开放创新的平台作用日益凸显，国际学术交流、前沿科技论坛、国际科技组织相继落户，给这座正在快速崛起的科学城又增添了许多新的亮色。如果说，十年前的怀柔还苦于"东西不靠"的远郊之困，如今已是"跨界融合、内外辉映"，迈开了高质量开放、新动能发展的大步伐。正是科学城统领"1＋3"融合发展，为我们持续提升开放水平，深度融入首都发展大局，推动高质量对外开放，积极参与和融入全球科技竞争体系，搭建了舞台，提供了机遇。

科学城统领"1＋3"融合发展蕴含着增进怀柔人民福祉的巨大潜力。高质量发展本质是以人民为中心，能够很好满足人民日益增长的美好生活需要的发展。蔡奇书记强调，怀柔科学城是"科学＋城"，"城"就是创新环境、配套服务。未来一个时期，国家、市级和社会各界不仅将投入大量资金用于重大科学设施项目建设，同时将全面布局科学城及周边地区住房、教育、医疗、交通、文化、体育、商业等城市功能要素，正在并将持久为怀柔的城乡面貌、城市转型、农村发展、产业升级带来前所未有的重大变革。区委五届十四次全会指出，建设科学城不仅将为怀柔带来更具长远性、持续性、全面性、系统性的深刻影响，也将推动一大批优质公共服务资源加快落地，在教育医疗保障、商业文化供给、城市文明程度等方面，有效解决群众的操心事、烦心事、揪心事。事实上，在怀柔科学城建设的引领带动下，清华工研院雁栖湖创新中心、国科大怀柔科学城产业研究院、创业黑马各类创新主体落户怀柔，北京一零一中学、实验二小、中关村一小、五一小学等优质资源加速集聚，怀柔医院二期、妇幼保健院迁址新建加快推进。所有这些正在并持续为全区人民安居乐业创造更好的环境和实实在在的获得感。在追求高质量发展的道路上，科学城统领"1＋3"融合发展的"大图景"已经与千家万户的"小目标"交相辉映。

三、科学城统领"1＋3"融合发展是系统推进工作的方法论

习近平总书记指出："系统观念是具有基础性的思想和工作方法。"系统观念是马克思主义基本原理的重要内容，其本质就是应用系统思维分析事物的本质和内在联系，从整体上把握事物发展规律的方法，是马克思主义哲学提供给我们的科学思想方法和工作方法。科学城统领"1＋3"融合发展，就是应用系统思维分析怀柔现阶段形势、任务的本质和内在联系，从整体上把握怀柔发展的要求、趋势做出的战略安排，是坚持系统观念在谋划怀柔发展中的具体运用和生动实践。这一观念，综合考虑了未来一个时期怀柔发展趋势和北京发展条件，坚持把科学城建设摆在"统领"位置，集中体现了怀柔的政治站位、历史方位和职责定位。在此基础上，又着眼整体，强调要推动全区各方面工作深度"融合"，充分体现了对怀柔高质量发展的前瞻性思考、全局性谋划的大局观、整体观。整个发展过程中科学城建设是关键要素，对怀柔发展的形态、特征、功能都发挥着重要作用。在科学城统领

"1＋3"融合发展新格局中，科学城统领是魂，是纲，是方向，是动力；"1＋3"融合发展是船，是桥，是方法，是路径，二者相互联系、相互制约，相互促进、相互作用，统一于服务首都功能推动怀柔高质量发展的大局之中。科学城统领"1＋3"融合发展，是一个有机的系统工程，缺一不可。"统领"推动全区各方面工作深度"融合"，是工作理念的创新、工作模式的优化、工作力量的整合。

科学城"统领"为"1＋3"融合发展提供方向和动力，是推动怀柔发展的"指向针"和"发动机"。"统领"是统帅领导、纲举目张，是带动区域发展的核心动力和强大引擎。科学城是当前和今后一个时期怀柔发展的总要求和大趋势，是"整体"中的发展"重点"，"1＋3"融合发展是包含"重点"的"整体"。科学城建设虽然是现阶段怀柔各项工作的一环，却事关怀柔发展的全局和关键。怀柔没有科学城，就没了实现发展的龙头，就难以吸纳北京、全国乃至全世界的最高端资源，难以提升怀柔在北京发展中的地位、作用和影响力，怀柔科学城已日益成为创新驱动发展的"主力军"和"主引擎"。必须从整体推进的全局性高度来谋划，同时又要兼顾全区协调发展这一最终目的来整体推进。换句话说，科学城建设能带动怀柔实现重点突破，"1＋3"融合能促进怀柔发展的整体推进。以此通过重点突破带动整体推进，通过整体推进为重点突破奠定基础，创造条件。

"1＋3"融合发展为科学城建设提供强有力保障和支持，是统筹推进怀柔高质量发展的方法和路径。恩格斯曾说，"手并不是单独存在的。它只是整个具有极其复杂的结构的机体的一个肢体"。只有作为有机体的一部分，手才能够具备劳动的功能，一旦脱离整个有机体，手就将丧失其劳动器官的本质规定。同样，科学城的高标准推进离不开"1＋3"融合发展。"1＋3"融合发展是怀柔发展中的"整体"，具有全局性作用。只有在突破科学城建设的同时，依托科学城引领辐射带动功能、畅通"1＋3"之间融合发展之路，才能在怀柔发展的整体中获得自身的规定性，才能"水涨船高"，避免"月明星稀"，从而实现区域间协同发展，顺应人民群众新期待。

科学城统领与"1+3"融合发展我中有你、你中有我，是互为激发、互为促进的辩证统一体。实现怀柔高质量发展涉及各领域、各方面，并且各个领域、各个方面的关联性和互动性明显增强，每一项工作都需要其他工作协同配合。如果不坚持整体推进、融合发展，某一领域就可能成为"短板"，形成连锁反应，影响其他领域的发展。如果不重视生态与科技的融合，不能高标准打造科学城的亮丽生态底色，就会降低百年科学城蓝绿交织的成色、最终降低科学城未来的吸引力；反之做不到科技赋能生态建设，就不能利用科技促进生态的保护、就无法履行保障首都生态安全的政治责任，实现让怀柔这座美丽的城市掩映在自然山水之中的价值追求。同理，如果会议休闲与影视文化不能实现融合，缺乏科学城带来的巨大、高端的人流和市场，休闲会展也将可能丧失持久的动力，会议休闲与影视文化不能同频共振，就无法为科学城建设所需人才团队提供更好的休闲去处、更好的居住条件、更好的宜人环境，影响"近者悦、远者来"城市品牌形象的打造。只有不断强化国际会都和科学城的联系，以更加开放的姿态打造世界前沿学术环境，主动与国内外科技界、产业界、金融界代表分享发展机遇、共享科创成果、深化合作交流，才能推动国际会都成为全球学术新思想、科学新发现、技术新发明、产业新方向的重要策源地。

正是从现实需要和未来发展全局出发，区委做出科学城统领"1+3"融合发展战略部署，围绕中心工作的同时与其他方面工作融合发展，是坚持重点论与两点论的有机统一，在推进怀柔高质量发展中具有既能"十指弹琴"，又有效避免"眉毛胡子一把抓"的方法论意义。

四、推进科学城统领"1+3"融合发展必须统筹推进"五态"建设

着眼怀柔发展新的历史方位和职责定位，区委五届十四次全会提

出系统推进"五态"建设的目标路径。坚持把"五态"建设的基点放在创新上，目标锚定协调上，底线设在绿色上，标准设在开放上，价值体现在共享上，这是构建科学城统领"1+3"融合发展新格局根本的发展思路、发展方向和发展着力点，是管全局、管根本、管长远的工作布局和战略安排，也是全力推动怀柔实现经济行稳致远、社会安定和谐的战略部署。

一是持续深化前沿领域前瞻性布局，坚持做足"突破"文章，全面提高科学城的爆发力和创新力，以新思维、新理念推进"百年科学城"建设，聚焦综合性国家科学中心建设，围绕加快形成国家战略科技力量、充分激发各类创新主体活力、全面提升创新体系整体效能，加快构建协同高效的科技创新生态。

二是紧扣城市总规赋予怀柔的功能定位，统筹好生产、生活、生态空间，加快构建宜居、宜业、宜研、宜学的城市环境，深入落实"科学+城"要求，坚持科学与城市同步成长，实施城市更新行动，推动城市形态更新、功能镶嵌发展，紧盯建设高品质开放型城市，全面提升公共服务能力和管理精细化水平，强化特色功能优势，进一步激发城市活力，全力打造新型城市形态。

三是认真履行保障首都生态安全政治责任，深入打好污染防治攻坚战，纵深推进"疏整促"专项行动，坚持为具有首都特点的乡村振兴做出引领示范的核心任务不动摇，以更高标准推动绿色发展，巩固"两山"实践创新基地创建成果，持续提升城乡生态环境品质，建设好科技创新战略腹地，努力推动生态优势转化为聚集高端资源，促进创新发展的有力支撑。

四是全面贯彻新发展理念，建设与原始创新承载区相适应的现代化经济体系，主动融入"两区""三平台"建设，坚持围绕产业链部署创新链，围绕创新链布局产业链，大力培育"高精尖"产业业态。顺应产业数字化、数字产业化发展趋势，落实促进数字经济创新发展行动纲要，打造北京全球数字经济标杆城市战略支点，夯实高质量发展的体制机制。

　　五是全面落实新时代党的建设总要求，一以贯之、坚定不移全面从严治党，充分发挥党建引领发展、保障落实作用，倍加珍惜、持续巩固良好的政治生态。完善"讲政治、爱学习、懂科技、会创新、善服务"教育培养体系，全面提升干部干事创业"七种能力"，持续营造风清气正的政治生态，为构建科学城统领"1＋3"融合发展新格局提供重要保障和关键支撑。

　　作者：王保军，中共北京市怀柔区委党校党委书记、常务副校长，高级政工师。

体制创新科技创新双轮驱动 强力推进先进制造业集群建设

——以合肥新型显示平板显示集群为例

2020年8月18日至21日，中共中央总书记、国家主席、中央军委主席习近平在安徽考察时强调，安徽要加快融入长三角一体化发展，实现跨越式发展，关键靠创新。要进一步夯实创新的基础，加快科技成果转化，加快培育新兴产业，锲而不舍、久久为功。习近平总书记还指出，要深刻把握发展的阶段性新特征新要求，坚持把做实做强做优实体经济作为主攻方向。制造业是经济发展的根基，我们要把基础夯实，把核心技术掌握好。在构建以国内大循环为主体、国内国际双循环相互促进的新发展格局中实现更大作为，在加快建设美好安徽上取得新的更大进展。安徽省深入学习贯彻习近平总书记视察安徽重要讲话精神，机制创新科技创新双轮驱动，着力下好创新"先手棋"，强力推进合肥新站世界级平板显示产业集群建设。促进平板显示产业迈向全球价值链中高端，培育世界级先进制造业集群。

合肥新型显示产业集群聚焦全球新型显示发展新动向，以建设世界一流新型显示产业集群为目标，通过技术创新、战略落地、引才引智等为抓手，按照"龙头企业—大项目—产业链—产业集群"发展思路，积极布局新材料、新产品、新技术，已形成涵盖新型显示产业上、下游的完整产业链，实现了"从沙子到整机"的全产业链布局，体制创新科技创新双轮驱动强力推进先进制造业集群建设，并在2019年获国家首批战略性新型产业集群。

体制机制创新，充分发挥"服务者"的作用，创新体制机制，为新型平板显示产业集群建设提供制度保障。合肥市成立了新型平板显示产业集群工作领导小组，由市长挂帅，聘请业界资深专家担任产业发展顾问，定期召开联席会议，分析产业发展形势，研究解决集群发展工作中遇到的重大问题，把握集群建设的正确航向。制定出台科技创新、项目建设、人才引进等一揽子激励政策，打造鼓励支持新型显示产业集群建设的政策高地；积极探索"基金＋集群"的产业投融资模式，引入金融机构一体化招商，与各类产业投资基金、创投基金、券商、银行开展战略合作，项目洽谈期间即邀请金融机构参与、介入，发挥资本对企业投资的牵引作用，加大资金和要素保障支持力度。新站高新区还与市创业引导基金共同设立了总规模9亿元的新站产业投资基金，支持集群重点项目建设。基金设立后完成新型显示产业项目投资11个，撬动了社会资本100多亿元。体制机制的创新，调动了集群内部上下游企业协同发展积极性，优化了企业各组成部分，提高了效率，增强了集群的整体竞争能力。集群内部企业密切协作，初步形成了以京东方、维信诺等为龙头，新型平板显示产业上下游企业密切合作。京东方作为国内平板显示的龙头企业，是祖国大陆唯一一家自主掌握六代以上液晶屏核心技术的企业。成功开发出了新型的OLED屏幕，打破了韩国三星、LG等在柔性OLED显示屏领域的垄断地位。以安徽省京东方光电科技有限公司为龙头企业，安徽省新型平板显示产业形成了较完整的产业链，吸引集聚了京东方、维信诺等一批国际知名企业，在新型显示产业规模、核心技术水平、主要产品影响力等方面均处于全国领先、世界先进水平。新型平板显示产业催生了相关上下游产业的发展，同时也促进了安徽省经济的发展。安徽省新型显示产业在国内外市场带动和产业政策引导下，产业发展继续呈现良好发展态势。

科技创新为新型平板显示产业集群建设提供恒久动力。科学技术是第一生产力，科技创新为打造世界级新型平板显示集群注入了新活力、新动能。合肥市以科技创新为先导，发挥引领作用，涌现出一大批创新成果。科研项目居国际国内领先水平，大尺寸显示屏已投入生产，12寸晶圆技术水平位于世界一流，柔性显示屏全球尺寸最大、分辨率最高，量子点彩膜技术等先进显示新技术取得突破性进展。建立国家级、省级技术创新研发平台建立创新平台，集群现拥有省级技术创新载体24家，国家级技术创新载体数量7家（见表1）。依托创新平台，创新成果不断涌现。仅2019年，集群内企业申请专利596件，获得发明专利授权134件。一系列处于国际国内领先水平的科研项目先后取得突破，全球尺寸最大、分辨率最高的硅基柔性显示屏成功点亮，12寸晶圆硅基柔性显示产品性能优于国际一线厂商；8K大尺寸产品已经输出样机；柔性折叠、薄膜封装等技术已应用；同时积极开展量子点彩膜技术研发。合肥新型显示产业集群众多企业建设的生产线都属国内首创，部分产品的性能及指标达到国际先进水平，填补了多项国内空白。新型显示产业集群拥有大陆首条高世代薄膜液晶显示代线，大陆首条金属氧化物背板工艺薄膜液晶代线，全球首条薄膜液晶显示10.5代线、康宁10.5代玻璃基板，柔性显示6代线已成功点亮，面板产线规模国内领先。2019年合肥京东方合计实现面板产值370亿元，出货面积约占京东方集团总出货面积的30%。高代玻璃基板产品填补国内空白，打破国外垄断。

表1　合肥新型显示产业集群国家级技术创新载体梳理

序号	平台名称	级别	所属企（事）业
1	安徽省现代显示技术重点实验室	国家级	安徽华东光电技术研究所、合肥工业大学
2	国家特种显示工程技术研究中心	国家级	安徽华东光电技术研究所
3	特种显示技术国家工程实验室	国家级	合肥工业大学
4	现代显示技术国家重点实验室	国家级	合肥工业大学

序号	平台名称	级别	所属企（事）业
5	合肥乐凯科技产业有限公司技术中心	国家级	合肥乐凯科技产业有限公司
6	膜晶体管液晶显示技术国家地方联合工程研究中心	国家级	合肥京东方光电科技有限公司
7	"平板显示玻璃工艺技术国家工程实验室"合肥研发中心	国家级	彩虹（合肥）液晶玻璃有限公司

合肥新型显示产业高度重视技术创新，2019年集群企业平均研发投入强度约为2.31％，企业技术创新突破取得长足进展。在关键技术研发方面，京东方三条薄膜液晶产线关键技术有布局研发，高带线已经输出样机，应用于大尺寸产品，在前瞻技术布局方面，12寸晶圆的硅基产品性能指标优于国际一线厂商；多家企业正在开展量子点彩膜技术研发。全彩显示、驱动、检测及修复等方面技术进展较快。科技创新激活了实体经济高质量发展新动能，为早日建成世界级新型平板显示集群提供了源源不断的动力。

体制创新和科技创新"双轮驱动"，助力新型平板显示产业集群建设长久发展。党中央提出创新驱动发展战略，研究制定了《国家创新驱动发展战略纲要》，完成创新驱动发展的顶层设计，提出"三步走"战略任务和目标，绘就了创新发展宏伟蓝图。在创新驱动发展战略指引下，新型显示产业发展呈现新的特征。合肥市在大力发展液晶平板显示产业的同时，积极布局柔性有机发光显示产业，持续推进新型显示产业集群建设向纵深发展。集群拥有国内薄膜晶体管液晶显示面板首条6代线、首条金属氧化物8.5代线和全球首条10.5代线。2019年，显示面板出货量约2.5亿片，占全国显示面板出货面积的比重约为11％。液晶显示产业链条完整，向上开发玻璃基板、光刻胶等上游材料和器件，向下布局智能电视、智能手机等智能终端产品，集群内部企业密切协作，加快产业链多个配套大项目建设，规模效益逐步显现。在推进液晶显示产业发展同时积极谋划柔性有机发光显示产业化，下好产业升级、产业布局和集群持续发展"先手棋"。有机发光显示打印技术平台目前已基本建成,全球首个55英寸全喷墨打印技术有机发光显示电视已经发布。柔性有机发光显示屏6代线已开工建设。有机发光显示技术产业,呈现多点开花,齐头并进,多点突破的良好局面,为世界级新型显示产业集群持续发展打下了坚实的基础。

习近平总书记强调,要深入贯彻创新、协调、绿色、开放、共享的发展理念,培育发展新产业新业态。合肥市以科技创新为引领,按照培育龙头企业、谋划重大项目、促进产业集聚、完善产业生态的发展思路,继续拓展和完善新型显示产业链建设,全面打造最具国际影响力和竞争力的新型显示产业集群。围绕做大做强新型显示产业,提升协同创新能力,加快打造世界级新型显示产业集群。为推进合肥市经济高质量建设、高质量发展、高质量提升奠定基础,积蓄更加强劲的动能。

作者:周淑千,中共合肥市委党校讲师。

建设深圳综合性国家科学中心培育创新文化

　　2019年8月，中共中央、国务院发布的《关于支持深圳建设中国特色社会主义先行示范区的意见》明确提出，以深圳为主阵地建设综合性国家科学中心。综合性国家科学中心的获批是增强深圳科研实力和创新水平实现高质量发展的又一重大机遇，也是贯彻创新驱动发展战略，培育创新文化的重要抓手。当今世界各国的竞争终究来说是科技实力的竞争，科技竞争力体现了一国的综合实力。邓小平同志说"科学技术是第一生产力"，进入21世纪，中国的综合实力突飞猛进，很多领域研究已经赶上世界水平，甚至有的已经开始处于领先地位，这些成就的取得都离不开科技创新。党的十八届五中全会提出"必须把创新摆在国家发展全局的核心位置"，2018年9月17日，习近平总书记在致世界公众科学素质促进大会的贺信中说"创新是引领发展的第一动力"，毋庸置疑，科技水平、科研实力的提升要靠创新，经济社会发展更要依靠创新。"创新、协调、绿色、开放、共享"五大发展理念中，"创新"排在首位，贯彻五大发展理念，就是要实施创新驱动发展战略，以创新引领发展，转变发展方式，实现高质量发展。综合性国家科学中心的设立，是实现创新驱动发展战略的重要举措、重要抓手，也是实施创新驱动发展的重要载体。"综合性国家科学中心的核心在于'国家'二字，体现了国家意志和地区战略，是国家赋予的历史使命，承载着国家创新驱动发展的希望，代表着国家参与国际科技竞争格局，能够直接产生国家急需核心关键技术的原始创新内容和最前沿最重要的基础科学创新内容，科学目标宏大，具有重大科学价值。"[1] 通过在全国设立若干个综合性国家科学中心提高区域整体科研水平和创新实力，进而提升整个国家的科技创新水平，让创新不仅仅体现在政策上、科研实践中，更要在全国营造浓厚的创新氛围，在观念上培育创新思维、创新意识和创新价值观。

综合性国家科学中心依托大科学装置平台，面向全球吸引大量高层次科研人员，进行重大科技项目研发，是实施创新驱动发展战略的重大举措。目前，已经获批的综合性国家科学中心分别是北京怀柔科学中心、上海张江国家科学中心、安徽合肥国家科学中心和深圳国家科学中心。综合性国家科学中心是国家层面推动，是贯彻落实创新驱动发展战略的实践载体，其重要性不言而喻，"综合性国家科学中心作为全球影响力科创中心建设的战略支撑和关键环节，地位之重要由此可见一斑。"[2] 就深圳而言，综合性国家科学中心的落地为深圳的科技创新提供了重大机遇，也是深圳补基础理论创新短板，贯彻创新驱动发展战略的重要抓手。一般而言，综合性国家科学中心主要是依靠大科学装置平台，面向全球吸引大量的高层次研究人员，通过对重大科研项目的公关实现基础理论创新、实用技术创新，并在这过程中激发出创新思维、创新价值观进而发育出创新文化的科学实践活动。

一、大科学装置是培育创新文化的平台载体

科学研究活动是需要借助实验室和科研设备来实现的，重大基础科学研究更是如此，没有科研设备就没有科研实践活动何谈创新？综

---

① 张耀方：《综合性国家科学中心的内涵、功能与管理机制》，《中国科技论坛》2017年第6期。

② 张耀方：《综合性国家科学中心的内涵、功能与管理机制》，《中国科技论坛》2017年第6期。

合性国家科学中心的建设，首要的是建设一些大科学装置和国家重点实验室等科学设施。"大科学装置是现代科学技术诸多领域取得突破的必要条件，科技原创对于科技装置依赖度越来越高，大科学装置落户本身就能带来一系列科技创新资源，比如创新人才、资金、大学、机构等等，形成区域创新资源优势。"① 这些大科学装置平台的建设有国家资金的投入和重大项目研究的支持，吸引了大量的高层次研发人员参与，围绕自然科学和重大经济社会关切问题展开研究，带来了国家资金、社会资本、创新观念、创新价值观等要素资源的集聚，整合了方方面面的创新资源，从根本上解决了科技创新的平台保障问题。

《中国区域创新能力评价报告 2019》显示，近年来，广东省的创新能力在全国创新城市排名中一直位居前列，其中深圳市贡献不小。但也存在一些问题，就深圳创新而言，存在着创新主体大多为企业，理论研究或者基础研究能力较弱，知识性创新不足等问题。其原因大体上可以归结为深圳的大学、国家级的实验室和科研平台等研究力量薄弱，重大科学研究，特别是基础理论这些源头创新研究必需的大科学装置、重点实验室更是缺乏。目前，深圳市建成运营的大科学装置仅有国家超级计算深圳中心、深圳国家基因库，而在全国其他三个国家科学中心所在的城市中，北京的大科学装置是 10 个、上海是 8 个、合肥是 5 个；甚至一些没有设立国家科学中心，但高校等科研机构比较集中的城市也有大科学装置设施，如武汉和南京的大科学装置各有2 个。② 因此，综合性国家科学中心的落地和建设弥补了深圳大科学装置的短缺问题，从根本上解决了深圳本土基础创新、知识性创新、理论创新的短板和不足。大科学装置聚集了众多创新资源要素，为科技创新提供了平台保障，是贯彻落实创新驱动发展战略必备的物质基础，

---

① 任媛媛、张文君：《合肥综合性国家科学中心建设政策实施进展与成效》，《安徽科技》2018 年第 9 期。

② 刘艺娃、王命禹、杨讯周：《建设郑州综合性国家科学中心的战略思路及对策建议》，《河南科学》2019 年第 4 期。

也是孕育创新文化的平台基础。

深圳综合性国家科学中心将聚焦生命科学、人工智能、新材料、空间科学等重点学科，将建设材料基因组、空间引力波探测、空间环境与物质作用研究、精准医学影像等 6 个前沿领域的大科学装置，其中脑模拟与脑解析、合成生物研究大科学装置已经正式开工建设，深圳湾实验室已经落户，石墨烯创新中心、托马斯·林达尔诺奖科学家实验室等一批重点实验室和科研平台开始筹建。这些大科学装置和国家实验室的建设运营必将助推深圳乃至粤港澳区域基础研究、前沿科学的源头创新能力再上新台阶，加上原有的企业内生创新优势，会带动整个区域创新能力的大提升，必然促使深圳乃至整个大湾区创新氛围更浓，创新实践蔚然成风，从而形成独具区域特色的创新文化。

二、人才集聚是培育创新文化的关键

在科学研究过程中，人的因素比物的因素更重要，科研人员起着决定性作用。综合性国家科学中心是各种创新资源集聚地，众多的科研院所、重大的科研攻关项目、强大的科研攻关团队、一流的大科学装置等软硬件自然会吸引大批高层次人才在此汇聚。因此，综合性国家科学中心的建设和实际运营效果依赖于各创新主体，其中关键的是创新人才的集聚，同济大学陈强教授在科技创新人力资源集聚对区域创新能力影响的相关研究中梳理国内外的研究文献表明："人力资源在可持续发展中居于核心地位"；人力资源与创新关系，无论长期还是短期来看都是正相关关系，人力资本对于促进科技创新能力具有重要作用[①]。"创新型人才可能是新知识的创造者、新学科的建设者，也可能是新技术的发明者、新产业的开拓者，均属企业、城市乃至国家竞争

---

① 陈强、颜婷、刘笑：《科技创新人力资源集聚对区域创新能力的影响》，《同济大学学报（自然科学版）》2017年第11期。

力的决定性因素。"① 在 2020 年 1 月召开的深圳市六届人大八次会议上，陈如桂市长在政府工作报告中说道：2019 年深圳新引进各类人才 28 万人。在 2019 年 4 月 14 日召开的人才交流大会国际人才论坛上发布的《2019 年人才港发展报告》显示，深圳在全国 32 个城市人才综合集聚度排名中位列第二，这些都是深圳在吸引人才集聚方面优势的有力注解。作为中国最年轻的城市、又有"粤港澳大湾区"和"社会主义先行示范区"建设的加持，加之国家科学中心的建设，对人才的吸引是显而易见的。

深圳的短板在高等教育，深圳市《关于加快高等教育发展的若干意见》中提到：到 2020 年，深圳高校达到 18 所左右，到 2025 年达到 20 所，根据这个教育发展规划，高校规模的扩大，必须加大高校教师的引进力度。规划中明确指出"到 2020 年引进 50 个以上高层次创新团队和 1000 名以上海内外高层次人才，其中两院院士、长江学者特聘教授、千人计划入选者、万人计划入选者、国家杰出青年科学基金项目获得者等达到 300 名以上"。可以预见，这些引进人才措施和目标的实现，一方面引进了深圳发展高等教育必需的教师资源，同时，也带来了创新资源和要素在深圳高校科研机构的集聚。这些人才大都是深圳急需的高校教师，是为深圳培养储备创新人力资源而工作的，同时他们也是从事基础研究、理论研究和知识创新支撑创新驱动发展的核心队伍。另外，深圳处在粤港澳大湾区的关键节点上，要整合粤港澳三地的高层次人才资源，形成人才集聚和协同创新合力。不同文化背景、学科背景的高层次人才在创新实践中激烈碰撞，是创新文化发育的内生动力，有利于创新文化的形成。创新文化在综合性国家科学中心的建设中带动观念的更新，以创新驱动发展，带动整个粤港湾大湾区科技创新能力，使经济社会发展水平再上新台阶。

---

① 柳卸林、王曦、周聪：《中国创新驱动发展模式的分析——基于创新前沿地区的考察》，《2017 年中国区域创新专题分析报告》，2018 年。

三、成果转化制度是培育创新文化的机制保障

一般而言，创新主体是由大学、科研机构和企业组成，大学、科研机构的创新实践往往侧重于理论创新、基础创新、知识创新，而作为市场主体的企业，因为直接面对市场和新需求，它们的创新更偏重或趋向于实用创新和新技术创新。创新驱动发展战略的落脚点在发展，因此，无论理论创新、基础创新、还是知识创新，若能转化为现实的生产力，能直接开发出新产品、升级现有的技术或改良工艺，才是实实在在体现了发展，解决这一问题的关键是科技创新的转化。综合性国家科学中心作为创新驱动发展的抓手和载体，应该建立创新转化的良性互动机制，否则就是为创新而创新了，不能转化为经济社会现实需要的创新终究会导致创新的枯竭，使得创新成为无源之水、无本之木。

当然，一些基础理论研究是不具备转化的条件的，但理论研究也可以启发或者触类旁通来推动经济社会的发展。在深圳市出台的政策里，明确指定了促进科技成果转化的政策，如"对高校的科研条件平台和基础研究给予相对稳定的科研经费支持。支持高校承担基础性、前沿性、关键性核心技术攻关项目，承担国家、省科技计划（专项）项目，给予最高1∶1配套支持；国家和省有规定的，按规定执行。扩大高校科研经费使用权，人员绩效支出比例可提高至资助金额的50％。支持高校成立科技成果转化服务机构，建立成果转化职业经理人队伍。高校科技成果转化收益全部留归学校，纳入单位预算。高校科研成果转化收益70％以上可分配给科研负责人、骨干技术人员等重要贡献者和团队，其余主要用于科学技术研究与成果转化等相关工作。支持高校设立科技成果孵化基金，为高校科研成果转化提供支持。健全高校科技人才流动机制，支持教师在本市创办企业或到企业开展科技成果转化。支持深圳大学城、国际大学园、虚拟大学园完善科技成果转化和中小企业孵化机制，全方位提升成果转化和技术创新水平"。

上述这些良策会成为激发创新转化的动力，在最近发布的《中国区域创新能力评价报告 2019》中，广东区域创新能力综合效用值为 59.49，排名第一位，其中企业创新、创新环境、创新绩效三个指标均排名第一位。企业创新能力是广东的优势指标，连续三年保持首位[①]，这份成绩的取得，深圳做出了巨大贡献。

作为经济特区的深圳更是企业创新和科技创新的重要产业基地、转化基地，创新绩效非常显著，研究表明"深圳以企业创新为主，企业研发支出占全社会的比重超过 90%"。"深圳以企业创新和发展新兴技术产业为主，吸引国内知名高校和科研院所在深圳设立研发机构和成果转化中心，提高创新创业服务水平。"[②] 良好的创新成果转化机制在深圳的创新驱动发展上功不可没。有了这些良好的创新成果转化基础，下一步在综合性国家科学中心建设的实践中从顶层设计、基金扶持、政策资助、高新技术创新奖励等诸多方面进行优化和完善，使得创新氛围更浓，创新环境更优，让更多的科技创新能成功转化，催生孵化出更多的创新型企业，让创新驱动发展的魅力充分彰显，让创新成为一种风尚、引领经济社会发展，成为一种自觉意识，进化成一种人们心目中的价值追求，进而发育出个性鲜明的创新文化。

四、协同创新是培育创新文化的核心支撑

创新主体多元化和创新资源有序合理配置，在创新实践活动中显得尤为重要，也就是说创新依赖的是协同合作而非单打独斗。政企学研密切合作，分工配合，把资源配置和创新效率发挥到最大，形成创新合力，使创新实现良性互动的闭环链条。"协同创新是一项更为复杂

---

① 柳卸林、徐晓丹、高太山：《广东区域创新能力分析——基于〈中国区域创新能力评价报告 2019〉的解读》，《广东科技》2019 年第 12 期。

② 国务院发展研究中心课题组：《上海建设具有全球影响力科技创新中心的战略思路与政策取向》，《科学发展》2015 年第 5 期。

的创新组织方式，其关键是形成以大学、企业、研究机构为核心要素，以政府、金融机构、中介组织、创新平台，非营利性组织等为辅助要素的多元主体协同互动的网络创新模式。"① 政府是政策的制定者，鼓励创新和促进科技成果转化的激励政策，推动创新激发创新活力的引导机制等都要靠政府来制定；企业是创新的最活跃主体，企业研发投入、研发人员的引进培养，科技成果转化的风险投资、利益分配等相关方面主要靠面向市场的各企业主体来解决；大学和综合性国家科学中心内的国家重点实验室等创新平台是创新的主力军，原发性创新、知识创新、理论创新等主要是在大学和科研机构完成的。

因此，综合性国家科学中心内各创新主体步调一致，目标相向，协同合作，形成合力就成了促进创新的关键。此外，协同合作还有一个区域层面的问题，特别是在粤港澳大湾区，创新力量较为分散、区域内城市之间创新资源分布不平衡，如果不打破不利于创新资源合理配置与流动的壁垒、障碍，创新合力就会削弱，难以发挥出最大效益。所以，从这个意义上说，协同创新产生合力激发创新动力是创新实践的核心支撑，使创新成为区域内的主流价值观，让创新本身成为一种文化、成为行动自觉，这反过来又有利于创新合力的形成。

五、创新文化使创新引领成为行动自觉

创新是在科研实践活动中，体现出来的创新思维、创新意识、行为习惯和创新价值观等内在于心、外在于行的自觉行为，是科研创新中独有的文化气质。创新文化受多种因素影响，诸如科研团队或科研组织中的政策、制度、文化背景、氛围等都能影响创新实践，都展现出组织特有的文化。宏观的创新文化可以说是国家层面的；中观的是区域的或者城市的；微观层面就是一个科研团队所有的文化。

---

① 陈劲、阳银娟：《协同创新的理论基础与内涵》，《科学学研究》2012 年第 2 期。

近年来，我们国家在实施创新驱动发展战略中，使创新观念深入人心，创新实践成果丰硕，创新本身已经成为一种文化。在世界知识产权组织（WIPO）发布的 2019 年全球创新指数排名中，中国位列第14，较 2018 年提升 3 个名次，超过日本、法国等老牌创新强国。世界知识产权组织总干事弗朗西斯·高锐说："在国家政策中优先考虑创新的国家排名显著提升，中国和印度等经济大国在 GII 中排名的上升改变了创新的格局，体现了政策行动能够促进创新。"[①] 这是政策等体制、机制等非物质因素影响创新的最好说明。创新实践中体现出来的创新理念、创新思维、创新氛围、创新价值观等从根本上说构成了创新文化。王睿在《技术创新文化论》一书中写道："创新在西方社会已经成为一种文化，成为一种推动经济发展的不可缺少的文化。"[②] 这一认识在中国同样适用。在综合性国家科学中心建设实践中展现出来的团队合作、协调创新、永攀科学高峰，不懈追求与努力、锲而不舍等科研精神都是创新文化中的宝贵内核，构成了创新文化的正能量。

深圳是一个年轻的城市，年轻有朝气，活力四射、很多新观念、新思路在深圳都可能催生出一个新企业，成就一番新事业，怀揣梦想的年轻人在深圳这片创业创新的沃土上有可能创造奇迹。活力、创新、包容、文化多元性是深圳这座移民城市本身的文化基因，这促使深圳孕育出了一种独特的文化气质，发展成全球闻名的创新创意之都，创新已经成为这个城市的内在气质。深圳综合性国家科学中心是贯彻创新驱动发展战略的抓手和载体，可以预见它的建成必将推动深圳本身创新能力提升，进而带动粤港澳大湾区的创新实践；必将推动创新成为这座城市的主流价值观，并将成为内化于心、外化于行的文化自觉，培育出符合时代潮流的创新文化。

作者：王光海，中共深圳市光明区委党校教研部主任。

---

① https：//finance. sina. com. cn/roll/2019－07－30/doc－ihytcitm5562073. shtml.

② 王睿：《技术创新文化论》，北京师范大学出版社 2012 年版。

高新技术产业创新效率研究

自 1988 年北京中关村科技园区成立后，国家级高新技术产业开发区（以下简称高新区）持续不断集聚创新资源与要素，创新成果大量涌现，高新技术产业蓬勃发展，经济社会和谐共进，对区域经济的拉动作用不断增强。2018 年，我国高新区园区生产总值达到 11.1 万亿元，占全国 GDP 的比重高达 12.3%，高新区内火炬入统企业 12 万家，工业增加值达到 4.88 万亿元，占全国全部工业增加值（305160 亿元）的比重为 16%，实现营业收入 346213.9 亿元、净利润 23918.1 亿元、上缴税额 18650.5 亿元、出口总额 37263.8 亿元（详见表 1）。高新区已经成为创新驱动发展的重要力量，2018 年高新区申请的 PCT 国际专利受理量（2.3 万件）占全国比重超过 40%。企业劳动生产率（34.8 万元/人）是全国全员劳动生产率（10.7 万元/人）的 3.3 倍，高新技术产品出口总额占全国的比重达 44.3%。但与发达国家相比，我国高新区发展仍存在一些短板和弱项，如发展不平衡问题突出，产业转型升级有待加快，辐射带动作用尚需要进一步发挥等，最突出的问题是高新区创新能力不强，归根结底是高新技术产业创新能力不强。因此，有必要比较分析高新区高新技术产业创新效率，找准我国高新区发展存在的问题，以便补齐短板，挖掘高新区的创新潜力，推动高新区高质量发展。

表 1　主要年份高新区发展情况

年份	高新区个数（个）	入驻企业个数（个）	工业总产值（亿元）	工业总产值占国内生产总值比重（%）
1995	52	12980	1402.6	2.29
2000	53	20796	7942	7.92
2005	53	41990	28957.6	15.46
2010	83	55243	84318.2	20.42
2015	146	82712	186018.3	27.00
2016	146	91093	196838.7	26.46
2017	156	103600	202826.6	24.72
2018	168	120057	222525.5	24.72

数据来源：《中国火炬统计年鉴 2019》《中国统计年鉴 2019》。

一、研究述评

目前国内外学者对于高新技术产业创新效率的研究主要集中在三个方面。一是关于高新技术产业创新效率的评价的研究，测算方法通常采用前沿面分析方法，包括参数方法和非参数方法。常用的参数方法为随机前沿分析法（Stochastic Frontier Approach，SFA），是假定由特殊的生产函数形式来估计得出技术效率；常用的非参数方法为数据包络分析法（Data Envelopment Analysis，DEA），特点是不假定生产函数的具体形式。最初的随机前沿模型由 Aigner 等在 1977 年分别独立地提出。数据包络法（DEA）由运筹学家 Charnes 等提出。二是对创新效率影响因素的研究，认为研发投入是提高产业创新能力的重要指标（Romer，1986）①，政府 R&D 投入对企业的创新效率存在

---

① Romer P M Increasing returns and long－run growth［J］. *Journal of political Economy*，1986，94（5）：1002－1037.

积极影响（Choi SB et al. 2011）[①]，还有研究认为如果高新技术企业缺乏核心的自主创新技术和完善的创新模式就会抑制高新技术产业整体技术创新效率的提升。三是通过一定方法对高新技术产业创新效率进行因果检验和实证分析（Anna Ar－bussa、Germa Coenders，2007）。[②] Sun（2005）等从行业比较的角度出发，利用 DEA 方法对韩国制造业的技术创新效率进行测度。[③] 官建成、陈凯华（2009）采用 DEA 方法中的松弛测度模型和临界效率模型，测算了中国高新技术产业的技术创新效率，并对效率分解的三个部分：技术效率、纯技术效率和规模效率进行了计算。[④] 韩晶（2010）应用 SFA 方法对中国高新技术产业创新效率进行了实证分析，研究结论显示，中国高新技术产业整体创新效率呈改善的趋势，并指出中国高新技术产业创新产出主要是经费拉动型。[⑤]

总体而言，目前国内外学者对高新区发展情况的研究相对较多，而关于高新区高新技术产业创新效率的研究较少。为了更准确测算高新区高新技术产业创新效率，深入分析影响高新区高新技术效率的因素，本文利用 DEA 可变规模报酬模型，对 152 个国家级高新区高新技术产业创新效率进行评价研究。

二、研究方法与数据处理

数据包络分析（Data Envelopment Analysis，DEA）是利用包络

---

① CHoi S B，Lee S H，Williams C. Ownership and firm innovation in a transition economy：Evidence from china ［J］. *Research Policy*，2011，40（3）：441－452.

② Anna A，Germa C. Use of appropriation instruments and absorptive capacity：Evidence from spanish firms ［J］. *Research Policy*，2007，36：1545－1558.

③ Sun C H，Kalirajan K P. Gauging the sources of growth of high－tech and low－tech industries：the case of Korean manufacturing ［J］. *Australian Economic Papers*，2005（2）：170－185.

④ 官建成、陈凯华：《我国高技术产业技术创新效率的测度》，《数量经济技术经济研究》2009 年第 10 期。

⑤ 韩晶：《中国高技术产业创新效率研究——基于 SFA 方法的实证分析》，《科学学研究》2010 年第 3 期。

线代替微观经济学中的生产函数，通过线性规划来确定经济上的最优点，以折线将最优点连接起来，形成一条效率前沿的包络线，然后将所有决策单元的投入、产出映射到空间中，落在边界包络线上的被认为是有效率的，否则无效。DEA 采用最优化方法内生确定各种投入要素的权重，应用这种方法建立模型之前无须对数据进行量纲化处理，也无须任何权重假设，能够在避免主观因素、简化算法的同时较好地说明多投入和多产出之间的关联性。

DEA 方法可分为不变规模报酬下的 CRS 模型和规模可变的 VRS 模型。VRS 模型在可变规模报酬的条件下，将技术效率分解为纯技术效率和规模效率。由于 VRS 模型是对纯技术效率和总体规模效率评价，还不能直接得出规模效率，也不能得到无效生产点的总体规模报酬是处于递增阶段还是递减阶段。由此，Coelli（1996）提出另外两个模型来求解生产点所处阶段，即将 VRS 模型中的 $\sum\limits_{j=1}^{n}\lambda j = 1$ 约束换成 $\sum\limits_{j=1}^{n}\lambda j < 1$，则模型满足规模收益非增，若换成 $\sum\limits_{j=1}^{n}\lambda j > 1$，则模型满足规模收益非减。模型分别如下：

$$(D)\begin{cases} \min\theta = VD \\ s.t.\ \sum\limits_{j=1}^{n}\lambda j Xj + S = \theta Xj\theta \\ \sum\limits_{j=1}^{n}\lambda j Yj - S^{+} = Yj\theta \\ \sum\limits_{j=1}^{n}\lambda j < 1 \\ \lambda j \geqslant 0, j = 1,2,\cdots,n \\ S^{+} \geqslant 0, S^{-} \geqslant 0 \end{cases} \qquad (D)\begin{cases} \min\theta = VD \\ s.t.\ \sum\limits_{j=1}^{n}\lambda j Xj + S^{-} = \theta Xj\theta \\ \sum\limits_{j=1}^{n}\lambda j Yj - S^{+} = Yj\theta \\ \sum\limits_{j=1}^{n}\lambda j > 1 \\ \lambda j \geqslant 0, j = 1,2,\cdots,n \\ S^{+} \geqslant 0, S^{-} \geqslant 0 \end{cases}$$

在投入产出指标选取上，学者们多用 R&D 投入相关的指标，这与高新区产业技术程度高、创新性强的特点符合。而产出指标则多用工业增加值、利润、销售收入等来衡量。综合考虑研究的可行性、有效性以及数据的可得性，本文选择高新区当年的高新技术企业数、R&D经费支出、R&D人员数量作为本研究的投入指标；选择高新区当年的营业收入、上缴税额、净利润、出口总额以及工业总产值作为产出指标，如表2所示。

研究数据主要来自《中国火炬统计年鉴 2019》所统计的高新区的各类经济指标数据，剔除包含异常值、缺失值的数据后，对剩余 152个高新区高新技术产业创新效率进行评价研究。

表2　2019 年投入产出指标确定及平均值

指标类型	具体指标	均值
产出指标	净利润（亿元）	1373.51
	上交税额（亿元）	1105.85
	营业收入（亿元）	19683.17
	出口总额（亿元）	2083.36
	工业总产值（亿元）	13001.70
投入指标	高新技术企业数（个）	313.58
	R&D经费支出（亿元）	395.12
	R&D人员数（人）	15558.59

三、评价结果分析

需要说明的是，本文所指创新效率体现的是区域间创新资源投入和创新成果产出之间的比例关系，不考虑外界环境条件，技术进步能推动创新效率的提高，在上述分析的基础上，采用 DEA 可变规模报酬的模型，经过相应的数据处理后，利用 deap2.1 软件，对 2019 年152 个高新区高新技术产业创新效率进行评价，分析结果显示：

（一）高新区高新技术产业创新效率相对较低

2019 年，152 个高新区高新技术产业创新效率的均值为 0.552，整体偏低，极差为 0.814，并且约有 1/4 的高新区高新技术产业的创新效率位于 0.092～0.411 的区间内，25% 的位于 0.731～1 之间，存在一定的离散度。创新效率高于均值的高新区数量不到 50%，而达到 DEA 技术有效（即技术效率为 1）的高新区数量仅为 22，总体占比较低。说明高新区高新技术产业创新资源投入产出效率仍有较大的发展空间，当前创新效率不足，高新区高新技术产业发展主要依靠大量投入带动。应该指出的是虽然高新区与非高新区相比，高新区高新技术产业创新效率相对较高，但就高新区内部来看，高新区高新技术产业创新效率仍有较大提升空间。因此，着力提升高新区高新技术产业创新效率应是推动高新区高质量发展的重要任务。

（二）高新区高新技术产业创新效率区域差异较大

高新区高新技术产业创新效率呈现出明显的东中西差异，高新技术产业创新效率较高的高新区主要分布于东部地区，其次是中部地区，效率最低的是西部地区，这一结果与我国经济发展的区域差异相一致（见表 3）。其中，东部地区的江苏、广东、山东三省高新区创新效率高于均值的数量占比达到 43%，而西部地区高新区创新效率较高的主要分布在四川、云南等地区（见表 4）。这表明，高新区发展与区域经济发展具有相互促进的关系，高新区作为区域经济重要的增长极，能够推动区域经济发展。同时，高新区的发展也离不开区域经济的支撑，区域的要素市场、产品需求市场的规模和质量都会通过集聚经济的共享、匹配与学习机制对高新区的投入产出效率产生较大的影响。

表 3　2018 年高新区高新技术产业创新效率分布情况

排名	省级单位	创新效率高于均值的高新区数量	省级单位	DEA 技术有效的高新区数量
1	江苏	8	吉林	4
2	广东	7	江苏	3
3	山东	7	广东	2

排名	省级单位	创新效率高于均值的高新区数量	省级单位	DEA 技术有效的高新区数量
4	江西	6	陕西	2
5	陕西	6	山东	1
6	湖北	5	广西	1
7	吉林	4	四川	1
8	广西	4	云南	1
9	四川	4	上海	1
10	河南	3	北京	1

表 4　高新区高新技术产业创新效率高于均值的地区占比①

地区	创新效率平均值	高于均值比例（%）
东部地区	0.583	41.50
中部地区	0.549	26.00
西部地区	0.507	7.00
东北地区	0.538	25.50

（三）高新技术产业创新效率高的高新区主要集中于一、二线经济发达城市

选择高新技术产业创新效率排名前五十的高新区进行分析可以发现，创新效率居于前列的高新区同样大多位于较为发达的一、二线城市、省会城市或是重要的核心枢纽城市，如北京中关村、上海张江、江苏无锡、江苏苏州、广东东莞、四川成都、陕西西安、吉林长春等，表明高新区高新技术产业发展与区域经济发展关联性较强。从集聚经济机制来看，较为发达的城市会具有更大的劳动力市场、产品需求市场以及更强的知识溢出效应，因而能够为高新区高新技术产业提供运

---

① 其中，东部地区高新区 64 个，中部地区 37 个，西部地区 35 个，东北地区 16 个。

转效率更高的劳动匹配机制、知识共享机制和市场规模效应。除此之外，创新效率较高的高新区还分布在一些工业城市或资源型城市，如辽宁辽阳、黑龙江大庆、四川攀枝花、甘肃白银、济南济宁等。在一定程度上说明高新区在推动工业技术升级、资源利用效率方面的影响程度更高。

（四）高新区高新技术产业创新效率与工业总产值呈正相关关系

对比分析高新区高新技术产业创新效率排名与工业总产值排名，可以看出二者基本呈现较为显著的正相关关系（见图1），表明目前高新区高新技术产业创新效率的提高，主要依靠产业集聚所产生的规模经济效应。从理论上来看，产业集聚的规模优势会对创新效率产生重要促进作用，马歇尔、克鲁格曼等对产业集聚对创新效率的影响进行了大量研究，他们认为，产业集聚除了会通过共享、节约成本、技术溢出等机制促进创新效率改善之外，还会通过强化竞争、降低信息不对称、引致制度创新等方式，促进不同利益主体之间的激励相容，激发不同利益主体协同开展创新和升级的合力，从而使产业整体创新效率不断提升。

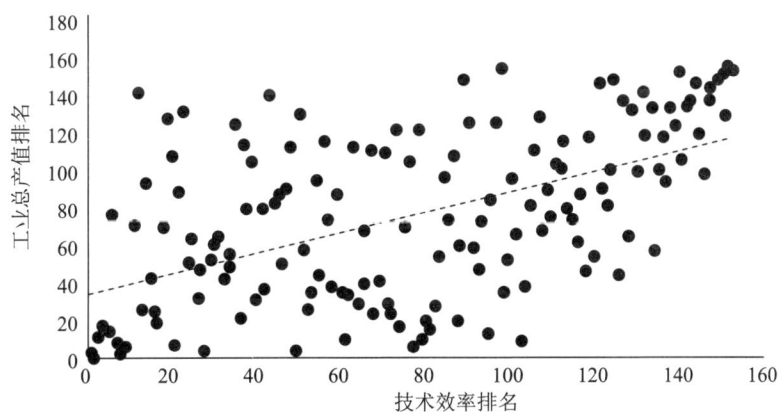

图1　高新区创新效率排名与工业总产值排名对比分析

四、提高高新区高新技术产业创新效率的若干建议

高新区作为高新技术产业的主要承载载体，在推动区域经济发展、助力产业转型升级、培育高新技术企业等方面发挥了重要作用。为进一步提高高新区高新技术产业创新效率，推动高新区高质量发展，应着重加强以下几方面工作。

（一）强化科技中介体系，营造良好的创新生态

积极推动高新区发展研究开发、技术转移、检验检测认证、创业孵化、知识产权、科技咨询、科技金融、科学技术普及等专业科技服务和综合科技服务，优化完善高新区高新技术企业创新载体、创新平台建设，支持各级各类创新平台、孵化载体、新型研发机构优先在高新区布局，大力建设国际化公共科研服务机构以及完善国际一流科技基础设施与条件，以更大力度吸引和引进国际高端创新人才，着力营造良好的产业生态和创新创业生态，强化企业创新主体地位，提升创新生态对创新要素的配备能力以及对高新区科技创新和产业发展的支撑能力。

（二）构建精准产业扶持政策体系，着力提升高新区高新技术产业创新能力

对区内高新技术企业积极参与国家科技重大专项和重点研发计划等国家和省级重大科研项目给予一定资金配套，将高新区打造成为推动基础研究和共性关键技术研究、重大技术突破和颠覆性创新的主阵地、集聚区。加强龙头骨干企业与中小型配套企业的协作，深化产业链上下游互补关系以及企业横向合作互动关系，形成创新能力不断提升、整体竞争能力不断增强、产业生态不断优化的产业集群；围绕高新区优势产业大力推进众创空间等创业平台以及创业服务体系建设，

推动新业态、新经济增长点的不断涌现和快速形成。将具有核心技术的中小企业置于高效创新型价值链的中心，围绕其独特的技能和能力，以市场化方式组织整合并辅以政府政策支持，构建以技术积累与创新为主的中小企业为内核的更加开放的创新生态系统。

（三）积极推进全面创新改革，大力探索创新创业新机制

充分利用国家自主创新示范区的有利条件，在科技成果转化、人才集聚、科技金融、知识产权运用和保护等多领域、全方位开展体制机制创新，如积极探索发展支持科技创新的新型金融组织及新型金融产品，探索推进银行金融机构开展知识产权质押融资试点，探索采用股权激励、股票期权、分红奖励等方式鼓励高等院校和科研院所以及科技人员创新创业等，形成了创新创业和新兴产业发展的新型体制机制，打造我国全面深化改革、推动全面创新的示范区域。

（四）扶植欠发达地区高新区建设，推动高新区间协调发展

加大对中西部地区高新区政策支持力度，优化中西部地区的相关资源配置，支持中西部地区高新区探索扶持共建、股份合作、托管建设等产业合作模式。加大对中西部地区高新区高新技术产业倾斜性优惠支持政策，引导建立东中西部地区高新区之间的协同发展机制，试点开展高新区之间的"结对子"帮扶专项行动，鼓励高新区之间开展产业帮扶、资源平台齐建共享、服务资源互借互引、特色经验互推互鉴等试点活动，推动高新区间协调发展。

（五）大力推进产城融合发展，打造高品质现代化高新区

积极推动高新区规划融入城市总体规划和各项专项规划，完善商务、休闲、居住等城市功能配套，建设适合各类创新创业人群交际、交流、交往的新型空间。适度超前配置商贸、医疗、教育等城市基础设施与公共服务设施，以高品质基础设施集聚科技人才和科技产业，

优化居住与产业布局，推进职住平衡，实现产城融合发展，形成高品质现代化科技新城。充分利用物联网、云计算、大数据、区块链等新信息技术手段，打造互动、共享、智能、高效、能"零"距离精细化服务创新发展的智慧园区，全力打造高品质现代化高新区，进而推动高新区高质量发展。

作者：白素霞，中共北京市海淀区委党校经济管理教学部副主任、副教授。

组建国家实验室是决定地区
科技创新生态品质的关键因素

　　2016 年 5 月 30 日，习近平总书记在全国科技创新大会、两院院士大会、中国科协第九次全国代表大会上指出："要以国家实验室建设为抓手，强化国家战略科技力量，在明确国家目标和紧迫战略需求的重大领域，在有望引领未来发展的战略制高点，以重大科技任务攻关和国家大型科技基础设施为主线，依托最有优势的创新单元，整合全国创新资源，建立目标导向、绩效管理、协同攻关、开放共享的新型运行机制，建设突破型、引领型、平台型一体的国家实验室。"《中共中央关于制定国民经济和社会发展第十四个五年规划和二〇三五年远景目标的建议》也明确提出，强化国家战略科技力量，要"推进国家实验室建设"。组建国家实验室，不仅是党中央的重大决策部署，更关系各地科学城和综合性国家科学中心的建设质量。在我国进入新发展阶段，它已上升为决定地区科技创新生态品质的关键因素。

一、国家实验室的内涵和我国组建国家实验室的历程

　　国家实验室与传统的科研机构有什么不同呢？传统科研机构的研究课题以科研群体的关注为导向，国家实验室的研究课题则肩负国家战略使命。国家实验室是以国家现代化建设和社会发展的重大需求为

导向开展基础研究、前沿高技术研究和社会公益研究，积极承担国家重大科研任务，解决事关国家安全和经济社会发展全局的国家级科研机构。

国家实验室最早出现于二战前后的美国，居于创新体系中的核心地位。从美国等发达国家实践看，在特殊历史时期（二战前后）和科技发展关键阶段（以计算机信息技术为代表的第三次工业革命时期），很多国家根据遴选出的重大学科方向，超前部署了国家实验室，最终达成了科技驱动发展的目标。

我国早在 1984 年就启动筹建国家实验室，建设了国家重点实验室和试点国家实验室。到目前为止，仍没有一家真正意义上的"国家实验室"①。1984—1999 年，根据国家科技发展需求，我国重点在高能物理和核物理领域建设了有关同步辐射等方向的 4 个国家重点实验室。国家重点实验室是国家级别实验室，但并不是"国家实验室"，它集中于单一或专项学科研究，重点突破基础科学领域的难点问题；国家实验室更侧重于前沿交叉学科多学科领域的研究，研发兼具基础研究与市场应用导向的成果。2000—2006 年，我国分两批启动了 16 个国家实验室的试点建设，仅青岛海洋科学与技术试点国家实验室于 2013 年得到科技部的正式批复，但仍为试点国家实验室。6 个试点国家实验室组建成为国家研究中心，其余 9 个尚未获得科技部批准立项。国家实验室的建立相当谨慎。②

一方面，上述国家重点实验室和试点国家实验室，在量子通信、高温超导、纳米材料和石墨烯等领域涌现出一批行业前沿性研究成果，获得了国内外多项自然科学领域的奖励。另一方面，在当前国际形势日益严峻、急需解决基础科研向产业生产快速转化、对"卡脖子"技术完成国产替代的局面下，基础科研需要重大突破，与科研成果产业化更要紧密对接。组建国家实验室加紧提上日程，已关系到提升地区

---

① 徐治国：《国家实验室缘何难产》，《科学新闻》2011 年第 11 期。
② 邸月宝、陈锐：《国家实验室和国家重点实验室简述》，《科技创新》2019 年第 6 期。

科技创新生态的品质，更关系到在重大领域实现国家战略、体现国家意志。

2017年开始，上海、浙江和广东等地区根据各自的地理条件、产业需求等因素，筹建了省市重点实验室，旨在抢占国家实验室建设先机，为推动国家实验室提升地区科技创新生态品质提早布局。

二、组建国家实验室的意义

国家实验室围绕国家使命，为国家战略目标服务，解决事关国家安全和经济社会发展全局的重大科技问题。组建国家实验室的意义概括起来有"四新"。

（一）国家实验室是大科学时代科研组织创新的新模式

大科学时代研究活动对科研组织方式提出了新的要求。大科学时代的科研要承担国家重大科技任务，组织开展前沿科技探索。原有的组织模式已不能适应相关要求，国家实验室应运而生。国家实验室以使命为导向，以目标为牵引，以原始创新为根本，通过团队合作整合相关资源，释放机制活力，带来了巨大的激励效应和生产力跃升。因此，通过国家实验室推进科研是一种围绕特定目标的科研组织模式，是大科学时代科研活动发展到达一定阶段组织模式创新的必然产物。

（二）国家实验室是满足国家重大战略的新需求

科技创新必须把国家重大战略需求放在首位，为国家发展和民族复兴做出贡献。不管在美国发展历程中，还是面对当前的国内需求，国家实验室的出现都肩负着时代的使命。例如，美国能源部国家实验室创办于第二次世界大战期间，是为了帮助研发核武器而诞生的。它帮助美国政府完成那些长期、复杂、艰巨的研发任务。由于这些任务具有高风险、高投入和保密性，甚至涉及国家安全，企业和大学都难以承担或有效地完成，因此绝大部分的研究任务都由能源部国家实验室负责。最终，美国国家实验室凭借强大的科研实力，荣获多个诺贝尔奖，成为推动美国科技强国的重要力量，也成为我国组建国家实验室的重要依据。

（三）国家实验室是地区提升科技创新生态品质的新支撑

营造科技创新生态，需要引入大量创新主体和创新要素。当前各地科学城建设和发展的首要任务是营造有利于科技创新的协同高效创新生态，从而释放原始创新的潜力和动能。这就需要推动科学设施加速建设，聚集各类创新要素。在充分利用科学城所在地的中国科学院研究院所资源外，吸引高校资源布局，积极引进国际研究型大学，促进新型研发机构落地，提升硬科技孵化器专业能力，搭建好协同创新平台提高科技服务能力等，都成为营造创新生态的重要环节。国家实验室的建立，有利于上述创新主体和创新要素的聚集——它既可以指导地区大科学装置的布局，引导产业方向的选择，又可以成为各类科技研发平台的运行载体和管理主体，强化营造科技创新氛围。没有国家实验室，科技生态也能形成闭环；但有了国家实验室，地区综合性国家科学中心和科学城在科技装置布局、人才引进和研发机构聚集上将获得更强有力的支撑，因为组建国家实验室是决定地区科技创新生态品质的关键因素。

（四）国家实验室是综合性国家科学中心和科学城突破产业瓶颈的新引擎

国家实验室，聚焦原始创新，也将构建从科研设施、基础科研、应用研究、成果转化到大规模产业化落地的产业链条。以科技创新赋能传统产业转型升级，将加快推进科学城地区工业技改，支持传统优势企业实施智能制造技术改造，从而推动大数据、工业互联网、人工智能等信息技术与传统产业深度融合。国家实验室依靠科技创新赋能，推动地区新兴产业发展，构建完备的产业链条，为地区吸引大量研发和服务人员，推动改善地区就业，最终依靠科技产业化实现地区收入爆发式增长和经济的弯道超车。国家实验室助力科学城建设，成为综合性国家科学中心和科学城发展突破产业瓶颈的新引擎。

三、国内组建重点实验室的经验比较

在国内，尚未有一家试点国家实验室升级为国家实验室；各地重点实验室如张江实验室、之江实验室、鹏城实验室和甬江实验室已经建设或者论证建设，未来有望向组建国家实验室转型。本文比较了以上四大重点实验室建设的共建方、定位目标、组织架构、运行机制、人员情况、布局方向等方面，为地区组建国家实验室提供有益借鉴。①

（一）政产学研主体是实验室主要共建单位

重点实验室的筹建，主要由各地市政府负责，并主责建设实验室的基础设施、重大实验设施。共建单位后续加入，主责实验室的运行、管理以及科研任务的落地。几大重点实验室均联合科研院所（上海张江、宁波甬江均是中国科学院）、高校（浙江之江是浙江大学、深圳鹏城是哈尔滨工业大学）以及优质企业（之江的阿里巴巴）共建。

张江实验室由上海市政府和中国科学院共建。之江实验室由浙江省政府、浙江大学、阿里巴巴集团按照5：2.5：2.5的比例出资共同成立。鹏城实验室是深圳市政府负责建设的二类事业单位，由深圳市政府主导，以哈尔滨工业大学（深圳）为依托单位，与北京大学深圳研究生院等15家②高校、科研院所和高科技企业优势单位

---

① 王留军、段姗、张洁音、林鑫：《浙江创建国家实验室的实践与探索》，《科技通报》2019年第3期。

② 还包括清华大学深圳国际研究生院、深圳大学、南方科技大学、香港中文大学（深圳）、中国科学院深圳先进技术研究院、华为、中兴通讯、腾讯、深圳国家超算中心、中国电子信息产业集团、中国移动、中国电信、中国联通、中国航天科技集团。

共建。甬江实验室依托宁波材料所的中科院海洋新材料与应用技术重点实验室建设。

（二）对标国家发展战略为自身定位目标

四大重点实验室制定了短期和中长期发展战略，以满足国家科技发展要求为主要定位，紧抓基础设施布局、人才吸引和技术突破，彰显了实验室以服务国家发展战略为使命的职责。

张江实验室制定的发展战略是到 2020 年，实验室初步建成，基本形成科学高效的国家实验室管理体制和运行机制，在主要研究领域聚集一批全球一流人才团队，在重要研究领域取得一批突破性成果，为具有全球影响力科技创新中心的基本框架形成提供重要支撑；到 2030 年，努力跻身世界一流实验室行列，集聚、造就一批国际顶尖人才，涌现一批标志性原创成果，解决一批国家急需的战略核心技术问题，为在新中国成立 100 周年之际建成科技强国和上海建成具有全球影响力的科技创新中心提供强有力支撑。

之江实验室以国家目标和战略需求为导向，打造一批世界一流的基础学科群，整合一批重大科学基础设施，汇聚一批全球顶尖的研发团队，取得一批具有影响力的重大共性技术成果，支撑具有国际竞争力的创新型产业集群发展，积极争创网络信息国家实验室。

鹏城实验室发展定位在 2020 年完善基础设施，搭建实施重大战略工程和基础研究的科研平台，初步建成具有全国影响力的科研机构；到 2030 年建立国家科技资源开放共享服务平台，解决网络信息领域一批原创性关键技术和"卡脖子"技术，推动科技成果转化与产业化，实验室迈入国家实验室行列；到 2050 年突破网络信息领域核心前沿技术问题，取得重大原始创新；承担网络信息领域国家重要战略任务，在推动学科发展和解决国家重大科学技术问题方面发挥主导作用，建设成为具有国际领先水平的创新型实验室。

甬江实验室定位目标是推进海洋新材料体系构建和海洋材料表面

与界面学科建设，为解决海洋工程装备高端材料"卡脖子"问题提供支撑。

（三）组织架构的革新是实验室建立的基础

四大实验室的组织构架，除了上海（管理委员会领导下的主任负责制），其他全部实行理事会下的主任负责制，下设学术委员会和战略委员会。此类模式在一定程度上增强了实验室的自主决策权，有利于为科研创造更具激励性和市场化的环境，激发科研成果内生性爆发，从体制上保证科研的事交给懂搞科研的人。

具体看，张江实验室以中国科学院上海高等研究院作为承建法人主体，"院市合作"，上海光源、国家蛋白质设施（上海）等大科学装置划转至上海高等研究院；实行管理委员会领导下的主任负责制；建立较高额度、稳定资助与竞争性资助相结合的财政科研投入机制；实行全聘和双聘相结合的人事聘用制度。

之江实验室是具有独立法人资格的混合所有制事业单位。它实行理事会领导下的主任负责制，下设学术咨询委员会。实验室探索扁平化行政管理模式，设置了综合管理部、人力资源部、科研发展部、财务资产部、条件保障部、纪检监察审计中心等六大部门。此外，实验室组建了人工智能研究院、未来网络技术研究院、智能感知研究院和交叉研究中心四大科研支柱和人工智能算法等七大研究中心。

鹏城实验室为独立法人实体，实行实验室管理规章制度，不设行政级别。实验室设立理事会，实行理事会领导下的主任负责制。此外，设立学术委员会和战略咨询委员会以及3个行政管理部门、5个研究中心和14个院士工作室，成立了鹏城实验室党委。

甬江实验室以高校院所、龙头企业具备冲击国家重点实验室潜力的机构为核心依托单位，以在甬高校、科研院所、龙头企业优质创新资源为多点，建立"双核多点"的组织架构，形成"1个母实验室＋N个子实验室"的整体框架。

（四）强调灵活、合作及自主的运行机制为科研保驾护航

四大实验室不同于中科院的研究院所，运行机制不同于传统的行政体制，更强调灵活的运行机制、广泛吸纳社会力量参与建设运营、在关键节点拥有自主决策的体制机制，从而为广大科研人员创造更为宽松、利于创新的研究环境。

张江实验室在管理运行中更加强调目标导向、大协同、大投入、高度自主。建立较高额度、稳定资助与竞争性资助相结合的财政科研投入机制；实行全聘和双聘相结合的人事聘用制度，自主选聘研究负责人；考查以中长期评估为主，注重第三方和国际同行评价；探索开展大科学装置第三方运营管理模式。这些相对灵活的机制均为研究人员从事科研活动提供更为坚实的保障。

之江实验室充分发挥有实力的共建方的作用，广泛吸纳社会资源参与。浙江大学和阿里巴巴集团，成为之江实验室依托的主要研究力量。此外，实验室充分发挥综合性开放研究平台优势，逐步吸纳省内外、国内外具有领先优势的科研力量为我所用，形成了"一链三体系"[①]科研体系框架。实验室引才聚才机制包括依据任务组合全球最强队伍，长短周期结合；探索多元化用人机制，固定与流动结合；建立年轻队伍人才池，实施首席和 PI 项目组阁选聘制；建立之江 Fellow 人才培养体系，鼓励年轻人成长；探索利用第三方引才、团队式引进等。实验室的考核评价机制包括以创新质量和实际贡献为主要依据；赋予首席科学家和项目负责人更大自主权；岗位聘任论能力，破除唯资历的局限；以岗位定薪酬，以贡献定激励；探索试行科研经费预算额度授权管理制。

鹏城实验室初步实践探索了"政府所有、自主管理"的管理运行

---

① "一链"是指实验室的科研项目研究内容贯穿信息获取、传输、存储与处理以及人工智能算法与重大应用展示的全过程信息链路；"三体系"是科学研究工作旨在建设基础支撑体系、核心能力体系、重大应用示范体系三大体系。

机制。自主制定 39 项制度规范，在"自主运行管理""人员双聘""合作共建"等方面进行的制度创新，受到国家科技部较高评价和科学界的初步认可。在人员编制上，实验室不定具体编制，人员规模按目标任务需求确定，不纳入机构编制管理，实行社会化用人制度。实验室建立了主任办公会/党政联席会内部决策机制，研究决定实验室人事、科研、预算、合作交流等重要事项，促进了实验室的高效运行。

甬江实验室在体制机制上探索创新，拟采取混合所有制。宁波大学研究平台、中科院材料所研究平台、镇海炼化研究平台、吉利汽车研究平台等均纳入，形成混合所有制体制。

（五）实验室广泛吸纳全球优秀人才

实验室主要以院士为团队带头人，广泛吸纳长江学者、国家杰出青年和千人计划人才，以及国内外青年科研队伍。采用全球招募，全聘双聘相结合、固定流动相结合灵活的用人机制，自主选聘研究负责人，成为招募人才的亮点举措。

张江实验室的项目负责人和团队来自复旦大学、上海科技大学、中国科学院在沪院所等，2020 年人员规模达稳定在 2000 人左右。之江实验室学术咨询委员会含多名国内外著名院士；引进了十几位以图灵奖、国内外院士领衔的首席科学家和方向带头人，通过全球招募，组建了一批来自名校、名院、名企的 150 多人青年科研队伍，构建 50 余人的核心管理团队。鹏城实验室人员总规模在 2019 年已达 1620 人，全职人员 390 人，双聘和兼职人员 499 人，其他劳务人员 731 人，人才队伍中具有高级职称的人员 384 人，具有博士学位的人员 542 人，具有千人计划、长江学者、ACM Fellow 等人才称号的高端人才160 人。

（六）实验室依托自身优势进行专业方向布局

随着 5G、人工智能、生命科学和信息科学等领域的研究上升为国家竞争和战略布局方向，实验室通过设立子项研究院或研究中心，推动专业方向布局和国家基础科研领域突破。

张江实验室依托已有的科学装置，开展光子科学、生命科学、信息技术、类脑智能等方向研究。之江实验室依托阿里巴巴达摩院等在人工智能领域积累的资源，主攻网络信息和人工智能，具体方向为智能感知、智能计算、智能网络和智能系统。鹏城实验室引进腾讯和中国移动等与人工智能紧密相关的团队，重点研究包括网络通信（5G、6G）、先进计算（人工智能和量子计算）、网络安全（实验、模拟验证和生态环境）等。甬江实验室布局海洋新材料与应用、先进高分子材料和先进合金材料的研究。

综上，4 个重点实验室的建设和运行有如下特点：一是政产学研主体是实验室主要的共建单位；政府负责筹建和前期基础设施建设，共建单位主责实验室的后期运行、管理以及科研任务的落地。二是实验室进行了组织架构和运行制度的革新，主要实行理事会下的主任负责制，下设学术委员会和战略委员会，运行上实现更为市场化的考评审核机制，增强实验室的自主决策权和对科学家的激励。三是积极引入大科学装置的同时，加大布局成果转化平台。引入大科学装置，说明重视基础科研；布局 5G、人工智能、生命和信息科学等领域的成果转化平台，说明与国家产业发展紧密联系。实验室依托基础科研，提质科学应用。四是全球吸纳优秀人才，不仅有院士带队，吸纳长江学者、国家杰出青年，更有从全球招募的青年科研佼佼者。

四、对组建国家实验室的思考

从国外组建和运营国家实验室的实践看，美国能源部下属的国家实验室、欧洲核子研究中心、德国联邦技术物理研究所等都建成为各国基础科学研究的核心，收获了多个诺奖级别成果，成为国家科技创新实现突破的重要武器，其经验有如下几条：一是从国家层面推动国家实验室组建，制定法律法规或条款规范其运行、保证发展方向；二是为国家实验室和科学中心提供充足、稳定的运行经费，并建立有限、有序的经费竞争机制，引导研究合作与竞争；三是对于领域和项目选择，由科学家团体自主决策；四是采取科教融合的发展策略，促进研究领域广泛交叉、大科学装置开放共享；五是强化和重视技术转移机构和技术转移能力建设等，即重视成果转化。[①]

结合国内重点实验室的建设经验，对组建国家实验室提出如下建议：

（一）积极组建国家实验室提升科技创新生态品质

当前各地推进科学城和综合性国家科学中心建设，国家实验室的落地是提升其科技创新生态品质的核心支撑。各地建设科学城可以没有国家实验室，但是有了国家实验室，科学城特别是综合性国家科学中心的品质一定能够得到提升。组建国家实验室，配合大科学装置的落地，将成为基础科研获得突破的重要推手。此外，国家实验室也为产业转化提供持续性的支撑和保障。科学城所在地应该积极组建国家实验室。

（二）布局实验室方向结合地区研究重点与应用导向

国家实验室代表国家意志和国家战略，应突出顶层设计。根据区位优势和重点研究方向，实现差异化布局，避免研究方向过度重合；实验室要深入重大前沿科技领域，自上而下地推进集中式科研攻关，避免各科研团队各自为政。在满足国家战略需求的前沿基础研究领域进行布局的同时，也要注重与产业需求和实际应用接轨，让基础科研与产业需求形成良性互动，将国家实验室的技术成果有效转化为经济增长动能。

---

① 施云燕、李政：《简析美国国家实验室的布局和管理》，《全球科技经济瞭望》2016年第4期。

（三）强化科学家团体实验室运行自主决策权

国家实验室属于国有，但可以通过放权、赋权来充分激发科学家和实验室科技人员的积极性和创造性。具体而言，国家实验室可交由地方政府负责，领导和决定实验室的设立与终止、预算审批、批复、审计和绩效评估、后续支持等关键事项；内部赋予国家实验室更大的自主权，如自主立项权、职称自主评定权、设备自行采购权以及人员自主聘用权等人财物自主权。同时，完善理事会、咨询委员会、理事会代表会议和管理办公室等机构设置，确保科学家团体在国家实验室建设和运行中的决策权。

（四）引入第三方机构运营提升管理绩效

国家实验室后期运行中，借鉴美国能源部国家实验室的"国有民营"管理模式，即产权属于国有，但委托给高校、研究所、企业、基金会等四类第三方机构管理运营，拓宽第三方参与范围，实现专业化管理，通过引入第三方的政府考核机制，提升美国国家实验室的管理绩效。我国的国家实验室可委托地方高校、研究所、企业、基金会等第三方机构管理运营。对实验室科研成果考核，也应建立包含理事会评价、第三方同行评价、内部学术委员会评价、课题组自我评价等不同层级、不同形式的定期评价机制，以保证实验室科研工作的方向、水平和质量。

（五）建立健全实验室的投入渠道和投入机制

国家实验室需要长期稳定运行，因此针对国家实验室的建设和运营经费投入，需要建立健全不同于一般科研项目和基地的投入渠道和机制。例如，在启动初期，为确保国家实验室高效启动建设和正常运行，可采用政府全额投资，建立基于机构运行绩效的全额经费支持模式；在运行期间，根据国家实验室章程，围绕其发展规划和研发目标，部署科技创新重大任务，给予持续、稳定、足额的经费支持。在后续资金上，以财政投入为主，国家和地方财政按比例投入，辅以社会资本参与，探索建立国家实验室发展基金；在投入方式上，以实验室资助为主，辅以项目式资助。最终，建立健全国家实验室稳定运行的资金保障机制。

作者：王雨，中共北京市怀柔区委党校区情研究室教师。

实践探索

从国外科学城建设典型案例看
科技创新生态构建

    科学城是由专业人士管理的组织，主要目的是通过促进创新和有关的商家和研究所的竞争来使当地的财富得以增长。为了达到这个目标，科学城鼓励和支持创新导向的、高增长型的和基于知识的企业在其中创办、孵化和成长；提供环境使大型跨国企业通过它与某个知识创新中心建立起紧密的互动，以达到双赢的目的；与大学或其他高等研究机构具有正式的和运作上的联系。

    科技园区在世界范围内的发展，经历了一个从 20 世纪 50 年代自发形成到 20 世纪 80 年代后蓬勃发展的过程。在中国，科技园区的发展较晚。在国外科技园区发展进入稳定期后，中国内地在兴办"经济开发区"成功的经验基础上，开始兴办科技园区（高新区或新技术产业园区）。

    国际上对"科学城"还没有一个完全确切的定义，有许多如"科学技术园""高新技术园区""科学公园"以及"硅谷""硅岛""硅巷"等类似的提法。但所有科学城都有以下共同点：科教与工业相结合，作为科研机构和高等学校的聚集地，主要从事基础研究或应用研究，并通过技术开发对周边地区产生辐射效应，是国家创新体系的重要组成部分，是实现高校社会服务功能的重要形式。国外科学城经过长时间的探索和实践，涌现出一批业绩突出、具有广泛影响的典型园区。这些科学城促进了国家和区域产业结构升级，促进了高科技成果的转化和应用，促进了高科技企业成长，促进了国际交流与合作。研究国外科学城的成功经验，对于指导和促进我国科学城的发展具有重要的现实意义。

案例一：美国硅谷

1947年，美国斯坦福大学校长弗雷德里克·弗里曼（Frederick Ferman）提出了建立斯坦福大学研究园的设想，并于1951年在校内划出了约250公顷的土地兴建起现代化的实验室和厂房，形成了斯坦福研究园（Stanford Research Park）。在政府支持及各方配合下，依托其雄厚的智力资源，以及逐步形成的政府、大学和科研单位、科技企业紧密合作这一先进的运行机制，从20世纪50年代中期开始，斯坦福大学研究园就逐步成为世界知名的高技术设计和制造中心——硅谷。

在硅谷聚集着为数众多的高等院校和科研机构，如世界著名的斯坦福大学、麻省理工学院、波士顿大学等以及美国的高级军事技术研究机构等，他们不断研制和推出的高新技术成果构成了硅谷的技术基础，这里具有全球最新的科技发明专利、世界最快的技术更新速度、人类下一次技术革命的代表者，这些都为硅谷的成功运作奠定了坚实的知识环境。

据统计，目前美国的创业投资机构为2000多家，每年投资规模为600多亿美元，且大部分集中在硅谷。这些资本多来自于对风险承受能力较大、追求高额回报的民间机构和个人，并由具备大量专业技术和丰富投资经验的创业投资经理进行管理和运作，从而形成了硅谷运作成功的资本环境。

在硅谷，每天都有大量的创业资本和先进的技术成果在不断进行着相互选择，几乎每天都有新的企业诞生，大量的创业资本促进了科技成果的商业化，科研成果的高转化率造就了许多与微软、英特尔、惠普一样优秀的高科技企业。良好的产业化环境，不但促进了当地科研力量的增强，还提高了创业资本的收益率，最终促成了硅谷的成功。

硅谷成功的根本就是其运作机制的完全市场化。根据投资机构的经营业绩来进行投融资，依据市场规则把技术专家和创业资本商联系起来，将最优资本和最新技术等资源按照市场规律进行优化配置，在投资技术、投资阶段、投资区域上全面运用组合投资方式实现投资风险的市场化规避，依靠创业板、产权交易市场和兼并收购的市场化运作实现资本的退出。

硅谷经验：一是在运作环境方面，加大在教育和科研上的投入，构建科技创新机制；拓展融资渠道；引导创业资本与高科技成果结合。二是在运作机制方面，尽量减少对高新技术成果转化和创业资本运作的行政性干预；建设组织式群体"孵化器"；建立并运作创业投资基金；优化企业股权结构；尝试风险投资运作机制。三是在运作支持上，增强信息的传递和交流，实现信息的共享；充分发挥政府的政策引导作用；鼓励企业间的技术创新和人才流动；建设开放畅通的社区环境，增强知识服务水平。

案例二：日本筑波科学城

日本筑波科学城位于东京东北约 60 公里处，北依筑波山，东临日本第二大湖霞浦，距东京成田国际机场 40 公里，筑波科学城面积 284 平方公里，不仅具有良好的自然环境，而且交通发达，有完善的公路和铁路网络。

筑波是日本政府第一个尝试建立的科学城，完全由中央政府资助，以基础科研为主，属国家级研究中心。有国家级研究与教育院所 46 个，分别隶属于多个政府部门和机构。自 20 世纪 80 年代末以来，日本全国 30％的国家研究机构及 40％的研究人员都集聚在筑波，国家研究机构全部预算的 50％左右投资在这里。

案例三：韩国大德科技园

大德科技园始建于 20 世纪 70 年代初期，占地面积 27.8 平方公里。位于韩国中部的忠清南道大田附近，东连大田市，西靠鸡龙山，南有播城温泉，北临锦江。

园区定位开发尖端技术、培养高级科技人才、加速研发成果的转化，发展技术密集型和知识密集型产业，以实现跻身于发达国家行列。入驻产业重点研发领域为生命工学、信息通信、新材料、精细化学、能源、机械航空等国家战略产业技术、大型复合技术和基础科技。大德科技园区内企业从1995年的40家，发展到2003年的850家，2005年则超过2000家，2015年增至3000家以上。大德科技园共有232家各类机构，拥有研究人员18000余名，其中博士4853名，占全国理工博士总数的10%，硕士15000多名。

韩国的许多重大科技成果，是与大德科学城联系在一起的。在这里诞生了数以万计的科技成果，韩国第一颗科学卫星"阿里耶1号"在这里研制成功。韩国大田市原是一个土地贫瘠、资源匮乏、面积不大的小城市，但目前大田市的国民经济总额却占韩国的20%，是支撑韩国实现经济腾飞的成功典范。一个弹丸之地却能发挥如此巨大的经济能量，主要得益于该市成功推行以科学城带动城市创新的政策。

韩国大德科学城的成功，在于根据自己的实际情况，形成的政府推动和市场拉动，行动者聚集、行为主体的交流、平台建设之间的交互作用，它导致创新主体创新能力增强和集群竞争力的提高，网络资本是大德可持续发展的核心能力。

案例四：法国安蒂波利斯科技城

法国安蒂波利斯科技城创建于1972年，占地1200公顷，主要入驻的产业有通信、医药保健、电子、环境、能源、化学、生物科技。

由皮埃尔·拉菲特教授倡议创建科学学院以来，周边大学和科研机构一直是园区的创新动力，创建科学园区的设想得到了当地科研人员、工程师和其他有关部门的支持，成为园区建成和发展的巨大推动力，当地政府基于旅游与科技并重的"双脚理论"，希望借发展一个科学园区来平衡当地经济发展，使之成为南欧的经济中心，因而给予了园区极大的支持。

案例五：印度班加罗尔软件园

班加罗尔是印度大学及研发机构最为密集的地区之一，被印度人称为印度的"IT首都""科学技术首都"。在班加罗尔有10所综合性大学和70多所技术学院，有印度最大的几家风险投资公司，如TDICT、DRAPER、WALDEN、NIKKO、E4E等，有大约30万软件专业人员在30多个园区工作。这些园区内部基础设施完善、公共商务环境发达、整体环境建设美观整洁。班加罗尔的高技术大公司，无论是外资的、内资的均设在其中，享受着产业园之外无法达到的良好发展环境。

园区内高科技企业所需的基础设施一应俱全，在1992年就和美国之间架设了印度第一座卫星通信设备，园区内的通信设施是世界上最先进的。班加罗尔软件园内有大量的软件人才。在班加罗尔周围有10所综合大学、70家技术学院，每年产出1.8万名电脑工程师，成为班加罗尔最珍贵的资产。园区管理机构作为印度政府部门的派出代表，简化各种程序，实行"一个窗口"的一站式服务。企业经营头8年可免除货物税、免征全部产品用于出口的软件商的所得税、取消进口许可证制度、允许园区内建立外国独资软件企业等。

科学城的运作模式主要分四种。一是政府主导建设，日本的筑波科学城、韩国的大德科技园、苏联的新西伯利亚科学城都是由国家采取规划和管理的典型范例。这些新建的科学城全部由国家拨款。二是市场主导模式，主要代表有美国的硅谷和北卡三角园。三是政府支持与市场化相结合，主要代表有日本的关西科学城和德国的西柏林革新与创业者中心。四是大学规划和管理的运作模式，主要代表有美国斯坦福大学和英国剑桥大学。

通过对世界上这些著名科学城案例的分析，我们可以得出科技创新生态构建的要素主要有以下五点：

一是制定法律法规。许多国家在建设科学城的进程中，都十分重视制定有关法律法规。例如，日本政府于1970年公布了《筑波研究学园都市建设法》，1971年制定了《筑波研究学园都市建设计划大纲》，1983年颁布了《高技术工业积集地区开发促进法》；韩国政府于1986年颁布了《高技术工业都市开发促进法案》，以保证大德科技园有关规划的落实。

二是政府支持。以硅谷为例，政府也充当了融资者和早期开发者的角色，以及购买园区内公司的产品，都极大促进了园区发展。

三是出台优惠政策。许多国家和地区都采取各种优惠政策和措施，促进科学城中的科技转化和产业发展。第一，税收优惠。韩国的大德科技园为了防止地价上涨而影响企业入驻，从1984年开始，由土地开发公社统筹建设研究中心或厂区，再以比较优惠的价格出售给进入大德科技园的企业使用。第二，吸引外资优惠。我国台湾新竹科学工业园区对吸引外资做出了一系列优惠规定，例如投资者可享有同本岛投资者相同之优惠条件及权利；投资者可享有100%企业股权，亦可寻找当局及本地企业为其共同投资者；台湾地区以外投资的利润可申请汇出；高科技企业经相关管理局核准后可兼营进出口贸易业务；等等。第三，提供启动资金。在日本、韩国和我国台湾的科学城建设过程中，当地政府一般都直接提供启动资金。

四是大力引进风险投资。在科学城建设中，技术创新和技术引进都是新事物，属于创业性质，具有高风险、高收益的特性，能否得到资金支持至关紧要。成功的科学城多数采取民间或者半官方的形式，大力引进风险投资。早在20世纪50年代，美国麻省理工学院院长康普顿就建立了美国研究和发展公司，为波士顿地区早期的高技术公司提供资金，该公司被公认为美国第一家风险投资公司。著名的苹果公司、英特尔公司、微软公司、IBM公司都是靠风险投资发展起来高技术企业，同时它们也向高技术中小企业投入风险资金。

五是积极争取企业和民间资本的支持。科学城建设离不开企业和民间资本的支持。日本企业中的一些大公司，如住友、松下等都在关西科学城投资，建立自己的研究机构和实验室，松下电器公司的中心研究实验室就设在关西科学城。在美国 128 号公路高技术园区，企业出科研经费、研究成果双方共享，是企业与大学和科研机构的常见合作方式之一。企业还以这种方式对科学城提供经费支持。如埃克森公司同麻省理工学院签订协议，公司为学院提供 10 年的燃料问题研究费用；孟山都公司同哈佛医学院合作进行分子生物学研究，从 1974 年开始，在 12 年内，孟山都公司提供 2300 万美元装备哈佛医学院的一个实验室，以支持恶性肿瘤生化研究。

作者：赵刚，科技部中国科学技术发展战略研究院研究员。

从硅谷指数看如何营造一流创新生态

 硅谷位于美国加州旧金山湾区南部的圣塔克拉拉山谷，20世纪70年代，因半导体产业兴起而得名。硅谷是由39个城市组成的地理区域，总面积4802平方公里，人口300余万，其中白人占35%，亚裔与西班牙裔分别占33%和26%，非洲裔占2%，跨族裔和其他族裔人口占4%。2018年，硅谷地区的土地面积和人口分别只占加州的1.19%和7.8%，却贡献了加州9.6%的就业、10.8%的GDP、30.1%的风险投资、19.0%的天使投资、45.5%的IPO、19.1%的企业并购。旧金山、圣玛蒂奥和圣塔克拉拉等三个郡的地区生产总值之和达3700亿美元，人均超过10万美元，远高于美国和加州的平均水平。硅谷强大的知识创新能力、人才多元化和高度的流动性、完善的多层次资本市场、敏锐的科技成果转化能力、包容失败的创新文化，成就了硅谷全球领先创新中心的地位。

一、另类评价创新的硅谷指数

 围绕创新能力评价，国内外相关机构发布了众多衡量区域创新能力的指数。其中，硅谷指数以其鲜明的视角，带给我们另类的启示，促使我们从更为宽泛的角度、更为基础的服务入手，去审视如何更好、更加精准地服务创新。硅谷指数，由硅谷网联与硅谷社区基金会联合制定发布，是对一定时期或某个时间硅谷地区经济与社会发展情况进行定量分析，是"可测量，可实现，并以结果为导向"的反映区域发展的综合评价报告。硅谷指数 1995 年首次发布，之后每年年初向全球发布，用于全景展示硅谷的综合发展情况，为企业和政府决策提供分析基础、为相关专家研究硅谷地区发展提供重要资料，是了解硅谷风投走向、企业发展与新兴产业培育的重要风向标。

（一）硅谷指数的主要指标

硅谷指数的评价指标主要分为三级，其中一级指标分为人口、经济、社会、生活空间、城市治理五个部分。具体包括以下内容：

1. 人口（People）

在一级指标人口（People）下有一个特别值得关注的二级指标，即人才流动与人才多样性。其对应的三级指标包括人口变化、净移民数、出生率、年龄分布、受教育程度、授予理工科学位数、外国人口出生比例和非英语人口比例。其中，外国人口出生比例和非英语人口比例等针对的是人才多样性，人口变化和净移民数等针对的是人才流动性。

硅谷指数的人口篇在揭示人口特征的同时，更加关注人才构成及其流动性。除了报告人口的总数、出生率、死亡率、种族人口构成等一般性特征指标外，还加入了人口流动、出生于国外的人口、掌握外语语种人口情况、科学和工程专业毕业生等指标，这些指标都与高素质的人力资源相关，可较好地描述硅谷的高端人才发展特征。

可见，硅谷指数为我们研究一个地区的人力资本状况提供了新的角度。目前，在国内外关于创新的评价指标体系中，只有硅谷指数有人才流动性和人才多样性指标，并且通过净移民数、出生率、外国人口出生比例和非英语人口比例等具体指标对其进行评价，这值得我们深思。

表1　2018年硅谷就业人口中出生于美国之外的人口比例

就业领域	全部就业人口（%）	25～44岁青年就业人口（%）		
		女性（%）	男性（%）	总体（%）
计算机与数学	64.9	77.7	68.3	70.5
建筑与工程	60.7	65.1	62.4	63.1
自然科学	48.3	46.8	58.8	52.7
医疗与健康服务	43.2	37.0	40	37.8
金融服务	45.1	66.1	31.5	48.4
其他职位	43.7	45.4	46	45.8
所有领域	47.1	48.8	51.3	50.2

资料来源：2019年《硅谷指数》。

从2018年硅谷就业人口中出生于美国之外的人口比例看（见表1），硅谷指数对计算机与数学、自然科学、医药与健康服务等领域的非本地出生人口的就业比例刻画得非常细致、明确。

根据2020年《硅谷指数》资料表明：2018年，硅谷计算机与数学、自然科学、医药占健康服务等领域就业人口中，非本地出生人口就业比例较高。

2. 经济（Economy）

经济（Economy）项下包含就业、收入、创新与创业、商用空间等二级指标。

就业指标中的三级指标包括：职位增长、年平均就业数、硅谷经济活动主要区域的就业增长率、硅谷公共部门就业率、每月失业率、就业总数层级分布、劳动人口失业率（按种族）。

收入指标对应的三级指标包括：人均收入、中等家庭收入、平均工资、中位平均工资职业分布、中位平均工资层及分布、贫困与自给自足比率、收入分配范围、中位收入分布（按受教育程度）、中位收入性别分布（按性别）、免费/低价校餐比率等。

创新与创业涵盖的三级指标包括：雇员附加值、专利注册占有率、专利注册技术领域分布、风险资本投资额、风险资本投资产业分布、风险资本投资公司排名、清洁技术领域风险投资额、清洁技术领域风险投资环节分布、清洁技术领域风险投资总数、天使投资额、首次公开募股数、天使投资阶段分布、跨国公司首次公开募股国别分布、并购与收购数、非雇主企业数行业分布、无雇员企业的相对增长数。这反映的是创新创业的资本情况。

商用空间涉及的三级指标包括：商业空间供给变化、商用空间空置率、商用空间租金、商用空间增长的部门分布。其中，商业空间租金是反映一个地区创新创业成本的一个重要指标。

图 2 是硅谷近十年的就业增长率趋势。硅谷整体就业增长率已经连续八年保持在 2％以上，其中 2014 年、2015 年达到了 4％以上，分别新增 57000 个、63000 个就业岗位；2018 年高技术产业就业增长2.97％，其中增长最快的是生物医药、互联网和计算机设计产业。

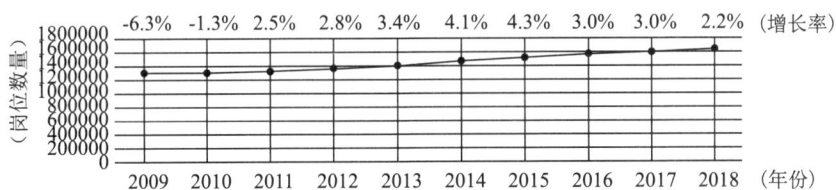

图 2　2009—2018 年硅谷就业增长率趋势

资料来源：2019 年《硅谷指数》。

根据 2019 年《硅谷指数》资料表明：1998—2018 年，硅谷人均收入明显高于加州和全美人均收入水平。

表 2　2014—2018 年硅谷专利、风险投资主要指标

年份	新注册专利数（件）	占全美新注册专利的比重（％）	风险投资总额（亿美元）	超 1 亿美元的风险投资交易数量（起）
2014	19414	13.4	111.4	19
2015	18957	13.4	127.2	23
2016	19386	13.5	98.6	7
2017	19539	12.9	146	23
2018	19000 余		191.7	44

资料来源：2019 年《硅谷指数》。

从硅谷近五年专利、风险投资主要指标看，2014—2018 年，硅谷每年的新注册专利数接近 2 万件，占全美新注册专利的比重在 12％～13％。2018 年，硅谷风险投资达 191.7 亿美元，达到 2008 年以来的峰值；获得 1 亿美元以上风险投资的企业达到 44 家，比 2017 年增长将近 1 倍。

3. 社会（Society）

社会（Society）项下的二级指标包括：经济腾飞基础、早期教育、艺术与文化、健康水平、安全状况。对我们来说，社会指标最具启发意义，因为这里面的一些具体指标与我们的公共服务紧密相关。

第一，经济腾飞基础指标。其三级指标包括：达到加州大学/加州州立大学入学要求毕业生比例、高中生毕业率（按种族）、高中生毕业率与辍学率、数学与理科成绩。这是美国人认为的经济腾飞基础。

第二，早期教育指标。其三级指标包括：幼儿园入园率。可见，他们对幼儿早期教育的重视。

第三，艺术与文化指标。其三级指标包括：文化参与度、消费支出、非营利艺术组织、文化艺术机构。创新不仅需要技术，还需要多元文化的熏陶。这一点值得我们深思。

第四，健康水平指标。其三级指标包括：健康保险覆盖率、学生超重与肥胖比率。他们把学生健康纳入评价指标体系，主要是把学生看作经济腾飞的基础，并加以重视。

第五，安全状况指标。其三级指标包括：暴力犯罪、严重犯罪、警察数量。这体现了一个地区社会治安的整体状况。

4. 生活空间（Place）

生活空间（Place）涵盖了住房、交通、土地使用、环境等二级指标。

第一，住房指标。其三级指标包括：房屋买卖趋势、房屋建筑类型、房租支付能力、保障性住房建设、住房成本超出家庭收入 35％的比例、住房费用负担能力、与父母共同居住的年轻人比例。统计与父母共同居住的年轻人比例，如果这一数据过高则可能反映出年轻人缺乏独立，不利于创新。

第二，交通指标。其三级指标包括：人均机动车行驶里程与汽油价格、通勤方式、地区间通勤模式。地区间通勤模式是一个很重要的指标，如果通勤时间过长，也不利于创新。

第三，土地使用指标。其三级指标包括：住宅密度、临近公共交通的房屋、非住宅用地开发。

第四，环境指标。其三级指标包括：水资源、电力产量、人均耗电量、太阳能电站数。

根据 2019 年《硅谷指数》资料表明：2018 年，旧金山独栋房屋的房价中位数是 150 万美元；全美房屋的房价中位数是 26 万美元；加州房屋的房价中位数是 55.5 万美元。也就是说，旧金山房屋的房价中位数比加州高出 94.5 万美元，而加州又比全美高出 29.5 万美元。

2018 年，美国的住房拥有率是 64.2%；硅谷核心地区圣克拉拉的住房拥有率只有 51.4%，硅谷几乎有一半的人没有自己的住房。

表 3 2007 年和 2017 年硅谷地区平均上班时间变化

地区	2007 年（分钟）	2017 年（分钟）	2007—2017 年变化比例（%）
硅谷	24.7	25.7	+20
旧金山	20.3	31.6	+15
加州	27.3	27.5	+9

资料来源：2019 年《硅谷指数》。

如表 3 所示，2007—2017 年，硅谷地区平均上下班时间增加 20%，2017 年平均每天上下班时间高达 59 分钟，6.5% 的本地员工（近 10 万人）每天上下班需花费 3 个小时。这体现了硅谷地区职住分离的情况。

5. 城市治理（Governance）

城市治理（Governance）方面的二级指标，主要包括：城市财政、公民参与。

第一，城市财政指标。其三级指标包括：财政收入。财政收入最终将反映在公共服务上。

第二，公民参与指标。其三级指标包括：党派归属、投票参与程度。公民参与指标的设置体现出硅谷对公民参与的重视，把普通人视为创新的主体，反映了宽松的创新文化土壤。

（二）硅谷指数的突出特征

硅谷指数的评价指标设置，可以说超出了我们对创新本身的刻画，概括起来，具有以下突出特点：

第一，硅谷指数的评价指标设置非常综合、全面，不仅有亮点，还重点突出。

第二，特别重视结构性问题，使得硅谷指数对一个事物的刻画更加全面、深刻。比如，硅谷指数不是直接体现这一地区有多少高端人才，而是注重对人才学历、专业背景、语言文化背景等方面的评价。

第三，从多维度、多角度、多层次评价。比如，对于经济腾飞基础的考察中，就有达到加州大学/加州州立大学入学要求毕业生比例、数学与理科成绩等指标。

第四，注重区域之间的比较。硅谷由39个城市组成，所以它注重区域间的横向比较。

第五，注重统计方法的科学性。硅谷指数的每一个指标都有对应的内涵描述，有长期的数据收集和支撑。对于我们来说，我们要拓展创新指数评价指标体系的维度，增加广度。

第六，长时间跟踪研究并动态地展示硅谷指数报告成果。

第七，原始数据来自不同的调查和统计机构。

（三）2020年硅谷指数呈现的新变化

第一，硅谷地区风险投资额维持较高水平。2019年，硅谷地区风险资本投资继续处于非常高的水平，达420亿美元，产生92笔每笔超

1亿美元的巨额交易，除互联网外，汽车与交通行业成为新热点投向。实际上，主要是与自动驾驶有关的投资项目。2019年，天使投资不断下降，获得融资的初创公司总数连续五年呈下降趋势，仅为130家，为20年来最低水平。这也反映了全球经济形势的不景气。2018年，硅谷地区专利注册总数相较2017年有所下降，为18455件，大部分为计算机、数据处理和信息储存专利。

第二，互联网公司仍是硅谷最热投资标的，汽车与交通运输为新贵。2019年前三个季度中，硅谷软件（非互联网/移动）公司获得的风险投资比例仍然相对较高，达到7%，总计28亿美元。同时，流向汽车与交通运输公司的融资达29亿美元，在风险投资总额中占比达到近8%。增长原因主要是有两家公司分别获得了9.4亿和6亿美元的高额融资。另外，流向电子公司的风险投资比例从1996年的11%下降至2019年的1%，流向计算机硬件和服务公司的风险投资比例从1996年的13%下降至2019年的6%。也就是说这两个行业未来不被资本看好。

第三，初创公司的总数连续五年下跌。2019年，硅谷的天使投资额下降了42%，旧金山、加州和美国分别下降了21%、31%与29%。2019年，旧金山公司获得的天使投资金额3.01亿美元，比硅谷公司获得的1.21亿美元多出近两倍半。2019年，仅有45家总部位于硅谷的公司获得了种子或早期投资，仅占2014年加州获得种子或早期融资公司数量的12%。2019年，仅有130家总部位于硅谷的初创公司获得了融资，而对比旧金山这个数字为257家。可见，硅谷也面临一些新挑战。

硅谷地区就业增长有所放缓，但增速仍高于全加州及美国。从就业行业看，创新与信息产品及服务领域的就业增长占比最高，且呈持续增长态势。另外，在商业基础设施与服务、社区基础设施与服务和其他制造业领域的就业增长也呈现出不同的趋势。

第四，硅谷地区人口多样性和技术人才储备持续提升。一是迁出硅谷人数多于迁入硅谷人数。主要迁出地包括大湾区、加州其他地区、华盛顿、得克萨斯州、亚利桑那州、内华达州和纽约。二是外国出生居民人数上升至38%。在25~44岁主要工作年龄段的新技术人才中，有67%来自亚洲，其中大部分来自印度与中国。超过半数硅谷居民在家里说英语以外的语言。三是年长劳动力比例上升至21%。劳动力中，55岁以上的较年长居民的比例提高至21%。四是女性创业者初创企业上升至28%。2018年选举中，有32名女性当选为市、县议员，占当地民选职位大多数。女性创办的初创企业数量增长至28%，女性在科技行业中的比例同比增长2%，但授予女性理工科学位比例一直保持在38%的低水平。

第五，硅谷人均收入创历史新高，但种族间收入差距加大。一是硅谷人均收入在2018年创历史新高。扣除通货膨胀后，硅谷居民家庭收入中位数在2018年同比增长2.5%。2018年所有家庭中，30%的家庭年收入超过20万美元。高净值家庭数量也在不断增加，拥有超过100万美元净资产的硅谷家庭达到15%。二是硅谷地区收入不平等达到历史最高水平。13%的家庭预计拥有硅谷全部财富的75%，而37%的家庭储蓄不到2.5万美元。三是硅谷的人均收入在各个种族和族裔之间的差异很大。2018年，白人居民的人均收入为82810美元，西班牙裔或拉丁裔居民的人均收入为28960美元。

第六，硅谷地区房价下降6%，但生活、住房成本仍非常高。一是无家可归人数增加。多代同住和多户同住分别占硅谷住宅的17%和11%。尽管多方采取联合行动提供救济，但圣马特奥县和圣克拉拉县仍有11200人无家可归，其中包括1000多名儿童。2019年，旧金山有8011人无家可归。二是硅谷地区年轻人贫困率上升至9.5%。与其他地区相比，硅谷的贫困率较低，为7.1%，但是18~34岁年轻人的贫困率却上升至9.5%，而且在一些种族和族裔群体中，年轻人的贫困率高达10.7%。如果一个地区年轻人的贫困率上升，说明这个地区的发展预期可能不太好。三是商品、服务成本上涨2.7%，30%的硅谷居民未能自给自足。过去一年，商品和服务的成本上涨了 2.7％，其中儿童照管、住房和交通成本急剧上升，30％居民未能自给自足。

总体上，硅谷的绝对优势逐渐减小。对比 2016 年至 2020 年发布的硅谷指数显示，硅谷在人才、技术、创新方面的绝对优势正逐渐缩小，这不仅意味着硅谷发展策略的保守化，同时也意味着其他地区吸引力的增强。但是，这样的硅谷仍然有很多值得我们学习、借鉴的地方。

二、从硅谷指数看如何营造一流创新生态

从硅谷发展来看，创新不太可能遍地开花，它具有在少数区域扎堆，或者是说区域集聚的内在规律。

（一）善于遵循创新区域聚集的内在规律把握知识与经济的深度融合的新趋势

邻近度与密集度支撑创新的价值凸显。邻近度，即与高等院校、科研院所靠得越近，发展的机会就越大，就像斯坦福大学工学院的博士、硕士毕业生有 90％以上在离学校 50 公里以内的地区就业一样，清华大学的毕业生也愿意在学校周边开公司、工作。密集度，即知识溢出的"高度局部化"与"就业密度的创新增强效应"。也就是说，知识与人才对创新具有增强效应，就业密度越大，创新产出越多。

把握创新生态系统更加开放的新趋势。创新不仅是在实验室内完成的，它更需要与城市有一个良好互动。比如，自动驾驶的研发：只有在路况复杂、突发状况多的城市公路上测试，才能研发出成熟的自动驾驶系统。也就是说，开放式创新深刻改变企业选址和空间设计。越来越多的创新，在网络连接的公共空间内集思广益，产生创意；在共享的公共空间内创意得到改进；在市场化的技术实验室得到样品；在公共街道上得到检验。

着力满足创新群体年轻化及其偏好。硅谷关注的是 25～44 岁主要工作年龄段的群体。这一群体需要非常完善的生活配套，而这些生活配套只能是大城市尤其是一些中心地区才能提供。这就是为什么创新总是区域扎堆，特别是在一小部分区域扎堆的原因。对此，政府应该怎么做呢？

（二）要多渠道强化三类高端资产，留住创新创业者

集聚高端的经济资产，是指推动或支持创新环境营造和发展的企业、机构和组织，包括世界一流大学、行业领军企业以及为创新创业提供服务的投资机构等。具体可分为：一是创新驱动者，就是专注于为市场开发前沿技术、产品和服务的研究和医疗机构、大型企业、中小型企业、初创企业和创业者。这些创新驱动者是创新的源头活水。二是创新培育者，就是支持个人、企业的发展及其创意的公司、组织或团体机构，包括孵化器、加速器、概念验证中心、技术转让办公室、共享工作空间、职业培训机构等。三是邻近配套的服务设施，就是为创新区居民和工作人员提供服务的场所，包括餐馆、咖啡馆、电影院、零售店等。

优化配置灵动的有形资产，是指以"促成新的、更高水平的联系、合作和创新"为规划设计宗旨的建筑、公共空间、街道及其他基础设施。简单地说，打开城市"围墙"，加强沟通、交流和思想碰撞。一是公共区域的有形资产，就是大众可及的场所，如公园、广场、街道等活力和活动密集的场所。把这些地方开发出来，让大家可以随时随地沟通和交流。二是私人领域的有形资产，就是以创造性的新方式促进创新的私人建筑和空间。比如，公共办公空间未来如何设计得更加人性化，更加能激发大家创新的灵感。

完善泛在的网络资产，是指个人、企业和机构之间的联系，可产生、改善并加快新创意的提升。也就是说，政产学研用等之间要广泛交流和碰撞。一是建立强联系的网络资产，重点强化相似领域内部的

关系，包括技术例会、特定产业会议和博客等。二是建立弱联系的网络资产，重点建立新关系，包括交际早餐、跨产业集群的编程马拉松等。

例如，麻省理工学院 20 号楼，样貌丑陋、环境恶劣，却孕育出许多改变世界的科技成果。为什么？从设计上来说，20 号楼毫无规律可言。它采用了一种古怪的排序，如一个迷宫，使得人们不断迷路，常常绕了好久才发现自己走到了一个原本并不打算去的地方。这个过程中，人们在楼梯间和走廊相遇，进行更加深入的交流和思维的碰撞。后来有人总结说，当不同背景、不同兴趣、不同特长的人被迫聚集在一起，不合理的空间布局，反而促成了有意识或无意识的交流，在分享彼此志趣、知识和信息的过程中，碰撞出智慧的火花。20 号楼是一个无所拘束的地方，人与人之间的交流方式不乏激烈的争鸣，还有苏格拉底式的诘问。这对我们非常有启发。

总之，创新是对未知的探索，服务创新将面临更大挑战。面对创新的不确定性，需要我们在服务创新过程中，树立足够的耐心、付出百倍的细心，立足长远，打好基础，率先解决人才、就业、住房、交通等基础服务短板，为努力营造一流创新生态打好基础。

作者：宋洁尘，中关村国家自主创新示范区核心区发展研究中心主任。

张江综合性国家科学中心集中度和显示度建设现状及对策思考

一、国家科学中心集中度和显示度内涵分析

根据现有研究资料，尽管至今没有公认的定论，但人们一致认可的是，国家科学中心实质上是国家建设世界科学中心的核心区域，在国家参与全球科技合作与竞争中充当了重要载体的角色。一般而言，它不仅具备超大设施的硬件集群，包括大科学装置或设施、大科研团队等，也是支撑前沿研究的科研生态群落，需要构建科学创新的生态环境体系。因此，这些要素的集中程度及其显示程度是衡量国家科学中心成熟与否的关键指标。

（一）国家科学中心集中度的内涵分析

现有研究表明，集中度是一个科学中心硬实力的前提条件及有机构成，是指科学中心在全球科研创新体系或某特定科研创新领域中的资源赋予。国家科学中心集中度内涵实质就是指各类创新要素在特定区域内的集聚程度。这些创新要素主要是用来支撑国家重大基础研究和应用基础研究，包括：世界领先的设施群集、世界一流的研发机构群、世界顶尖的人才群、世界前沿的学科群、引领未来项目群的集中程度。科学中心集中度主要是衡量该中心特别是在其核心区域内所集聚的相关要素，如大科学设施、世界级及国家级实验室、研发机构、

全球知名顶级领军专家、国际人才、孵化器创新港、低碳研究用房、生态居住建筑等创新生态体系硬件的绝对数量与相对比重。

发达国家的实践表明，作为开放型的科研创新体系，国家科学中心的集中度还通常外显为与全球科技创新要素的联系与互动，体现在全球网络体系中的互联互动，包括：一是大科学设施的联网互动。国家科学中心在大科学装置之间构建起了开放的协同创新网络，用户既可以利用一个装置开展协同创新，也可以同时利用多个装置开展综合性研究，还可以通过充分开放的科研协作网络，开展跨国科研合作。二是辐射全球用户的联网互动。国家科学中心的高端装置和科学设施群集聚，能够吸引全球众多的科研领军人物和团队，可以不断拓展全球范围内的国际合作伙伴。

（二）国家科学中心显示度内涵分析

显示度是科学中心软实力的必备要件及聚焦体现，是指科学中心在全球科研创新系统或某特定科研创新领域中的公认定位，也指特定科学中心将自身的创新生态体系和独特优势、源头创新突破、生产力转化成效及原创全球型科技创新企业在国际领域中的序列、核心区科创文化创建与管理模式等要件，借助互联网、报告、论坛、展会等载体，向世界主动展示能力与绩效的强弱。

因此，国家科学中心的显示度实质上就是在全球科创活动中发挥影响力，这种影响力往往是借助于一定的外在行为方式或行为结果彰显或外显出来。具体表现为：一是塑造高端品牌。发达国家现有的国家科学中心往往具备较高的知晓度、美誉度，从而在国际科技交流与合作、国际创新活动中发挥着较大影响力。二是产生颠覆性原始创新。也就是说，重大科学发现往往是国家科学中心原创思想的核心所在。实践证明，国家科学中心往往能够催生一大批诺贝尔奖获得者，孕育诞生一系列具有划时代意义的科技创新成果。三是辐射带动区域创新发展。一般来说，国家科学中心不仅是能够孕育诞生一系列具有重大影响的科学成果，更是创新产业成长的策源地，能够强有力地提升区域产业创新能力，在区域创新体系中发挥着重要作用。

二、张江综合性国家科学中心建设现状分析

（一）张江综合性国家科学中心集中度和显示度建设推进情况

自 2016 年 2 月批准设立以来，张江综合性国家科学中心建设正快速推进，"四梁八柱"框架体系日益清晰。大科学装置和全球创新资源快速集聚张江，形成了一批体现"张江原创"的科研成果，这些科研成果在部分研究领域已进入世界前沿，张江在开放创新中正逐步形成一定的创新聚合效应和全球影响力。具体来看：

一是大科学设施建设加快推进。张江已经集聚了一批大科学设施，如上海光源、蛋白质中心、上海超算中心、软 X 射线自由电子激光实验装置等。到 2020 年将建设大科学设施 6 个，包括上海光源、上海超算中心、蛋白质研究中心、软 X 射线自由电子激光装置、超强超短激光装置、活细胞结构与功能成像装置，已建成全球规模最大、种类最全、综合能力最强的光子大科学设施群。目前，正在全力推进硬 X 射线自由电子激光装置、海底科学观测网、高效低碳燃气轮机试验装置等大科学设施项目建设。下一步，将继续推动超算、药物、能源、纳米、材料等领域的大科学设施向张江布局，通过打造大科学设施集群，为提升我国基础前沿研究水平、增强源头创新能力提供有力支撑。

2017 年 9 月 26 日，由中科院和上海市共建的张江实验室挂牌成立。依托这些大科学装置，大量的国内外科研团队（用户）集聚张江开展研究并取得丰富的成果。以上海光源为例，截至 2019 年 4 月底，通过 10 年的运行开放，已运行开放的线站累计为用户提供实验机时超过 34 万小时，执行通过专家评审的课题近 13000 个；用户遍布全国各地，用户所在的单位数量已达到 518 家，其中高校 262 家、研究所 162

家、医院 34 家、公司 60 家；用户所在的研究组数量达到 2778 个，实验人员达 41404 人次，共计 23254 人，已形成了我国相对稳定的高水平同步辐射用户群体。在高水平的用户基础上，上海光源取得了一系列重要研究成果，涵盖生命科学、凝聚态物理、化学、材料、能源、环境、地质、考古等学科领域。用户已发表期刊论文约 5000 篇，其中，*Science*、*Nature*、*Cell* 三种顶级国际刊物的论文 96 篇，SCI－1区论文约 1500 篇。[①]

二是国内外高水平科研机构和高校加快集聚。吸引集聚海内外顶尖实验室、知名研究所、知名高校在张江设立研发机构，组建研究团队。张江已经聚集上海科技大学、复旦大学、上海交通大学、上海中医药大学以及北京大学上海微电子研究院等十余所国际一流创新型学校，国内著名高校及其研发机构加快集聚，成为张江综合性国家科学中心建设的重要力量。正在加快推进复旦大学打造国际创新中心，在国际人类表型组、微纳电子与量子、脑与类脑智能等领域建设一批具有国际水平的科技设施。正加快推进上海交大打造张江科学园，在超快科学、材料集成设计与可控制造科学、同步辐射肿瘤诊疗一体化研究、代谢与发育科学、网络空间安全等领域建设一批具有国际水平的科研设施；推动建设李政道研究所；启动建设清华国际创新中心。

上海脑科学与类脑研究中心于 2018 年 5 月 14 日在张江实验室揭牌，该中心将立足世界脑科学与类脑研究前沿，聚焦国家在脑科学与类脑研究领域的战略需求，组织承接国家和上海市任务部署，加快推动我国在该领域的重大突破和跨越。张江药物实验室研究平台于 2018年 7 月 17 日揭牌，将以上海药物和生物医学研究力量为基础，以"出原创新药"和"出引领技术"为目标，聚焦基于疾病机制研究的新药发现以及药物研发新方法、新技术发展，有效解决我国生物医药研发和产业发展"卡脖子"的问题。同时，拥有高新技术企业共 2918 家、

---

① http：//ssrf. sinap. cas. cn/xwgg/mtjj/201905/t20190528 _ 492323. html.

占上海 1/4，外资研发中心 244 家、占上海 52%，全社会研发投入占 GDP 比重已经达到 4.15%，每万人有效发明专利拥有量达到 77 件。

三是成为海内外高层次科研人才的重要汇聚地。实行更加开放的人才引进政策。近年来，浦东新区坚持聚天下英才而用之，不断加大全球优秀人才集聚力度。通过人才激励政策、产学研联合培养、院士工作站等方式，实现海外人才吸引力持续增加，国内人才引进梯度体系基本建立。浦东新区出台了"海外人才 9 条""人才 35 条"等一系列人才政策创新，重点推进"十个率先"，包括设立全国首个海外人才局、自贸区永久居留推荐直通车、留学生自贸区直接就业、国外优秀本科毕业生自贸区直接就业等，让优秀外国人才进入浦东就业创业的渠道更通畅。

加强人才精准服务。高标准建设浦东国际人才港，在全国率先设立外国人来华工作、居留审批"单一窗口"，通过审批流程革命性再造，减少了 50% 的申请材料和 58% 的审批时限，审批时间从 12 个工作日减少到 5 个自然日，打造人才审批服务的"高速公路"，累计服务海内外人才超过 19 万人次。为更加便捷地服务科技创新型人才，在市相关部门的支持下，张江科学城内还设立了上海国际科创人才服务中心，为科创人才提供一门式服务。

截至 2019 年底，张江科学城拥有国家级专家 274 人，含中科院院士 9 人，工程院院士 7 人，中央"千人计划"人才 99 人。与此同时，浦东顶级科技人才的流入也居全国前列，同期浦东海内外人才总量达到 145 万人，超过常住人口的 1/4，拥有诺贝尔奖获得者 6 人，海内外院士 90 人。

四是一批"张江原创"科研成果诞生。在大量创新资源要素支撑下，近年来，在张江陆续产出了一批有世界影响力的重大原创性科学研究成果。上海光源平均每线产出的 SCI 论文数在全球所有同步辐射装置中名列第一，多项成果入选国内外的年度十大科学突破或十大进展。2017 年 5 月 18 日，中科院上海药物研究所领衔的科研团队成功解析人源胰高血糖素受体（GCGR）全长蛋白的三维结构、上海科技大学 iHuman 研究所领衔的科研团队成功解析人源胰高血糖素样肽—1受体（GLP－1R）7 次跨膜区晶体结构等两项重大科研成果在《自然》（*Nature*）杂志集中亮相。5 月 17 日上海科技大学 iHuman 研究所领衔的科研团队成功解析了人源 Smoothened（平滑）受体的多结构域三维结构，科研成果在《自然通讯》（*Nature Communications*）上发表。彻底改变了我国结构生物学基础研究过去依赖国外装置的困境，极大地推动了我国结构生物学领域的自主研究进程。

率先试点药品上市许可持有人制度，通过上市许可和生产许可相分离，实现生物医药领域代工模式，大大降低了张江医药研发企业研发成果产业化的门槛和成本。张江已有 32 个申请人申报了 51 个品种，其中 31 个为 I 类新药，5 个已经上市，和记黄埔的"呋喹替尼"成为全国首个通过 MAH 制度上市的 I 类新药。推动代工模式拓展至医疗器械领域，目前已有 6 家企业的 8 个二类医疗器械获批。远心医疗的单道心电记录仪作为全国首个试点产品首个产品已经获批上市，上市时间比法定时间提前近一年。探索生物医药领域跨境研发便利化，张江区域内经认定的医药研发企业，研发试剂、用品等享受便捷通关措施，通关效率提高 30% 以上。

（二）张江综合性国家科学中心建设存在的问题

尽管张江综合性国家科学中心建设如火如荼推进着，但和国内外科学中心核心区相比较，张江还存在着诸多不足。根据浦东新区科协决策咨询研究课题组通过对美国硅谷、英国伦敦科技城、北京中关村、杭州高新区等科学中心核心区的实地调研，并在世界范围内选取 20 个具有代表性的中外科创中心核心功能区进行资料收集与初步测评，得出"世界科学（创）中心核心功能区集中度和显示度初步测评结论"（详见表 1）。从初步测评结果加以分析，上海张江总体上排名第 5 位（北京中关村第 3 位、深圳高新区第 9 位、杭州高新区第 14 位），但具有明显的"一硬一软",即"集中有余、显示不足"的特征。其中,张江在集中度上居第 4 位,高于深圳高新区及杭州高新区,在显示度上居第 12 位,位于中关村、深圳高新区及杭州科技大走廊之后。

表 1　世界科学(创)中心核心功能区集中度和显示度初步测评结论

科学(创)中心核心区	国别	集中度	显示度	小计	排名
硅谷	美国	48.2	44.1	92.3	1
纽约硅巷	美国	47.0	43.3	90.3	2
北京中关村	中国	46.5	43.5	90.0	3
慕尼黑	德国	45.8	43.6	89.4	4
上海张江	中国	45.9	32.7	78.6	5
莫斯科	俄罗斯	45.0	33.5	78.5	6
伦敦科技城	英国	39.5	43.8	73.3	7
斯德哥尔摩	瑞典	30.4	42.5	72.9	8
深圳高新区	中国	33.3	39.5	72.8	9
东京筑波	日本	41.7	30.2	71.9	10
特拉维夫	以色列	33.7	35.8	69.5	11
蒙特利尔	加拿大	35.6	33.5	69.1	12
巴黎南区	法国	35.9	32.6	68.5	13
杭州高新区	中国	28.3	40.1	68.4	14
赫尔辛基	芬兰	32.4	32.2	64.6	15
班加罗尔	印度	28.8	35.1	63.9	16
香港科技园	中国	31.1	31.6	62.7	17
悉尼科技园	澳大利亚	32.3	29.4	61.7	18
新加坡	新加坡	23.8	30.5	54.3	19
里约新科技	巴西	21.5	23.7	45.2	20

与诸多具有全球影响力的科创中心核心功能区相比较,张江的弱势与不足主要体现在:

一是国家实验室建设急需加快推进。国家科学中心往往是重大科学发现的诞生地和重大产业变革的策源地,尽管张江实验室已经挂牌,但仍处于起步阶段，张江科学城原始创新能力不强，张江实验室建设急需加快推进。

二是龙头引擎企业缺乏。由张江科学城原创的具有全球影响力的高新科技企业数量尚不多，而由北京中关村原创的联想和深圳高新区原创的华为、中兴等，均已在美欧投资，走向了世界。

三是全球展会等品牌推介活动不足。深圳的国际高新技术交易会成为深圳科学中心核心功能区的一个形象和品牌，为深圳科学研发与科技创新走入世界视野做出了重大贡献。杭州的世界互联网大会也后来居上。而上海科创中心"相聚张江"还有待提升。

三、提升张江综合性国家科学中心集中度和显示度的思考

提升张江综合性国家科学中心集中度和显示度需要贯彻习近平总书记的指示要求，坚持全球视野、国际标准，不断深化改革、扩大开放，加快建设支撑国家创新体系的大科学设施平台，着力以科技创新的体制机制改革为突破口，不断集聚全球高水平创新资源和创新要素，不断提高张江综合性国家科学中心建设的"加速度"，力争早日在基础研究、前沿技术、原创性成果方面有更大的创新突破，使张江综合性国家科学中心成为我国具有全球影响力的原始创新策源地之一。

（一）提升全球领先大科学设施群的集中度

当前全球发展面临百年未有之大变局，新一轮科技革命加快推进，重大科学突破和颠覆性技术正在加速孕育，各主要经济体竞相加强科技前沿领域的战略布局。张江综合性国家科学中心必须坚持国际视野，立足全球，紧扣国际科技发展重大前沿领域，加快探索建立相关行政审批绿色通道，完善大科学设施建设配套政策措施，做好大科学设施

建设前期协调推进工作，加快推进国家量子中心、上海超级计算机等大科学设施建设，旨在瞄准世界科技前沿，为面向国家战略需求，开展前瞻性科学研究建立基础条件。

（二）提升全球一流创新人才的集中度

创新驱动实质就是人才驱动，创新思想源于人的探索欲望和创造性思维。全球创新资源要素正不断跨越国家界限，在全球范围内加速流动。人才高原高峰建设已经成为国内外科创中心建设的重要抓手，从国内来看，北京、深圳、武汉等地均已加大引智工作力度。张江综合性国家科学中心必须坚持以人才为根基，抢抓机遇，加大力度引进一批全球一流的科学研究领军人物，建立健全具有国际竞争力的科研人才"培、引、留"机制，推动人才进一步汇集张江，并持之以恒的探索相关体制机制，坚持优化创新创业环境，不断激发各类创新创业人才的创造力。

（三）提升国际前沿科研机构群的集中度

国际一流的研究机构与研发平台是提升国家科学中心集中度和显示度的主要载体和引擎。在加大力度吸引具有全球声誉的实验室、研究中心等向张江集聚的同时，要积极面向基础科学前沿、面向国家重大需求，加快建设若干国内领先、国际上有重要影响的引领性研究机构，组建若干科研任务与国家战略紧密结合的创新研究院，支持开展世界前沿性重大科学研究。要加快推进张江实验室建设，探索健全完善院市合作机制，力争提出更多原创理论，取得更多原创发现。不仅要积极创新相关体制机制，注重推动现有存量科研力量加快提升能级，还要推动创新跨国研发中心参与上海科创中心建设的机制，加强协同创新、协力攻关，充分发挥国家队、国际队和地方队的创新集群效应。加强跨领域交叉融合和联合攻关，着力推动学科交叉融合发展，积极承担国际前沿科学合作项目，形成一批重大项目群。

（四）提升在全球科技创新网络的集中度

构建面向全球的开放创新网络是发达国家科学中心的重要特征。张江综合性国家科学中心的建设必须立足全球，在全球视野中注重开放合作，积极主动融入并布局构建全球创新网络。以在具体推进中牢牢抓住体制机制创新为突破口，一方面，对外积极探索有利于科技开放合作的新模式、新途径、新体制、新机制。注重充分依托大科学设施群建设国际一流水平的张江实验室，坚持以开放共享为核心理念，着力吸引全球顶尖科研团队（用户）以及重大基础研究项目，实现全球高端创新资源集聚。另一方面，注重搭建相关平台，旨在促进各创新要素加强联合攻关、人才培养、推动技术转移等重点合作，不断提升张江综合性国家科学中心在国际开放型科技交流合作中的话语权和影响力。

（五）激发重大原创成果涌现

人是科技创新策源地的关键要素。张江综合性国家科学中心提高显示度的核心在于着力打造充分开放包容的创新生态环境，有效激发各类人才的想象力和创造力，推动重大原创成果的不断涌现，催生一批具有全球重大影响力的诺贝尔奖、图灵奖等国际奖项获得者。首先，要加强并优化投入机制。在市级层面探索建立系统化的、总体统筹的投入机制，加大对科研机构的稳定支持力度，减少科研人员对竞争性经费的依赖程度。其次，强化对基础研究的投入导向。坚持以基础研究为导向，立足宏观、立足长远，探索建立相应的基础研究绩效考核和评价机制，在机制上理解与支持颠覆性创新、原始创新的探索，并对创新研究意愿或失败给予宽容。再次，积极培育区域社会资本。在推进张江科学城建设中积极拓展相关非正式渠道，推动创新人才和要素的交流与互动，高度注重人与人、机构与机构间的交流便利、资源共享，如定期举办各种开放式研讨会，鼓励研究人员自由表达观点，头脑风暴，激发思想火花。

（六）发挥对区域创新体系建设的带动作用

放眼全球著名国家科学中心的发展路径，产学研的高度协同一直是重要的特征之一。国家科学中心的建设与发展往往会对所在区域的创新发展产生积极的溢出效应。因此，在坚持服务国家战略、为国家创新体系建设重大基础平台的同时，张江国家科学中心提升显示度还应注重发挥对上海、对浦东创新驱动发展的积极辐射带动作用。关键要坚持产学研高度协同发展，在注重创新资源集聚的进程中，要注重发挥集成效应，坚持原始创新与成果转化并重。要在张江综合性国家科学中心建设中强化探索产学研合作新机制，推动多学科前沿研究和大科学装置实验产生的大量原始创新加速转移转化，让更多科研成果落地生根。浦东在新兴产业发展布局和相关规划中要注重主动紧密结合张江综合性国家科学中心的原创成果，在相关配套上从政策和用地等方面主动出击，争取变革性的技术和新兴产业在浦东率先诞生并成长，从而推动区域创新能力提升。反过来科研成果的落地与转化又会进一步再带动和促进科学发现，形成良性循环。

作者：胡云华，中共上海市浦东新区区委党校副教授。

深入优化营商环境 推动科技
产业发展的浦东经验与思考

营商环境改革是近年来进一步改革开放的重要目标，习近平总书记曾在多个场合多次重申营商环境改革的重要性。作为上海全球科创中心的核心功能区，浦东新区肩负着特殊的历史使命。浦东紧紧围绕科创中心、自贸区、张江科学城建设等战略，不断优化营商环境，深化"放、管、服"改革，努力为科技创新发展创造一流营商环境。2018年1月推出了优化营商环境"二十条"措施，各项政策扎实推进，企业获得感持续增强，改革效应不断凸显。2020年4月，在此前优化营商环境"二十条"等创新措施的基础上，围绕贯彻落实国务院《优化营商环境条例》和上海市优化营商环境3.0版方案，再次推出优化营商环境"升级版"——优化营商环境"新十条"，通过加强系统集成、对接企业需求，旨在进一步降低企业成本，提升准入便利度、发展支持度，在受疫情影响的特殊时刻，助力企业增强信心，加快复产复市、升级发展。

一、浦东深入优化营商环境，推动科技产业发展的主要经验

（一）浦东科技产业发展的特点

1. 外向型、开放性特征显著

与北京海淀区、广东深圳市相比，浦东科技产业发展的一个主要

特点就是国际化水平比较高，外向型、开放性特征显著。截至 2020 年
4 月，已有 340 家跨国公司地区总部入驻浦东，约占上海市近一半；
即使在 2020 年面对突如其来的新冠肺炎疫情，第一季度浦东利用外资
逆势飞扬，1—3 月份实到外资达 21.55 亿美元，同比增长 36.6％。

国务院发展研究中心报告曾指出，浦东新区是中国大陆外资企业、
外资研发机构、海外创业人才集中度最高、外资企业与国企合作最多、
与周边地区产业互动最佳之地。浦东的陆家嘴金融贸易区、张江国家
自主创新示范区核心区、金桥经济技术开发区、外高桥综合保税区、
临港新片区等都具有较高的国际影响力，在对外开放方面拥有相对优
势。2011 年 6 月 17 日，浦东新区人民政府发布《关于推动浦东新区
跨国公司地区总部加快发展的若干意见的通知》，鼓励跨国公司地区总
部在浦东新区设立投资、管理、研发、营运、产品服务、结算等中心，
不断提升跨国公司管理运营能级。2020 年 4 月 29 日，浦东发布《推
进浦东新区跨国公司地区总部高质量发展若干措施》，内容包括对落户
浦东的亚太总部、全球总部给予一定的财政支持；为跨国公司地区总
部优秀人才落户提供绿色通道；为跨国公司地区总部的外籍顶尖人才、
特殊技能人才及知名人士申请在华永久居留提供便利等，从而为浦东
总部经济高质量发展注入新的活力。

2. 产业集群发展效应凸显

科技创新和产业集群是浦东经济腾飞的主要手段。浦东新区拥有
国内产业链最完整的集成电路产业，是全国最大软件产业基地之一，
国内最密集的生物医药研发创新基地。如张江地区已形成由"四校、
一所、三院、40 多个中心、近百个公共服务平台"和千余家创新企业
组成的企业、高校、科研院所高度集聚的生物医药研发创新集群等。

2019 年浦东"中国芯""创新药""智能造""蓝天梦""未来车"
"最强光""数据港"七大硬核产业迅速发展，集成电路产业规模增长
14.5％，生物医药产业规模增长 14.6％，航空航天制造业产值增长
17.8％，高端装备制造业产值增长 10.7％，软件信息服务业营业收入

增长 12.9％。2020 年 3 月，浦东发布《促进重点优势产业高质量发展若干政策》，并出台科技创新功能倍增和产业能级倍增行动方案，总体目标是到 2025 年培育形成六个"千亿级"规模的硬核产业集群，建成 10 个大科学设施，1 家国家实验室。其中"中国芯"将打造具有全球竞争力的全链条产业体系，到 2025 年，集成电路全产业链销售规模达 4000 亿元；"创新药"产业群将建设全球卓越的研发高地和制造基地，到 2025 年，生物医药产业规模力争突破 2000 亿元；"蓝天梦"将建设大飞机国家战略核心承载区，到 2025 年，产业规模力争达 1000 亿元；"未来车"产业群将以特斯拉新能源汽车量产为契机，到 2025 年，汽车工业总产值达 4500 亿元，产业规模实现倍增；"智能造"将打造具有全球影响力的智能制造产业高地，到 2025 年在产业规模、机器人制造等方面实现倍增；"数据港"将建设数字经济创新策源地和全球数据服务中心，力争把浦东建设成为全球范围内科技创新资源最集聚、创新转化机制最灵活、创新创业生态最活跃、科创产业融合最紧密的地区。

3. 创新研发能力持续提升

近年来，浦东科技企业创新成果持续涌现，2019 年浦东全社会研发经费支出相当于地区生产总值的比重提高到 4.15％；外资研发中心累计达到 240 家，高新技术企业新增 899 家，达到 2902 家；每万人口发明专利拥有量达到 77 件。其中张江高科技园区现有国家、市、区级研发机构 403 家，包括上海光源、蛋白质设施、超级计算机、中国商飞研究院、药谷公共服务平台等一批重大科研平台，以及上海科技大学、中科院高等研究院、复旦大学张江校区等近 20 家高校和科研院所。这些创新资源的汇聚，为园区企业发展提供了研究成果、技术支撑和人才输送。尤其在生物医药领域，张江作为中国的"药谷"和"医谷"，诞生了 15％的全国原创新药和 10％的创新医疗器械，聚集了 400 余家生物医药企业、20 余家大型医药生产企业、300 余家研发型科技中小企业，还有 40 多家专业服务机构、100 多家各类研发机构。

（二）主要做法和经验

1. 深入改革创新，减少制度性成本

一是企业准入门槛进一步降低，商事登记制度改革不断深化。在全国率先实施注册资本认缴制改革，先后推行"三证合一、一照一码"、"先照后证"和"证照分离"改革，并在全国范围内复制推广。在此基础上，2019年7月又率先试点"一业一证"，把改革的着力点从"政府侧"转向"企业侧"，把过去一个行业多个审批事项整合为一张许可证，不仅破解企业曾经"准入不准营"的难题，办证的速度与便利度均可大幅提升，审批事项压减76%，审批时限压减88%，申请材料压减67%，填表要素压减60%。

同时药品上市许可持有人制度、医疗器械注册人制度、创新药物及医疗器械审评审批改革、生物医药试验用研发材料便捷通关等多项制度创新正为推动生物医药产业高质量发展持续提供重要的动力引擎。如在全国率先试点"医疗器械注册人制度"，有利于鼓励企业创新研发和持续改进质量，推动医疗器械产业链上下游分工与合作，形成先进制造优势。目前，已有4家企业的7个产品获批。在前端"放"的同时，积极探索建立医疗器械注册人跨区监管制度，同步加强事中事后监管，防控风险隐患。率先取消"检验检测机构审查认可（CAL）"，免除对已获得计量认证（CMA）检测机构再次审核，进一步降低了制度性交易成本，有利于检验检测机构加速发展。

二是事中事后监管制度初步建立。以社会信用体系、企业年报公示、信息共享、综合执法、安全审查、反垄断审查等六项制度为主体的事中事后监管制度，几年来不断拓展和深化。如加强"互联网＋监管"，按照监管要素标准化、监管方式智能化、监管流程闭环化理论，构建经济运行风险防范化解平台，在危险化学品、建设交通、重点产业、社会事业、金融服务、农林牧渔等8个重点领域104个行业实现应用智能监管场景全覆盖；探索建立了以信用监管为基础的"六个双"

政府综合监管"样本",包括"双告知、双反馈、双跟踪"的证照衔接和"双随机、双评估、双公示"的协同监管,形成了贯穿市场主体全生命周期,衔接事前信用核查和信用承诺、事中信用评估分级和分类检查、事后联合奖惩和信用修复的全过程闭环监管,实现了对全区所有21个政府监管部门、108个行业、32万多家企业的全覆盖。

同时完善"统一规范、包容审慎"的行政处罚裁量机制,降低企业合规成本。进一步规范处罚裁量权行使,在《上海市市场轻微违法违规经营行为免责清单》基础上,细化完善,实现规范市场秩序和帮扶企业发展的有机统一;不断拓展法律法规政策的培训宣传渠道,进一步督促企业知法守法,引导企业参与新政策实施。

三是政府服务能力显著提升。浦东在全市率先实施"一网通办",聚焦"互联网+政务服务"不断大胆创新。如从"最多跑一次"到"一次也不跑",建立了遍布全区的服务体系和"100%全程网上办理",327项涉企审批事项全部纳入"一网通办",实际办理时间比法定时限压缩约87%,网上政务大厅"7×24小时全天候服务"模式,降低了企业办事成本,增强了企业感受度。探索企业办事从"一证一次办成"向"开业一次办成"升级,即把企业开展一项业务所涉及的审批和服务事项组成主题套餐,通过业务流程再造,探索一次点单、并行办理。借鉴银行窗口的做法,把"一门式服务"变成"一窗式服务",即把原来各部门单独的涉企审批受理窗口统一整合为综合窗口,前台突出综合性,所有382个涉企审批和服务事项都可以在任一窗口办理;后台突出专业性,各部门根据职能分类审批,对前台碰到的疑难问题提供实时支撑。"单窗通办"已经覆盖区级和开发区企业服务平台,之后还将逐步完善标准化体系,不断提升审批服务的规范化、标准化、专业化水平。

2. 推动市场与政府协同,降低商务成本

一是依托上海国际金融中心建设,降低企业融资成本。党的十九大报告要求深化金融体制改革,增强金融服务实体经济能力。经过多年发展，浦东新区具备了较为完善的金融要素市场体系，已经拥有股票、债券、货币、外汇、商品期货和金融期货等市场，集聚了13家金融要素市场和基础设施。因而浦东一方面积极利用多层次资本市场体系服务科创企业，推动科技企业上市挂牌，支持区内企业通过上海股票交易中心科创板等多层次资本市场进行股权融资，推动知识产权质押融资和专利许可收益证券化，降低科技型中小创业企业融资成本。另一方面，鼓励由政府、科技企业以及政策性担保机构联合成立专业创业保险公司，开展创业保险业务，共同分散、化解创新创业风险。此外，整合优化新区层面国资背景的创业投资引导基金，加强与科创集团合作，增加对科技创业领域的投资比重。截至2019年12月底，共有112家浦东企业在国内上市，总市值3万亿元，首发募集资金1360亿元，占全市49%；有55家境外上市企业；有144家新三板挂牌企业，占全市20%；有181家上海股票交易中心挂牌企业，占全市近25%。另外自2019年7月22日科创板首批公司上市以来，截至2020年3月末，科创板上市公司总数达到94家，其中浦东新区科创板上市公司数量为9家，占上海的70%，占全国的13%；上市公司首发募集资金89亿元，首发募资总额占全市的58%；生物医药和新一代信息技术企业成为浦东科创板上市的"主力军"。

同时为贯彻落实习近平总书记重要讲话精神，围绕科创板推动的重大战略契机，还联合上交所建设长三角资本市场服务基地，与长三角经济活动发达、企业上市需求集中的14个城市签约结为联盟城市，会同当地金融部门与科创企业对接，为企业的全生命周期提供服务。浦东把自身的金融资源禀赋优势与长三角区域的市场需求结合起来，深入发掘长三角区域深厚的产业资源和对资本市场服务多层次需求，积极发挥金融要素市场集聚辐射功能，努力发现和培育长三角优质科创企业，呼应科创企业上市需求，发挥金融资源集聚优势服务支持科创板，打造助推企业到科创板上市融资的资本市场服务平台，为科创板注册制提供"源头活水"，取得了显著成效。

二是落实结构性减税政策，降低税收成本。2018年以来浦东结合企业发展状况和特点，根据国家和上海市相关政策和要求，积极采取结构性减税政策，努力降低科创企业的税收成本。如加快制定小微企业优惠政策产业目录，对于符合浦东产业发展方向的小微企业，在增值税税率与税收抵扣、小型微利企业所得税标准放宽与税率调整、研发费用加计扣除、集成电路设计与软件企业所得税两免三减半优惠、孵化器税收优惠、个人所得税调整及附加专项扣除以及社保费率调整等方面实施税收优惠，效果显著，小微企业对各类减税降费政策的满意度达到85.6%。同时也依托国家科学中心建设，参照深圳前海给予区域内重点创新创业者个税补贴以及股份激励等税收优惠政策。在集成电路领域，针对部分集成电路企业海外分公司面临双重征税以及高税负等问题，增大退税措施，争取国家和上海市的支持；进一步开展产业链全程保税监管模式试点，推进集成电路产业链各环节开放式创新发展。

三是加大对创新创业人才的住房保障，降低生活成本。在采取传统的货币化房租补贴等形式加大对科技中小创业企业住房支持的同时，还通过"租售并举"等方式，形成政府主导、社会资本积极参与的模式，不断加快和增加人才公寓的供应数量和途径；同时拓宽现有人才住房政策受众范围，如在区级统筹建设的人才公租房、人才公寓、限价房的申请对象中增加了处于快速成长期的创业企业等。

3. 不断完善创业服务，削减综合环境成本

一是健全知识产权保护和管理制度，降低企业知识产权维护成本。自2014年浦东在全国率先成立了集专利、商标、版权于一身，兼具行政管理与综合执法两项职能的知识产权局以来，在提升知识产权行政管理的系统性和整体性，推动浦东创新驱动发展，高标准对接国际规则方面，发挥"先行先试"的优势，不断大胆探索和创新，进一步深化知识产权"三合一"的改革，形成"可复制、可推广"的浦东经验，走出一条知识产权保护和综合行政管理体制创新之路。具体为：进一

步探索"四合一"知识产权综合管理体制改革。在2019年新一轮机构改革过程中，浦东大胆探索，将原产地地理标志管理和执法职能划入知识产权局，使之成为我国唯一一个专利、商标、版权、原产地地理标志"四合一"，兼具行政管理和综合执法职能的知识产权局，在国内开创了集约、高效的知识产权综合监管与保护新模式。不断深化中国（浦东）知识产权保护中心建设。按照国家知识产权局"三结合、三拓展、两对接"的定位要求，不断深化快速授权、快速确权、快速维权。快速授权方面，聚焦浦东重点产业领域，积极对接服务创新企业，培育高价值专利。截至2019年12月，累计受理专利预审近1000件，通过预审服务获得专利授权超过300件。在快速确权方面，浦东保护中心设立了专利巡回审理庭，推进无效案件属地化审理，浦东乃至长三角企业在"家门口"即可完成专利确权。在快速维权方面，加强与全国各地保护中心、快速维权援助中心进行工作联动；与法院完善诉调对接机制；协作区知识产权局开展知识产权纠纷人民调解、行政执法等工作。建设中国（上海）自由贸易试验区版权服务中心。积极争取国家版权局、上海市版权局的支持，推动建设中国（上海）自由贸易试验区版权服务中心，加强版权工作创新。2019年9月国家版权局正式发文，同意支持建设中国（上海）自由贸易试验区版权服务中心。截至目前，自贸区版权快速登记量累计超过3.5万件。建设国家知识产权运营公共服务平台国际运营（上海）试点平台。2019年5月，国际运营试点平台启动并投入使用，目前已完成了五大核心业务模块搭建，吸引了60多家国际机构共同参与平台建设，推动知识产权跨境交易，开展全球化的知识产权交易服务、海外布局及维权等业务。

二是不断完善创新创业生态，加快建设全产业链的科技公共服务体系。一方面，鼓励行业领军企业、创业投资机构、社会组织等社会力量积极参与，重点围绕物联网、移动互联网、新能源等新兴产业细分领域，建设一批创客空间、创业社区等创新型众创空间。2018年，浦东新区认定的孵化器和众创空间总数达到 134 家，市级以上 96 家，占上海市的 1/4；民营孵化器发展势头迅猛，达到 105 家，在孵企业 4161 家，孵化面积近 94 万平方米，在孵企业从业人员 3 万多人。① 此外，通过引进一批国际知名孵化器和建设自贸区海外人才离岸创新创业基地，探索双向离岸创业模式。另一方面，围绕战略性新兴产业和"四新"产业，新建和改造一批科技公共服务平台，提升平台对创新创业的支持能力。目前新区在建 4 个重大平台，即上海市生物医药产业技术功能型平台（位于张江）、上海市集成电路产业创新服务功能型平台（位于张江）、上海市智能制造研发与转化功能型平台（位于临港）和上海市工业互联网研发与转化功能型平台（位于临港），成为促进技术研发与转化、培育发展创新型企业、推进产业创新发展的关键举措。

三是进一步落实人才新政，加快提升企业创新发展能力。2017 年以来浦东相继制定多项人才政策，以支持人才创新，促进人才发展。如 2018 年，浦东发布了《关于支持人才创新创业促进人才发展的若干意见》，即浦东人才发展"35 条"，明确在体制机制改革关键环节率先形成可复制、可推广的人才制度成果，在创新创业生态重要领域率先构建人才发展竞争优势，使浦东成为全球高峰人才集聚、海内外人才交流融合、创新活力竞相迸发的国际人才高地。同时，提出建立"1＋X"海外人才政策体系。"1"是制定一个浦东新区关于深化体制机制改革加强海外人才队伍建设的总体意见，"X"是贯彻总体意见的若干政策举措，包括提高海外人才通行和工作便利度、促进海外人才创新创业、进一步优化海外人才配套服务环境等各个方面。同时，2019 年 7 月，上海市根据《关于支持浦东新区改革开放再出发实现新时代高质量发展的若干意见》，向浦东下放国内人才引进直接落户和留学回国人员落户审批权，这使上海成为国内第一个向部分城区下放户籍审批

---

① 科 way：《30 岁的浦东科技孵化器，下一步就这么做！》，搜狐网，2018 年 6 月 25 日，https：//www.sohu.com/a/237636082_671272.

权的直辖市和超大城市，为提升浦东新区的引才自主性，帮助浦东"聚天下英才而用之"从而进一步优化营商环境提供了支持和动力。2019 年 4 月，浦东国际人才港"开港"，通过公共服务、市场服务、创新创业服务和在线服务四大功能平台，形成"人才审批服务上'一网通办'、人力资源服务上'一站供给'、人才创新创业上'一帮到底'"的人才服务最优生态圈，以"最高效率、最优服务、最佳体验"打造高能级的人才服务综合体和人力资源配置枢纽。开展人才服务先行先试，协同市人社局建立"上海市国际科创人才服务中心"，探索人才服务改革试点，为国内外人才提供 18 项便捷服务；联合市公安局出入境管理局制定外籍人才出入境 12 项政策措施，在全国率先试点"持永久居留证外籍高层次人才创办科技型企业"改革，为外籍高层次人才参与创新创业提供国民待遇。截至 2019 年 9 月底，累计受理推荐外籍高层次人才和证明外籍华人申请永久居留 190 人，为 42 名在沪高校留学生出具工作证明函。

二、存在的问题

浦东的营商环境位居全国前列，是浦东科技产业发展的巨大优势，但还有一些待改进的地方，主要体现为：

（一）创新政策的系统性不强，透明度和可预测性有待提高

一是浦东新区各园区之间创新支持政策还不够统一，不同部门出台的创新政策也不够协调。与之形成鲜明对比的是，深圳市推出了适用全市范围内不同认定标准、不同规模、不同发展阶段的高新技术企业的税收政策。深圳市政府推出的"土改"和人才方面"1＋6"组合政策（"1"为《深圳市人民政府关于健全行政责任体系加强行政执行力建设的实施意见》；"6"为《关于推行行政执法责任制的意见》《行政机关工作人员十条禁令》《部门行政首长问责暂行办法》《实施行政

许可责任追究办法》《行政过错追究办法》《关于进一步加强政务督查工作的意见》），目标清晰，不同政策措施之间协同度较高；北京市海淀区政府"1＋4＋1"组合政策（"1"为《关于进一步加快核心区自主创新和战略性新兴产业发展的意见》；"4"为《海淀区优化创新生态环境支持办法》《海淀区激发科技创业活力支持办法》《海淀区提升企业核心竞争力支持办法》《海淀区促进重点产业发展支持办法》；"1"为《海淀区技术创新项目市场化评价实施细则》（试行）），文件全面囊括了城区创新创业发展的所有环境要素。

二是通过调研了解到企业希望政策透明度和可预测性进一步提高。如政策的连续性不够，有企业反映，各部门推出的各项支持政策、改革创新政策中，有部分支持政策缺乏连续性，有的新旧政策之间缺少衔接和过渡，导致企业难以适从。同时法规政策的解读和辅导还不够，主要是创立初期的中小企业由于资金原因，普遍没有设立专门的法律部门，而部分法律法规政策如果没有专业人士细化解释，操作起来就有一定难度。

（二）营商环境还有进一步提升空间，空间载体也存在不足

在整体营商环境的打造上，存在仍是以简化流程、集中办理、加快审批等企业常规事项为主的惯性，对产业发展中面临的瓶颈问题的推进速度还不够快、力度不够大。同时空间载体存在不足主要表现为快速成长的企业发展需求得不到满足、土地资源受限等。如一是多个区域楼宇、物业等资源比较紧张，对科技企业的进一步发展和壮大有一定影响。主要表现在发展较为成熟的区域物业稀缺、租金高涨；而新兴区域的生活配套尚不到位，影响企业选择。二是土地、厂房等资源紧缺。特别是受到战略留白、相关地块产业结构调整等因素的影响，资源制约突出。如张江核心区的企业发展空间越来越小，用房用地成本越来越高。

（三）人才服务仍须提升，政府服务灵活性、主动性和有效性不够

一些区块招聘渠道不畅，基础人才都很难招。中小企业吸引人才难，尤其是在专业白领和高端人才方面。员工房租贵、外地员工小孩入学难等问题仍然较为突出。政府针对高端人才吸引，建立了海外人才基地，出台了"千人计划"等扶持计划，针对高级专家也已经出台不少政策，但对中小企业没有涉及。

三、几点思考

目前浦东现阶段的科技产业发展面临新形势和新压力，区域竞争持续加剧，一些产业技术处在新老交替的窗口期，技术的更新迭代将会重塑产业结构并促进产业的分化重组。所以必须以更高标准、更高水平推进营商环境持续优化，以推动科技产业高质量发展。

（一）健全政策体系，形成政策梯度，逐步实现精准发力

第一，加快宏观经济形势变化在政策层面的反应速度。如对于受中美贸易摩擦、新冠肺炎疫情等影响的企业，建议根据企业受影响程度，对因税率调整增加的成本，酌情给予阶段性的政府补贴，如有些工业企业从美国进口核心部件且短期内难以实现国产化替代等。同时加大对小微企业的政策宣讲力度、加强针对小微企业减税降费政策优化的研究。

第二，根据产业性质、规模、贡献和发展潜能，提高政策支持精准度，降低政策门槛。不同的产业及相关企业特点不同，需求也会各异，如特色产业的发展瓶颈主要为市场准入门槛和资金问题，优势产业实现集聚发展的突破口在产业配套和人才培养，基础产业的环境优化方向是完善制度设计和加强平台建设。建议在筹划"十四五"财政

扶持政策时，根据不同产业和企业的特点和需求，有针对性地形成一定的政策梯度，实现精准发力，如增加鼓励中小企业快速成长、升级的"中小企业升级发展专项补贴"，对"十三五"最后三年成长速度快、企业质量高、税收贡献突出的中小企业予以扶持等。

第三，根据行业差异，出台适宜中小企业专项人才招聘的扶持政策。对于符合一定条件的中小企业，在企业招聘技术研发等创新型人才时给予一定的人才政策扶持，如落户加分政策等。应对企业用工成本高的普遍呼声，支持中小企业根据经营需要，采用各种灵活用工方式；灵活降低或改进相关社保缴存机制。

（二）完善科技综合环境，健全科技创新生态环境体系

优化科技城市功能，积极探索"生产＋研发""厂房＋总部"等功能复合方式，不断提升空间利用水平。2019 年以来，浦东通过梳理和统筹资源，新推出了一批产业空间，大力支持企业创新驱动转型升级；2020 年初浦东发布《浦东新区促进重点优势产业高质量发展实施办法（试行）》，在优化产业用地储备机制、盘活存量低效空间、提升存量空间绩效等 3 个方面，进一步加大推进力度。完善创新创业生态，围绕创新链优化资金链、人才链和服务链，促进产学研用联动发展。构建多层次、全覆盖的科技金融服务体系，鼓励支持引导民营企业健康发展，培育更多硬科技企业上市。提升浦东国际人才港能级，加强外籍人才政策创新，加大行业领军人物集聚力度，为青年人才创造更好的发展环境，打造上海最大"人才蓄水池"。

（三）坚持全球视野、国际标准，持续打造符合产业发展特征的国际一流的营商环境

充分发挥浦东科技产业发展外向型、开放性的特点，致力于打造市场化、法治化、国际化的创新体制机制环境，如对标世界银行《营商环境报告》，在高新技术企业培育认定、产业金融对接扶持、高端人

才服务、环评专项指导、优化审批便利、加大改革开放等 6 个领域，进一步提供优质服务；优化纳税服务体验，创新信贷服务模式；构建高效便捷完善的知识产权保护和交易体系、营造公平竞争的市场环境，环境的营造要以占领国际市场、打造国际竞争力，以充分利用全球资源促进浦东自身的创新能力为目标。

作者：吴津，中共上海市浦东新区区委党校副教授。

张江科学城科技与金融
融合发展的实践与思考

科技与金融是现代经济发展中最重要的两个要素。科技金融是在经济学创新背景下出现的概念，科技与金融的融合是经济发展的必然结果，也是提升金融创造价值、提高技术成果效益的重要途径。2019年初，中国人民银行、国家发展改革委等八部门联合印发《上海国际金融中心建设行动计划（2018—2020年）》，明确上海将建成包括金融科技中心在内的"六大中心"，并将以金融科技为新动力加快形成支撑有力的创新体系。中国人民银行印发的《金融科技发展规划（2019—2021年）》，进一步从国家金融管理部门层面对金融科技发展工作做出了总体部署。2019年1月，上海市研究出台了《加快推进上海金融科技中心建设实施方案》，落实国家关于金融科技的顶层设计和工作部署。张江科学城作为上海科创中心建设的核心承载区，加快科技与金融的融合发展，是贯彻国家战略、推动上海国际金融中心和科技创新中心联动发展的重要着力点。

一、张江科学城科技与金融融合发展的基本做法

（一）完善金融与科创联动政策

一是引导信贷资金投向科技企业。发挥和拓展小微企业增信基金

的政策效应，为创新型小微企业融资增信用、增信心、增服务。截至2018年底，累计为1000家企业提供30亿元的资金支持，重点向科技型小微企业倾斜。二是优化从股改到上市的服务链，完善新区促进中小企业上市工作联席会议机制，落实上市扶持政策，大力培育重点上市企业和独角兽企业。三是积极推动"双自联动"工作，不断扩大自贸区金融创新政策应用，推动相关金融创新政策在张江科学城及科技型企业试点。四是积极落实融资租赁行业市级财政扶持政策，引导更多融资租赁企业为新区科创中心建设及科技型企业发展服务。

（二）优化科学城金融机构布局

一是建设浦东科技金融创新大厦，吸引优质金融机构与高新科技企业入驻，形成浦东科技金融集聚区。二是引导科技支行、科技保险、融资担保、小贷公司等机构入驻科学城，重点鼓励专注于科学城的天使投资、股权投资等企业，支持优先设立，加快审批流程，大力吸引金融机构入驻科学城。三是以建信科技金融公司、中国银行技术支持研究院（平台）落地为契机，引导金融机构借助张江科学城的技术优势，推动新区金融科技产业发展。四是推动开展投贷联动试点。推动试点商业银行投资子公司尽快落地。密切关注科技银行试点落地。五是推动成立科技保险公司。与中保投、保交所等机构合作，以创新企业高管、科技创新过程、产业成果转化等为服务对象，争取尽快落地。

（三）打造金融科技专业服务平台

一是推动浦东新区产业创新中心建设。设立产业创新中心发展专项基金，充分运用市场化手段，加强与园区开发主体、创投平台联动，促进科技成果按照"项目法人化"模式在新区范围落地转化。增强资本纽带功能，培育引领产业跨越发展的新动能。二是建设张江科学城企业服务中心，形成全覆盖、多层次的企业综合服务体系。三是健全科创金融服务体系。建设浦东新区科创金融服务平台。搭建资本与产业对接的线上线下服务网络，提高科学城企业金融服务的效率。四是张江科学城和陆家嘴金融城互设金融科技服务点，建立"双城辉映"创业会客厅。通过"线上＋线下"平台展示科技企业、对接项目与资源，引导科学城企业与金融城金融机构互相提供支持，宣传推介科技、金融产品，促进两地企业的创新创业合作，共同推广服务品牌。

（四）完善资本与产业有效对接机制

一是出台金融服务引导清单。从科技企业全生命周期阶段和行业领域两个维度，推荐专注于此的金融服务机构或团队，形成金融服务机构清单目录。二是举办系列科创金融活动。开展科创金融沙龙、创投创业大赛、政策宣讲等活动，搭建科技型企业和金融机构的对接平台。三是梳理优质投资项目，形成科技企业融资需求清单。梳理整合现有投资人、投资机构，形成优质投资人或投资机构清单，引导其在张江科学城寻找新产业投资亮点，对接科技企业融资需求与金融机构创新需求。

（五）完善金融支持实体经济发展功能

一是摸清金融科技企业发展诉求。邀请企业召开专题座谈会，走访张江科学城具有代表性的金融科技企业，详细了解光大云付、金纳科技、兴业数金、小米金融、祺鲲科技、量投科技、通联数据等企业发展诉求及其对金融科技领域营商环境、创新环境、政策环境、人才环境的建议。结合调研情况和科学城实际，深入梳理金融、财务、法律、咨询、IT等方面资源，摸清底数，明确目标。

二是完善金融科技产业发展综合营商环境。陆家嘴金融城与张江科学城联合打造的"普华永道—张江—陆家嘴加速营"正式启动招募，多家重点企业和机构的百余名代表出席。"加速营"将通过提供涵盖优化商业模式、资本运作指导、市场开发与拓展、合作伙伴对接、国际

16

化发展、运营管理提升等多个方面的专业指导意见，在金融科技、绿色金融等领域，帮助营内企业跨越发展瓶颈，助力创新企业成长，支持培育金融科技产业发展。

三是加快推动金融科技企业集聚，优化金融科技产业生态。积极举办"陆家嘴金融科技服务业发展大会"，吸引包括英国World First、英国预远、建信金融科技等国内外金融科技企业参会。围绕应用场景、孵化投资、专业服务、技术研发、风险防范、展示交流、人才服务、财政扶持、国际推广等方面，推出扶持金融科技产业发展政策，并发布陆家嘴金融城金融科技创新案例。联合中国银行、中国平安、中国银联、蚂蚁金服、瑞银集团等机构，分别搭建金融科技应用场景创新平台、金融科技专业服务平台、金融科技核心集聚区，打造全球最优金融科技生态圈。

二、张江科学城科技与金融融合发展的主要成效

（一）科技金融服务体系日趋健全

深入实施"全国知识产权质押融资试点"，形成了以向银行直接质押为主和政府担保贷款为辅的"一主一辅"工作格局。成立科技金融服务联合会，帮助资金供求双方实现信息对接。开展信用体系建设，形成了企业信用体系和以信用为基础的投融资促进机制。

（二）科技金融业态不断丰富

便利的投融资服务为创业者提供了资金支持，主要由3项服务组成：一是知识产权质押融资服务，加快张江国家知识产权示范园区建设；二是各项融资担保服务，融资担保类专业服务平台面向园区企业，提供多样化担保服务；三是创新的"易贷通"业务，为企业提供超短期融资和质押形式灵活的银行贷款服务。

（三）科技金融政策更加完善

特别是加强了知识产权保障，营造企业公平竞争软环境。国家知识产权局在张江园区设立上海市浦东新区知识产权中心，为园区内企业提供专利受理、律师服务、质押融资、数据检索等专项服务。同时，国家知识产权局也正积极与国际知识产权组织进行对接与联系，这对完善专利、商标、版权等知识产权行政管理和执法体系有重大作用。

（四）科技融资环境显著优化

一是政府引导资金和种子投资资金规模不断扩大。政府引导资金通过"参股基金"的方式，重点支持一批在早期投资方面有一定经验和实力的创业投资机构进入园区创业孵化体系，有效引导社会资本支持小微企业发展，"孵化＋创投"模式在园区得以快速推广；种子投资资金对外投资金额不断增加，带动了社会资本共同参与项目投资。二是科技金融服务业务不断拓展。与银行合作探索"双自贷"业务，与有关金融机构优化金融服务方案，园区金融机构开发的知识产权质押融资、科技企业履约贷款等创新金融产品较好地满足了中小企业融资需求，上海股权交易中心、张江易贷通平台、张江保贷联动融资平台等对创业企业发展发挥了重要支持作用。

三、张江科学城科技与金融融合发展的困难挑战

（一）科技金融资源综合统筹力有待提升

目前张江科学城在科技金融产品风险评级和知识产权评价、创新主体信用体系、高精尖企业评价等共性技术研发支撑等方面，均缺乏相关统筹，不利于创新型企业和金融机构之间的合作。硅谷等科创中心能够实现科技与金融的良性互动，是因为区域内的各类科创主体能

够持续、高效地形成领先水平的科技产出。浦东的技术创新实力在上海全市处于领先地位，但上海市与世界先进地区、甚至与北京、深圳等国内其他地区相比，在创新的资源整合力、成果转化率、创新项目的市场化培育等方面仍有很多不足。科技创新的领先性、持续性不足，难以为科技金融提供足够的市场基础和发展空间。

（二）科技金融服务模式社会化有待增强

融资难、融资贵是一直困扰浦东众多中小企业的问题，这既与中小企业高风险的特点密切相关，也与科技金融服务体系的不合理有关。主要问题在于：一是担保等政策性金融机构专业化不足，专注在服务中小科技企业、服务浦东主导产业、控制担保额度。二是风险投资的集聚度不高，虽然目前浦东的风险投资数量不少，但规模总体不大、品牌知名度不高，分布分散、聚集效应不明显。三是投资机构与科技生态的匹配度不够，主要是专注于生物医药、集成电路等科技领域的专业投资机构数量不够多、对初创期企业的投入不足，倾向于投资企业发展的后端，更偏向于模式创新和跟随式创新，追求短平快。四是国有投资机构的引导力不强。由于定位不清晰，既有市场竞争性业务又有功能性业务，缺少灵活、有效的体制机制。

（三）科技金融政策举措针对性有待提高

目前，张江科学城的轻资产科技企业投融资存在一定困难，特别是文化企业均存在融资困难，不少科创企业属于轻资产企业，很难吸引产业资本尤其是国有资本。大多数银行贷款必须要有可供抵押的有形资产，比如说房地产、厂房设备等，对无形资产较难把握。但大多数文化企业都是拥有众多版权、知识产权，有形资产却较少。目前的金融机构中，也缺乏对版权的评估体系，知识产权质押贷款模式也不灵活，这就为文化企业的融资带来了很大困难。应当在科技型轻资产企业中积极引入政府背景的担保机构，为有融资需求的科技型企业提供形式多样的担保方式，满足企业的融资需求。同时，由政府牵头，架设起银企对话的桥梁，加强银行对科技型中小企业的认知和了解，使得银行未来有信心加大对新兴科技业态产业的信贷支持力度，或者建议能有贷款贴息政策，使得银企政实现多赢。

（四）科技金融市场信息共享度有待改善

现有的科技金融平台、基金、银政合作等模式，虽然扩大了供应渠道，但在与科技企业的融资需求对接上，与国外科技园区相比较，张江科学城科技型企业与金融机构之间存在信息不对称现象。一方面，对科技金融基础信息的统计和监测相对缺乏，难以把握科学城科技金融市场的整体运行情况和变化情况。同时，缺乏专门的科技金融网站或中介机构整合行业相关信息，科技型中小企业缺乏有效的沟通渠道和信息交流渠道。张江科学城第三方评估机构、信用担保机构等中介机构的数量和质量远远不能满足科技型企业的需求。另一方面，科技型创新创业企业成长具有较大不确定性，科技型中小企业存在信息披露困难、披露程度低、监管难度大、监管成本高的问题，科技型创新企业在融资中面临较大的瓶颈。并且，由于科技型企业与金融机构之间未能建立有效的信息传递机制，信息不对称与道德风险问题导致金融机构在筛选优质科技型企业时面临信息失真，科技型企业融资成本居高不下。

四、张江科学城科技与金融融合发展的路径选择

（一）加快科技金融的供给侧结构性改革

围绕创新链和产业链，布局资金链，把改革创新的重心调整到科技金融的供给侧结构性改革上。具体是拓展"四个供给"：一是"张江信用"供给，以推广张江以信用评级为引导的"投、贷、保、补、奖"

融资链，对接信用评级良好的中小微科技企业，适应科技企业轻资产和高回报的特点。二是"投贷联动"供给，以科技金融链对接创新产业链，加强天使投资与银行贷款的结合，充分发挥浦发硅谷银行投贷联动的示范带动作用，以科技孵化器为载体促进科技金融和孵化创业的联动，加强融资租赁与成果中试的对接，加强政府采购和保理融资与成果商业化示范应用的对接，加强战略投资、银行信贷、股权融资、上市融资与大规模产业化的对接。三是"跨境融资"供给，充分利用自贸区金融开放政策，提供离岸融资对接离岸创业的融资需求，提供张江科学城地产基金和产业基金的多元化融资，促进境外投资资金和境内创业企业的供需对接。四是"自贸账户"供给，张江高科率先与中国银行合作，成功运作自贸区扩区后 FT 账户首单 4 亿元人民币贷款业务和首笔 FT 项下 4000 万美元贷款，为自贸区扩区后企业打通境内外投融资渠道做了示范。未来要进一步拓展自贸账户与人才"双创"的对接，结合自贸区资本项目的开放试点，为人才"双创"提供国际投融资服务。

（二）打造富有效率的科技金融服务体系

一是加快落实自贸试验区金融改革措施。鼓励商业银行等金融机构进一步扩大为科技企业提供 FT 账户、境外本外币融资等金融服务支持，优化海外投资、跨境融资、海外并购等企业活动中的资金管理和外汇管理方式，推动金融创新，更好服务科技创新企业；加强政府投资引导基金的杠杆作用，积极吸引海内外风险投资基金、股权投资基金，引导设立面向科技中小企业的天使投资基金。

二是加大对科技型企业融资支持。鼓励商业融资机构开发基于企业信用的融资产品，鼓励商业银行的科技支行、担保公司等融资机构加大对中小企业的融资支持，鼓励企业开展股份制改造、在资本市场上市融资、兼并收购、场外市场挂牌交易，满足科技企业不同成长阶段融资需求；加强与金融机构合作，开放中小企业服务平台，实质性推动投贷联动，为园区企业提供多元金融支持，打造全国科技金融服务高地。

三是强化金融风险防控。加大互联网金融机构、金融投资类企业注册审核力度，配合金融监管部门加强监管，探索引入第三方金融机构，从大数据等方面加大金融安全预警与风险控制，防范金融风险的积累，杜绝区域性金融风险发生。

四是打造科技金融配套链功能。重视中小微企业创新创业全生命周期金融服务配套，建设张江科技金融大厦和科技金融街区。围绕创新链搭建资金链，集聚天使投资、创业投资（VC）、产业投资（PE）、股权融资、小贷公司、融资担保、科技银行、征信机构、证券公司、科技保险、跨境融资服务机构、融资租赁、商业保理、金融安全保障机构、货币兑换等金融机构。

（三）创新科技投融资机制举措

健全多层次科技投融资服务体系，带动社会资本更加聚焦对种子期和初创期科技企业的股权投资和债权融资力度，形成多元化和多渠道的科技金融服务产品，助推科技企业做大做强。

一是建立覆盖科技企业各成长阶段的股权投资体系。设立天使投资引导基金，强化对种子期和初创期科技企业的股权投资力度。整合优化创业投资引导基金，完善与市场机构的合作机制。设立产业投资母基金，吸引国家和市级产业投资基金聚焦新区重点产业发展领域。优化国资布局，增加对科技创业领域的投资比重。开展众筹平台试点，拓展中小企业通过平台进行股权融资。开展设立境外股权投资企业试点，探索境外风险投资基金投资境内创新企业。

二是建立科技投融资风险分担机制。设立天使投资风险补偿资金，建立对社会天使投资的风险分担机制，对投资早期创业企业的创投机构给予规模奖励和风险补偿。设立政策性科技信贷风险代偿基金，对银行、政策性担保机构等科技信贷业务加大风险分担比例。鼓励政策性担保机构做大规模，支持发展科技保险，共同分散、化解创新创业风险。

三是支持科技创新企业利用多层次资本市场做大做强。推进上海股权托管交易中心"科技创新板"发展，支持科技创新企业在各类资本市场上市融资。完善科技企业上市融资服务机制，为企业上市提供切实有效的协调、指导、规划等政策服务，支持和推进科技企业上市融资和并购重组战略。

四是推动投贷联动等融资服务模式创新。支持设立张江科技银行，探索投贷联动，实施股权和债权相结合的融资服务模式。推动商业银行设立全资控股的投资管理公司，积极开展科技金融业务模式创新。探索设立服务于科技企业的专业证券类机构，为企业提供融资和专业化服务。创新"担保＋期权""担保＋入股""担保＋分红"等多种形式，提高担保机构自身的融资担保能力和抗风险能力。

（四）完善科技金融生态环境

一方面，抓住上海科创板的重大历史机遇，依托金融产品创新，做大做强一批本土科技企业。以科创板为契机，形成"政府＋金融＋企业"的全方位支持体系。围绕科创板要求，集中挖掘一批、支持一批高成长企业，并积极帮助和推动企业用好科创板，培育更多更具影响力的细分行业冠军，尤其是产业链核心环节的领军企业，继续强化张江在集成电路、生物医药等领域的领先优势。进一步放大新区产业创新中心的投资功能，推进新区科创母基金建设，集聚一批风险投资机构、一批券商、一批中介服务机构，打造围绕科创板的服务体系。

另一方面，以资本为纽带，结合科技创新成果转化应用，鼓励龙头科技企业打造产业生态圈。发挥龙头企业在整合创新资源、带动产业链整体创新方面的作用，搭建以企业特别是大型骨干企业为核心的生态圈，吸引、整合上下游的产业资源、创新资源，实现市场化的集成，形成若干个细分行业生态群落。积极鼓励龙头企业围绕产业链开展兼并收购，形成上下游紧密结合的产业链，推动形成科技与金融融合发展、区域产业高质量发展的大格局。

五、结束语

科技与金融是当今经济发展的两大因素，科技金融是科技与金融融合发展到一定阶段后的产物，是推进经济高质量发展的必由之路。各地积极推动科技与金融的融合发展，有助于推进经济发展质量变革、效率变革、动力变革，有助于加快结构调整和动能转换，有助于推动产业发展迈向价值链中高端。当前，在全球新冠肺炎疫情影响加剧、国际环境不确定性上升的情况下，尽快补齐科技发展短板、加强科技与金融的融合发展，对于我国构建国内国外"双循环"经济发展格局、保持经济持续稳定向好态势至关重要。

张江科学城作为上海科创中心建设的核心承载区，具有浓厚的金融底蕴和科技基因，也在科技与金融融合发展方面进行了诸多尝试。然而，受到制度、市场、环境等多方面因素影响，张江科学城在科技与金融融合发展过程中尚面临不少亟待解决的困难和挑战。

在对科技与金融融合发展的研究中，以张江科学城为案例，深入分析科技和金融融合发展，找到发展中的问题，并针对性地提出改善措施，将为推进张江科学城高质量发展提供理论和现实参考依据，同时为其他地区促进科技金融发展方面提供参考。

作者：徐凌，中共上海市浦东新区区委党校副教授。

构建科学城创新生态的国际经验及对我国的启示

当今世界正面临前所未有之大变局，在新科技革命加速重塑全球竞争格局的时代，创新是国富民强的核心驱动力。我国正处于中华民族伟大的历史复兴进程中，科技创新已经成为提高国家综合实力和国际竞争力的决定性力量，如何紧紧抓住新一轮科技革命的历史机遇，完善国家创新体系，加快关键核心技术自主创新，是推动我国经济社会发展的重大战略和重要任务。

习近平总书记指出，"科技创新是提高社会生产力和综合国力的战略支撑，必须把科技创新摆在国家发展全局的核心位置"。综合性国家科学中心是国家实施科技创新战略的基础平台，是代表国家参与全球科技竞争与合作的核心力量。目前，我国已先后布局了上海张江、安徽合肥、北京怀柔、广东深圳四大综合性国家科学中心，推进了一批创新型城市建设。我们该如何进一步强化战略导向、目标导向和问题导向，坚持科技创新和体制机制创新"双轮驱动"，为高质量发展提供更有效的源头供给，为应对风险挑战提供更加坚实有力的支撑，努力把我国建设成为世界科技强国？应该放眼世界，顺应科技革命发展的变化趋势布局科技创新，从先进的国家和地区吸取有益经验。因此，本文借鉴世界上先进经济体在科学城构建创新生态的有益做法，总结启示和规律，对我国综合性科学中心的发展提出思考和建议，以期进一步推动我国科技创新生态系统建设。

一、创新生态系统的内涵与特征

对于创新生态的定义，不同学者有不同的概括。国外有学者认为创新生态描述的是一种状态，即新兴的区域产业集群已经形成了创新的"栖息地"，如同一个生态系统，主体产业相关的不同支持体系和合作组织之间形成了一个相互依赖和共生演进的创新生态体系（米勒、韩柯克、罗文，2002）。学者借助生物学的生态系统特征类比区域经济中的这种经济实体运行机制：通过优胜劣汰实现产业的可持续发展，以共同进化实现自我繁殖，从竞争中获得生存发展的经验，实体间是异质协同而不是竞争对立的相互关系（Fukuda & Watanabe，2008）。Kim H（2010）等把创新生态系统看成是一个由企业组成的具有共生关系的经济共同体。Zahra S A 等（2011，2012）则认为创新生态系统是一个基于长期信任关系形成的松散而又相互关联的网络。美国竞争力委员会在《创新美国——挑战与变革》报告中将创新生态系统定义为由社会经济制度、基本课题研究、金融机构、高等院校、科学技术、人才资源等构成的有机统一体，其核心目标是建立技术创新领导型国家。

国内对于创新生态的定义是一个个断演化的过程，1996—2005 年主要围绕"可持续发展"，强调组织保持持续创新能力以取得长期竞争优势。2006—2010 年主要围绕"开放创新"的议题，意味着经济实体必须突破传统组织边界，从与外部合作中引入创新能力，缩短企业研发周期和提高研发速率，并实现优势互补。2011—2016 年主要围绕"价值创造"（value creation）与"协同创新"（collaboration），强调在开放创新的基础上，各主体通过协作能够实现创新因子有效汇聚，跨越技术与信息壁垒，进行人力、技术、信息和资本等创新要素深入整合，从而实现企业研发、生产、供应产品或服务以满足用户需求的过程。创新生态系统不仅强调组织间的网络协作，而且重视参与者间实现互惠共赢，更符合创新生态系统研究发展演化规律（樊霞等，2018）。

综合以上定义，可以归纳出创新生态系统必须具备三个要素：成员之间的相互依赖；共同的目标和目的；共享的知识和技能。创新生态的关键在于：创新主体之间环环相连、存亡相依，必须保持整个生态的多样性和平衡性，才能实现创新生态的健康、协调、可持续发展。优化创新生态则是对创新资源要素的最优化整合和利用，对创新主体之间形成适度的互联竞合效应，通过优胜劣汰，实现创新生态系统旺盛的生命力和创新力。

二、先进经济体构建创新生态的主要做法

全球创新指数是衡量世界各国创新能力的重要指标，通过该量化指标展示各国创新能力的变化情况。根据世界知识产权组织发布的2019年全球创新指数，中国连续第四年保持上升势头，排在第 14 位，比 2018 年的第 17 位提升了 3 位，实现了连续 4 年的排名攀升。2019年创新指数排名前 20 的国家中，有 12 个是欧洲国家。下面就选取几个具有典型代表性的国家和地区，梳理总结他们在创新生态构建方面的主要做法。

（一）美国

美国是世界上创新水平最高、成果最多、转化应用能力最强的国家，在持续更新创新发展新模式，培植独特创新生态系统，以及科技创新、成果转化、商业创新、融资创新、人才激励等方面，都有大量富有成效、可资借鉴的做法。

美国创新生态系统的主要特点是：

第一，高效的商业价值转化模式。创新本质上是以企业为主体、以技术为基础、以营利为目的的活动。美国特别是以硅谷为代表的高

新技术活跃区域，企业始终是创新活动实施的主体，主导着从科技创新到商业创新和产业化的全过程。美国的高技术企业与高校联系紧密，高校的原始基础创新，经过企业进一步的商业创新（包括颠覆式创新和改良式创新等），研发出新产品新服务，培育出新产业新业态，有效促进科研成果的商业化，实现了科技与经济、创新与商业的紧密结合，确保创新活动在每一个环节都创造新价值，形成良性循环，可以持续开展。[①] 同时，美国不断更新创新发展模式，呈现多元化、多样性趋势，涌现出大企业孵化、创新中心培育等多种新模式，进一步促进了创新成果的转化。

第二，完整的创新资本体系。资本及融资体系是美国创新生态系统活力和效率的核心要素。一是美国创新资本体系的构成多元，且各具功能和优势。比如，硅谷信息产业及世界级 IT 企业主要得益于以市场为主导的风险投资体系；波士顿的生物医疗等新产业的来源则主要依赖政府和社会资本共同组成的创新资本体系。二是民间资本为主力。美国民间资本实力雄厚，可以在科技研发资助、初创企业培育等方面提供丰富多样的投资品种，可以有效满足投资者和企业不同发展阶段的资金需求，实现资本与创新的有机融合。[②] 三是资本链条完整。在美国创新生态系统中，公共和私营研究机构、企业、风投资本、专业配套服务以经济利益为基础紧密合作，形成一条独特的价值链。初创的高科技企业在发展初期都得到了风险投资基金的支持，大大推动了创新技术成果转化。同时投资方积极参与科技创新的商业转化全过程，这既可以促使创新活动尽快出成果，创业企业能够快速成长，也能够显著缩短创业投资回收周期。

第三，灵活的人才激励机制。美国硅谷创新发展领先的一个重要

---

① 张泰：《美国创新生态系统启示录：世界级企业如何生成》，《中国经济周刊》2017 年第 8 期。

② 张泰：《美国创新生态系统启示录：世界级企业如何生成》，《中国经济周刊》2017 年第 8 期。

因素，是吸引和集中了全球顶尖创新人才，这主要得益于其有效的人才激励政策，包括收入高、发展空间广、成长机会多、创新氛围好等。优秀人才除高工资外，还可以通过技术入股、股权奖励等获得持续收入。硅谷还建立了鼓励创新人才合理流动机制，既支持创新人才在不同企业间流动，也鼓励员工离开企业自主创业。硅谷周边区域拥有近20所名牌大学，波士顿区域内则分布着哈佛大学、麻省理工学院等世界一流大学，这些大学为美国区域创新体系提供了大量高素质人才和高水平科技成果。硅谷还形成了包容失败的创新文化和开放人才理念，面向全球广聚英才。

第四，完善的社会分工体系。美国分工体系发达，专业化保证了研发及相关活动高效率、研发成果高水平。拥有核心技术、创新能力、先进服务模式的创新型企业专事技术和产品研发，制造能力强的外包企业主要从事产品加工生产，中小企业则主要向外包企业提供零部件和服务，其他如物流等生产性服务也由各种专业化公司承担，由此形成完整高效、分工细化、互利共赢的产业链和价值链。小公司与大公司既有竞争也有合作，初创公司和小公司机制灵活、创新效率高，不断推出有价值的研发成果；大公司则通过资金投入、企业并购、培训人才等方式与小公司合作，帮助小公司成长壮大。各类创新企业分工明确，合作共生，形成蓬勃发展的创新生态系统。

第五，健全的法律法规体系。美国建立了一套完善的鼓励创新、保护创新的法律体系，包括《专利法》《商标法》《版权法》《反不正当竞争法》等，其中《拜杜法案》使私营企业享有联邦自主科研成果的专利权成为可能，成为科研成果转化的强大动力。比如美国注重平台经济的法律保障，赋予了其法定优先豁免权，《美国法典》明确规定"网站对第三方内容不承担任何责任"（第47编第230条），这为美国平台经济发展营造了良好的法律环境，成为其平台经济领先全球的关键因素。除了联邦层面的法律外，加州政府还专门出台政策，如制定人才储备的相关政策、实施学徒制度、发展职业培训等，推动硅谷的创新发展。

（二）瑞士

瑞士之所以能够成为世界创新能力最强的国家之一，是因为其联邦政府在本国创新生态系统中的准确定位。首先，瑞士联邦政府对创新的管理是松绑，没有制定太多规矩来束缚创新，而是为创新提供自由发展的空间。其次，是将支持创新的重点放在服务上，将如何为企业的发展服好务作为联邦政府的长期政策，不断优化国家的中小企业政策，解决企业发展中的实际问题。同时将政府服务落实在企业发展的各个环节，从创业、经营、融资和技术创新各个环节提供链式服务，打造服务平台，实现政府的点对点服务，为优化本国的创新生态环境下足了功夫。同时，瑞士政府的企业发展政策一视同仁，没有内资和外资的区别，在政府采购上采取招标制而不是定点制，从而刺激企业自由竞争。

（三）以色列

以色列一直是世界公认的具有强大创新实力的国家，以其超强的创新能力令世界瞩目。以色列以国家为整体，形成了强大的创新生态系统之所以这样，主要在于其国家整体深入骨髓的创新精神、坚韧不拔的创新文化、高质量的创业者资源及别具特色的政府支持。[①]

首先，以色列这个民族把创新精神根植骨髓，其民族中流淌的创新思考、创新行为已经融入人们生活和工作的方方面面，成为创新生态系统的强大驱动力和创新源泉。其次，包容失败的创新文化。以色列鼓励人们不断探索和尝试，尊重失败、包容失败。并且倡导在失败之后总结经验，为后来的新企业提供了宝贵的知识产权和科技人才。再次，创新教育从小培养。以色列从家庭、学校到社会全方位开展创

---

① 万贤贤、王尚勇、陈福时等：《以色列区域创新创业生态系统分析及其对中国的启示》，《科技与创新》2018 年第 19 期。

新教育，培养创新思维，崇尚提问题和独立思考，培养孩子的开阔思路和发散思维能力。这些从小到大的创新培养举措为社会的创新生态提供了高质量的创新人才。最后，强大的政府支持。以色列政府是世界上首个任命"首席科学系"的国家，同时赋予首席科学家代替政府投资的权力。政府积极寻求各个领域最优秀的人才，吸引他们留在政府部门工作，让专业人士解决专业领域的问题。并由政府积极主动为初创企业的初级阶段提供风险投资，分担风险。

（四）德国

德国的创新生态系统追求卓越。主要由科技人才、富有成效的研发中心、风险资本产业、政治经济社会环境、基础研究项目等组成。在国家层面，德国从 2013 年开始实施"工业 4.0"计划，并出台了一系列的政策工具予以保障。比如组建技术创新联盟，由联邦教研部主持，政府在资金投入上形成杠杆效应，产业界配套投入则达到 5 倍，促使政府、产业和科技界形成多种战略伙伴关系，另外推动产业集群计划，构建区域创新网络，搭建技术交易平台盘活创新资源，政府直接对话创新主体，提高服务效率。在地方层面，由州政府搭建两座连接桥梁，一个是连接基础型研究与应用型研究的桥梁；另一个是搭建科研与产业之间的技术转移桥梁。通过政府出面提供针对性的服务，使科研与产业有机连接，推动创新企业的发展。[①]

（五）韩国

韩国作为新兴工业化国家，其创新体系经历了"引进—吸收—自主创新"三个重要阶段，政府在其中发挥了重要作用，一是政府转变职能，放松对市场的管制，政府角色进一步从领导者向计划者、联系者、构建者和促进者转变，制定了科技创新战略、政策和法规来推动，

---

① 秦佳文、赵程程：《德国创新生态系统发展特征及启示》，《合作经济与科技》2016 年第 10 期。

并以立法形式来推动"产学研"合作互动。二是打破就业终身制，进行雇佣制度的改革，有效地激发市场活力。加强金融制度建设，引导金融资金支持创新企业，比如为创建未满 3 年的公司提供资金支持，为有能力的风险企业提供信用担保，通过刺激风险资本的增长引导金融资源流向高新技术企业。[①]

（六）日本

日本筑波科学城经过 20 年转型发展初步构建了区域创新生态系统，包括高精尖产业创新生态系统和创新创业服务生态系统。在高精尖产业创新生态系统方面，筑波科学城围绕重点领域构建多个产业创新网络，初步形成风险企业主导型、域内资源整合型、跨区域资源整合型等高精尖产业发展模式，从构建国家战略主导下的高精尖产业梯次推进格局和构建全链条式创新网络体系两条路径推动了产业创新生态系统形成。在创新创业服务生态系统方面，筑波科学城构建了创新创业服务生态"五位一体"模式和学院主导、集约化和平台实体化 3 个特点。[②]

三、先进经济体构建创新生态的经验及启示

综观以上经济体创新生态系统的构建特点可以发现，这些地区在很大程度上得益于形成了以大学、企业、研究机构为核心要素，以政府、金融机构、中介组织、创新平台、非营利性组织等为辅助要素的多元主体协同互动的网络创新模式，通过知识创造主体和技术创新主体间的深入合作和资源整合，产生强大创新动能和创新效能。从中可

① 王海燕、梁洪力：《韩国创新体系的典型特征及启示》，《中国国情国力》2014 年第 9 期。

② 孙艳艳、张红、张敏：《日本筑波科学城创新生态系统构建模式研究》，《现代日本经济》2020 年第 3 期。

以看出创新生态系统拥有三个主要特征:

一是多样性共生。创新物种的多样性是创新生态系统的一个根本特征,是其保持旺盛生命力的重要基础,是创新持续迸发的基本前提。多样性要求创新生态系应容纳尽可能多的"创新基因库",而竞争性合作共生则促使着创新生态系统达到最适宜的多样性程度。[①] 因此,构建科技创新生态的前提是要集聚大量多样的创新主体,保证科技生态系统的基本土壤构成。

二是协同演化机制。创新生态系统不断从外部引入新物种和新要素,在一个国家或区域的创新生态系统中,研究型、开发型、应用型、服务型各个群体在充分互动、高度协同中演进。这就需要市场体制和机制灵活高效,促进系统中的各个族群良性变异、优化选择、演变扩散。这就需要政府在制度创新和治理优化及服务创新方面提供全方位的体制机制保证。

三是创新文化氛围。国内外实践表明,构建优良的创新生态系统,需要从最初就赋予其多样性"基因",并使其尽可能地自主演化。这就需要知识产权保护的法律法规体系,鼓励创新和包容失败的制度环境。

四是关键物种的中枢作用。在自然生态系统中每种生物都有"功能定位",各种生物通过互动和演化保持动态平衡。在创新生态系统中,科技发展的方向也会随大势而变化,而起到中枢作用的关键物种,则是掌握了关键核心技术、根技术、底层技术或关键设计等的主导产业。

五是动态进化的良性循环。复杂经济学认为,基于创新的经济是有机的、永远在进化的。要形成优良的创新生态系统,一方面需要的是企业主体的野蛮生长,另一方面需要政府的前瞻性的引导和全面的服务。

[①] 李万:《构建创新生态系统的关键要素》,《学习时报》2020 年 6 月 24 日。

四、对我国构建创新生态系统的几点建议

目前，我国已先后布局了上海张江、安徽合肥、北京怀柔、广东深圳四大综合性国家科学中心，以全球视野、国际标准持续推进综合性国家科学中心建设，取得了卓有成效的进展，多层次的创新平台体系基本形成，开放性的创新空间格局全面拓展，系统性的重大创新任务布局不断优化，支撑性的创新法规和政策体系日益完善。主要优势在于：（1）重视基础研究和应用基础研究。推进实施一批科技创新重大项目和国际大科学计划。（2）促进科技成果产业化。深化科技体制机制改革，加快建设国家知识产权国际运营试点平台。（3）着力推动区域协同创新。加强区域创新规划对接、创新资源共享、创新攻关协同、创新环境共建。（4）逐步完善鼓励创新的法律法规。

为了把握新科技革命与产业变革的重大战略机遇，我国需要进一步促进科技创新治理能力和体系现代化，构建优良的创新生态系统，不断提升国家创新体系效能，迈向世界级创新生态系统。建议从以下几方面着力推进：

1. 创新生态系统的整体性构建

作为一个生命有机体，适宜的环境是生态持续进化的基础，因此构建适宜创新的环境需要系统性整体性规划。可以从几个方面着手：一是制度环境，二是服务环境；三是人文环境。

制度环境方面，重点以提升创新策源能力为目标，对科技创新为核心的全面创新做出系统性和制度性的安排，如提供研发资助，落实高新技术企业所得税优惠政策，对企业的科技创新活动给予公平普惠的支持；扩大科研事业单位选人用人、编制使用、职称评审、薪酬分配等方面的自主权；赋予科研人员科技成果所有权或长期使用权等。

服务环境方面，政府应该充分打造以企业为主体的全方位服务链条。从企业创立之初到发展过程中的人员、资金、知识产权、生活服

务等企业全生命周期配套服务。

人文环境方面，应着力营造一种鼓励冒险，包容失败，崇尚公平竞争的企业家精神，这样可以激发员工的探索创新热情。同时，不断完善法律体系来保障企业间良性竞争的严密公正，倡导尊重对手、合作共享的团队精神。这样科技创新的生态环境才能生长出具有生命力的企业。

2. 创新生态要素的整合

创新生态系统中最重要的主体是具有带动作用的企业主体，而激发企业创新活力的内在动力在于人才。创新要素的整合在于使技术、人才、资金、组织、网络、环境等各要素资源进行最优化的功能集成。在创新生态系统中，市场需求是导向，企业是创新主体，大学是产业思想库、人才库和创新之源，用户是出发点和落脚点，政府扮演着"育婴保姆"和"特殊用户"的角色，共同利益则是这个协同创新体制形成的基础和纽带。创新型企业、研究型大学、研究机构、行业协会、服务型企业等紧密连在一起，演化出扁平化和自治型的"联合创新网络"。①

因此，政府应有效发挥政府在协调创新活动、整合创新资源、衔接创新环节等方面的积极作用，鼓励科研院所与创新企业的科研转化，充分发挥市场对各类创新要素配置的导向作用，最大限度激发全社会创新活力与动力。通过研发投入和相关政策促进硅谷技术发展，对符合国家科学发展需要的研发给予直接的资金与各方面的投入。同时，促进企业与研究型大学的合作交流和成果转化。保证理论创新成果能够第一时间投入生产实践，形成科技公司高管和高校教授之间的深度交融、学校与企业的合作双赢局面，同时通过制度设计切实保障科研人员在成果商业化过程中的利益。只有这样才能持续不断地调动科研人员自身深度创新的动力。

---

① 黄涛、胡雅洵：《硅谷创新生态系统的十个要素》，《中国科学报》2019 年 6 月 19 日。

3. 充裕完善的投融资体系

创新创业发展的主要助推力来源于创业资金的充裕。培养世界级企业，需要具备"功能全面、运行规范、发展成熟、专业性极强"的风险投资企业、完善的风险投资体系和风险投资机制。

科技创新企业的融资机制是一个完整的系统，涉及从企业初创到上市前融资的多个环节，新创建的小型公司要增添设备、招募人员等，需要投资，但由于没有可靠的担保，一般银行不愿意提供贷款帮助，企业追求成功的唯一途径便是寻找风险投资。充足的风险投资资金是高科技产业发展的助推器，政府应着力打造创新企业发展的融资平台，引入可靠的风投公司，专门为企业创新发展提供资金支持。

4. 完善的法律法规体系

政府通过制定相关法律为科学城创新生态的发展创造优良的法律环境。

一个高科技产业园区，每天都会产生数以千计的科研创新成果，政府应该采取严格的专利制度，对知识产权进行保护，如快速申请专利、通过技术转让机构网络促使科研成果尽快投入生产进入市场，或允许大学、科研机构、非营利性机构和企业拥有联邦资助发明的知识产权等。完善的法律体系一方面能够保障进行创新的个人或企业的合法权益，另一方面对创新型的人才或企业也会起到激励作用。此外，政府应建立行业标准，推进科技的完善与进步；完善保护科研成果转化收益制度，使科研人员的利益得到正当的保护；制定宽松的高端技术移民政策，吸纳国外高精尖人才的加入等。

5. 完备的孵化创新功能

创新生态的可持续发展离不开完备的孵化功能，要想能够诞生出越来越多的高科技公司，也需要一系列专业化分工与发达的服务体系。

科技园区应完善各种专业公司为创新企业提供流水线式的相应服务，构建以"网络化、社会化、产业化、模块化"为主要特征的发达的服务体系和中介组织，包括研究机构、律师所、投资公司、会计师所、猎头公司、咨询公司、清算公司等。这些分工齐全、服务完备的组织，可以极大地降低创业门槛，缩短创业周期，刺激创业者的创业欲望，提高创业成功率。同时应当鼓励差异化发展，大小公司协作互为平台，大型企业可以把业务交给术业有专攻的小企业外包运作，众多的小企业也支撑着大公司的运行，大小企业互为扶持，形成共生演进创新生态系统。

作者：张继宏，中共上海市浦东新区区委党校高级讲师。

科学城新兴产业的引进与培育研究

2020 年 2 月 23 日，习近平总书记在统筹推进新冠肺炎疫情防控和经济社会发展工作部署会议上指出："疫情对产业发展既是挑战也是机遇。一些传统行业受冲击较大，而智能制造、无人配送、在线消费、医疗健康等新兴产业展现出强大成长潜力。要以此为契机，改造提升传统产业，培育壮大新兴产业。"突如其来的新冠肺炎疫情使得国内产业经济的发展受到了巨大的影响，且此种影响在不同产业间是完全不同的。其一，由于受新冠肺炎疫情影响，国内传统制造业及服务业的部分环节几乎处于完全停滞的状态。商业零售、交通运输、影视传媒、酒店餐饮以及旅游服务等相关服务行业都面临着停业、歇业的风险，更有甚者会走向破产、倒闭。传统制造业则面临着产业链断裂、供货不足的风险，同时由于受新冠肺炎疫情的影响，传统制造业在"用工"方面遇到很大的困难。其二，在新冠肺炎疫情下，在线教育、互联网购物、远程办公、在线医疗、医疗设备以及智能会议等新兴产业不但未受到任何影响，而且还迎来了全新的发展机遇。[①]

一、新兴产业的时代价值

在世界百年未有之大变局的时代背景下，新兴产业必将成为建构

---

① 周权雄：《新冠肺炎疫情背景下广州培育发展战略性新兴产业的对策思考》，《探求》2020 年第 3 期。

未来经济体系的新支柱、培育新动能的关键力量、精选"蛙跳产业"的重要基础。

（一）新兴产业是建构未来经济体系的新支柱

习近平总书记在中国科学院第十九次院士大会、中国工程院第十四次院士大会开幕会上发表重要讲话强调："要突出先导性和支柱性，优先培育和大力发展一批战略性新兴产业集群，构建产业体系新支柱。"新兴产业作为新一轮产业革命与科技革命的重要产物，象征着融合全新"场景、业态、模式"的全新经济形态，已成为建构未来经济体系的新支柱。[①] 当前，新兴产业在传统产业转型升级、供给短板弥补等层面起着不可替代的作用；未来，新兴产业将逐渐取代传统产业的地位，成为国民经济高质量发展的新支柱。

（二）新兴产业是培育新动能的关键力量

新兴产业为实体经济供给侧结构性改革的不断深化指明了方向，凝聚了产业革命的"新技术、新要素、新业态、新产品"。新兴产业通常会以全新的"业态、技术、模式"来建构全新的产业链和生产部门，以全新的"产品、服务、体验"来打造全新的消费热点，吸引大量消费者集聚于此，在短期内产生全新的内需和增长势能，从而形成经济发展的新动能。新动能的培育，不仅有利于产业结构的改善、升级，而且还有利于产业边际的软化、加强，进而创造全新的商业生态。除此以外，新兴产业还可"赋能"科技创新，引起传统产业发生"蝶变"，推动新旧动能"高质、高效"转换，促进产业不断向中高端"进军"。

---

① 应波：《宁波抢抓机遇加快重点领域新兴产业发展 郑栅洁作出部署》，中国宁波网，2020 年 3 月 17 日，http：//news.cnnb.com.cn/system/2020/03/17/030135808.shtml.

（三）新兴产业是精选"蛙跳产业"的重要基础

"蛙跳产业"基于新兴产业而形成，并且在新兴产业的基础上逐渐走向成熟，是新兴产业领域带动力、变革性最强的产业之一。"蛙跳产业"可带来全新的范围经济效应和规模经济效应，是应对"后疫情"时代全球经济不稳定的有力"武器"，是"稳就业、稳金融、稳外贸、稳外资、稳投资、稳预期"的"稳定器"。对于"蛙跳产业"的识别和培育，则需做到以下几点：一是积极培育壮大一批新兴产业集群；二是紧紧围绕产业革命；三是锁定能够颠覆、重构传统产业的新兴产业；四是识别可以提供全新"理念、要素、技术、业态、产品"的新兴产业。[①]

二、科学城的"九大"新兴产业

未来，科学城可考虑引进与培育的新兴产业主要有以下几种。

（一）新一代信息技术产业

新一代信息技术产业主要包含云计算、人工智能、5G、大数据、工业互联网、集成电路设计制造以及新型电子元器件等，代表性企业有华为、腾讯、阿里巴巴、中芯国际、百度、小米等。信息技术在未来的国际竞争中发挥着不可替代的作用，同样还是各种产业、管理、娱乐、生活以及教育等领域必不可少的基础技术。

（二）生物产业

所谓"生物产业"，主要是指以生命科学方面的专业理论和技术为前提，融合系统科学、信息学以及工程控制等学科的理论、技术，对

---

① 曹玉娟：《抢抓培育壮大新兴产业的"窗口期"与"牛鼻子"》，《当代广西》2020 年第12 期。

生物体及其构成成分（细胞、亚细胞、分子）的功能、结构、原理等进行研究并且制造出相应的产品，或者对植物、动物以及微生物等加以改造使得其具备预期品质特性的产业。生物产业，主要包含生物医药（服务产业）、生物工业（生物制造产业）、生物农业（资源产业）、生物环保、生物能源等，微生物工业是最早出现的生物工业。生物产业的涉及面极其广泛，其中最具代表性的就是生物医药和医疗器械产业。

（三）新能源汽车产业

从经济学角度来看，新能源汽车产业指的是从事新能源汽车制造和应用的产业。所谓"新能源汽车"，主要是指以非常规性的车用燃料作为动力来源的汽车。新能源汽车，主要包含燃料电池电动汽车、纯电动汽车、混合动力汽车、氢发动机汽车以及增程式电动汽车等。在当前倡议生态环境保护的大环境下，新能源汽车产业已经成为汽车行业的主要发展方向。2019 年，全球新能源汽车的销量大约为 221 万辆，与 2018 年相比增加 9.95％；在各类新能源汽车中，纯电动汽车的销量占比为 74％，同比增加 5％，该成绩的取得主要得益于中国市场的快速发展。

（四）高端装备制造产业

高端装备制造产业的"高端"主要体现在以下三个方面：一是较高的技术含量，表现为技术密集型、知识密集型，体现了对多领域、多学科高精尖技术的传承；二是处于高端价值链，具备极高的附加值；三是占据产业链的核心地位，其发展水平对产业链的综合竞争力有决定性影响。高端装备制造产业，主要包含关键基础零部件和基础制造装备、重大智能制造装备、船舶及海洋工程装备、轨道交通装备、民用飞机、民用航天、节能环保装备以及能源装备等。将高端装备制造业作为科学城新兴产业重点引进和培育的产业，是其坚持走"创新驱动"道路的重要选择。

（五）新材料产业

新材料产业，是指涵盖新材料及其有关产品与技术装备的产业，主要包含新材料自身产生的产业、传统材料技术强化的产业、新材料技术及其装备制造业等。相较于传统的材料，新材料具备技术含量高、产品附加值高、研发投入高、运用范围广、市场国际性强以及发展前景广阔等众多特征。当前，世界各国对新材料产业都高度重视，并且在积极发展新材料产业。与此同时，新材料产业的研发水平、产业化规模等已发展成衡量某个国家或地区社会进步、经济发展、科技创新的主要标准之一。目前，国内新材料产业已经形成以长三角、环渤海、珠三角为重点，东北、中西部特色突出的产业集群分布。

（六）新能源产业

所谓"新能源"，主要是指正在开发、利用、亟待推广的能源，比如：地热能、太阳能、海洋能、风能、核聚变能以及生物质能等。新能源产业是衡量某个国家或地区高新技术发展能力的主要依据之一，同样还是当前全球竞争的战略制高点，世界各发达国家或地区都将新能源产业提升到全新的战略高度。目前，我国针对新能源产业的发展已经出台了一系列优惠政策，新能源企业犹如雨后春笋般大量涌现。

（七）节能环保产业

所谓"节能环保产业"，主要是指为循环经济发展、能源资源节省以及生态环境保护提供技术保障、物质保障的产业。节能环保产业，主要包含高效节能产品、节能技术和装备、先进环保技术和装备、节能服务产业、环保服务以及环保产品等。节能环保产业具有关联性强、产业链长等特征，对经济发展有巨大的促进作用。加速推进节能环保产业的发展，是产业结构转型升级、创新经济发展模式的本质需求，是落实"创新、协调、绿色、开放、共享"新发展理念的重要举措。伴随排污许可制、环保税等政策的持续加码，国内节能环保产业迎来了全新的发展机遇；保守估计，2020 年我国节能环保产业的总产值有望超过 8 万亿元。

（八）数字创意产业

数字创意产业，是由文化创意产业和现代信息技术深度结合而形成的全新经济形态。与传统文化创意产业相比，数字创意是以 CG（Computer Graphics）等先进的数字技术为关键的技术工具。现阶段，数字创意产业主要涵盖虚拟现实领域、会展领域以及产品可视化领域等。截至 2019 年，国内数字创意产业的规模已达到 5939 亿元，集聚了近 3.7 万家企业、近 384 万从业人员。

（九）相关服务业

相关服务业主要包含气象服务、研发服务、金融服务、创业创新服务以及知识产权服务等，主要是为以上各产业的发展提供各种便利服务的产业。

三、科学城新兴产业的引进与培育现状

（一）重庆科学城新兴产业现状

"大健康"产业是重庆科学城着重引进和培育的新兴产业之一。当前，重庆高新区针对"大健康"产业发展、项目引进等已经制定了大量的优惠、支持政策，进一步健全医药产业链条，培育壮大医疗器械产业集群，旨在推动科学城生物医药产业"又好、又快"发展。相关数据显示：目前，重庆科学城已先后引进 12 个重大项目，包括植恩药业韩国百纳科思公司、亦度疫苗研发中心、高新区大分子药物研究院

等，着重发展"大健康"产业，预计这些项目落成后总产值将超过 700 亿元。[①]

重庆科学城重点引进全球知名的生物企业，积极发展生物医药研发、基因检测服务、生物制药及医疗器械等领域，致力于建设功能完善的生物产业发展基地以及生物技术成果转化基地，构筑成熟的生物产业技术保障平台和产业配套机制、不断培育壮大生物医药产业集群。为了能够给引进企业提供更加优质的服务，重庆科学城目前已经建成近 22 万平方米的标准厂房，其中一期 7.2 万平方米、二期 14.5 万平方米。为了全面发挥已建成厂房的产业承载作用，重庆科学城已先后引进重庆迈德凯医药有限公司、重庆塞顿生物科技有限公司等知名医药公司，产业链日趋完善。当前，重庆赛诺在科学城已经建成 20000 平方米的生产车间、2000 平方米的质检中心、5000 平方米的仓储中心，共计有涵盖片剂、口服液以及胶囊剂等 8 条完全现代化的生产线。

（二）中关村科学城新兴产业现状

在北京被定位为"全国科技创新中心"后，海淀区全区域都被列入中关村科学城范围。目前，海淀区共有国家级高新技术企业 1 万多家，占北京市的 40%；发明专利授权量 2.7 万件左右，占北京市的 1/2 以上。[②]

当前，中关村科学城北区的涉及面积达 3169 万平方米，规划执行率在 67% 左右。截至 2019 年末，中关村科学城三大园区共有 1189 家科技企业，年营业收入超过 4150 亿元，其中高新技术产业的比重在 70% 以上，已初步形成"集聚化、高端化、低碳化、融合化"的产业格局。在人工智能产业方面，中关村科学城人工智能骨干研究单位的

---

　① 《重庆日报》：《西部（重庆）科学城加速推进大健康产业发展》，新华网，2020 年 7 月 21 日，http：//www. cq. xinhuanet. com/2020－07/21/c＿1126264603. htm.

　② 《人民日报》：《中关村科学城向北"扩容"聚焦高精尖产业发展》，人民网，2020 年 5 月 20 日，http：//society. people. com. cn/GB/n1/2020/0520/c1008－31715467. html.

占比在 50％以上，国家重点实验室 10 多个，汇集了大量的国际顶尖科学家、创新人才以及产业领军人才等；在人工智能企业方面，中关村科学城拥有国内 65％的独角兽企业，已初步形成关于人工智能产业的"源头创新—应用技术创新—产业融合发展"的全产业链布局。[①]

中关村科学城为顺利实现北区的发展目标，特制订了包含"3 项重大行动、14 项行动任务"的发展行动计划。其中，"3 项重大行动"分别是"科创治理改革试验区建设行动""高品质城市新形态构筑行动""具有全球影响力的科技产业创新中心打造行动"；"14 项任务"分别是"打造畅通安全高效的韧性智慧之城""打造以高品质公共服务为支撑的国际化魅力新城""打造蓝绿交织、绿色低碳的生态之城"等，以上行动的有效落实将会使得中关村科学城北区发生"蝶变"。"蝶变"以后的科学城北区，将会逐渐形成"一心双组团、两核四节点"的空间格局；其中，"一心"指的是翠湖科技绿心，"双组团"指的是永丰基地、翠湖科技园两个创新功能组团，"两核"指的是地铁稻香湖站、永丰站的周围地区，"四节点"指的是以文化体验、协同创新、未来经济、生活宜居为主导的区域发展节点。

（三）张江科学城新兴产业现状

当前，张江科学城共有 1.8 万多家企业，包含 828 家高新技术企业、53 家跨国企业地区总部。张江科学城的核心产业是生物医药产业、信息技术产业，目前已经有华虹宏力、中芯国际、罗氏制药、上海兆芯、和记黄埔、微创医疗以及华领医药等大量全球知名科技企业在此落地，旨在聚焦重大战略项目，建设国际级的高科技产业集群，引领产业快速、稳定的发展。从信息技术产业集群方面来看，张江科学城的集成电路产业是当前国内最齐全、最成熟的产业链布局，共计有相关企业 307 家，聚集了大量全球知名的集成电路企业；世界芯片

---

① 《经济日报》：《中关村科学城出实招　潜心培育人工智能原创产业》，中国经济网，2019年 11 月 11 日，http：//www.ce.cn/xwzx/gnsz/gdxw/201911/11/t20191111_33575675.shtml.

设计企业 10 强中已有 6 家企业在张江科学城成立了研发中心或区域总部。从生物医药产业集群方面来看，目前张江科学城的生物医药产业已经形成了集"新药研发、药物筛选、临床研究、中试放大、注册认证、量产上市"于一体的完整产业链；张江科学城现有生物医药企业 400 多家、研发型科技中小企业 300 多家、各类科研机构 100 多家、CRO 企业 40 多家、大型医药生产企业 20 多家；当前，世界制药企业 10 强中已有 7 家在张江科学城成立了研发中心或区域总部。在医疗器械领域，张江科学城已发展成上海市最主要的高端医疗器械制造基地，其中微创医疗器械在国内市场处于统治地位；在医疗服务领域，张江科学城已经引进一系列医学检测、高端医疗、康复养老等机构，稳步推进各类医疗服务项目，不断提高科学城的产业能级。

2020 年以来，为了促进人工智能、集成电路、生物医药等产业的高质量发展，张江科学城规划建设"上海集成电路设计产业园""张江总部园"两大园区。从"上海集成电路设计产业园"方面来看，旨在通过落实"千亿百万"工程，即"汇聚千家企业、集聚十万人才、建设百万空间、形成千亿规模"，打造全球顶尖的集成电路设计产业园，进一步彰显上海科创中心的"显示度"和"集中度"；从"张江总部园"方面来看，旨在聚焦大规模、高成长的科技型企业，建设上市企业总部、"硬核"科技企业总部的集聚区，建设"产业新高地、创新策源地、园区新样例、区域新节点"的新时代特色园区，面向全球引领科技产业新一轮的创新发展。相关资料显示：两大园区的规划建筑面积为 330.7 万平方米、预计投资总额在 500 亿元以上，将会有力促进科学技术的源头创新，形成以集成电路为主的"硬核"产业集群，塑造"强项更强、优势更优、特色更特"的园区经济，为浦东新区的经济高质量发展提供"新引擎"。①

---

① 邹娟：《张江科学城两大硬核产业园开园，预计总投资额不少于五百亿元》，东方网，2020 年 4 月 16 日，https://n.eastday.com/pnews/1586957410010538.

四、科学城新兴产业引进与培育的保障措施

（一）创造有利于新兴产业发展的政策环境

科学城要想成功引进和培育新兴产业，首先应对体制机制进行改革、完善，创造有利于新兴产业发展的政策环境。一方面，科学城的所在地政府应始终坚持"创新驱动"的发展战略，建立健全各项制度体系，推动政府职能变革不断向纵深发展，积极创新政府管理模式；除此以外，当地政府部门还需构建兼具激励和制约功能的机制，对于新材料、生物医疗以及新能源汽车等新兴产业，需要不断优化审批流程、尽可能缩减准入程序。另一方面，需进一步完善与"双创"相关的法律法规、政策规章，充分发挥"双创"平台的重要作用，创建有利于新兴产业"又好、又快"发展的良好环境。①

（二）进一步提高科技创新能力

科技创新能力对新兴产业的发展有决定性影响，因此科学城在引进和培育新兴产业时，应进一步提高科技创新能力。主要可从以下几方面着手：首先，深化对基础理论的研究和把握。在当地科研院所、高等院校的支持下，对新一代信息技术、新能源、新材料以及生物医药等领域的专业理论进行全方位的研究，确保其理论方面的领导力。其次，攻破主要的核心技术。以国家重大战略与新兴产业发展要求为基础，规划、设计科学城新兴产业主要核心技术突破"线路图"，同时构建起动态化的更新、优化体系。建立由科研院所、高等院校以及骨干企业所构成的"创新联盟"，进行"政、产、学、研、用"的多方面

---

① 覃小香：《后发地区培育发展新兴产业的经验和启示——以贵州省大数据产业为例》，《北方经贸》2020 年第 7 期。

协同创新，尽量突破有利于新兴产业快速稳定发展的主要核心技术。^①最后，充分发挥创新平台的引领、示范作用。以科学城新兴产业的培育需求为中心，全力布局若干工程研究中心、重点实验室等国家级的创新平台，构筑科学城新兴产业创新资源汇聚的"新高地"。

（三）不断加大对新兴产业人才的培育力度

科学城新兴产业能否高质量发展还取决于人才的综合素质，所以需不断加大对新兴产业人才的培育力度。一方面，创建新兴产业人才"磁力系统"。构建合理、有效的人才评价体系，将专业理论、创新能力作为关键评价指标；构建科学的人才配置体系，不断改善优化重贡献、重业绩、向核心岗位倾斜的配置体系；构建系统化的人才服务平台，为新兴产业人才设置"绿色服务通道"，为新兴产业人才的引进提供信息咨询以及社会保障等全方位的服务；进一步增大人才创业资金支持力度，积极引入、利用民间资本。另一方面，采用"订单式"的新兴产业人才培育和输送方式。将当地科研院所、高等院校在教育资源方面的优势作用全面发挥出来，统筹规划、实施"科学城新兴产业人才培育项目"，对相关人员开展专业理论和技术方面的培训。除此之外，还需要根据科学城新兴产业的发展要求，设置面向新兴产业的专业、学科以及课程等，培育符合新兴产业各层次需求的专业人才，实现新兴产业人才培育与运用的无缝衔接。

（四）不断加大财政支持力度

对于科学城在新兴产业发展过程中的"招商引资、招商引智"行为，当地政府应提供更加优厚的政策扶持，不断加大财政支持力度，确保资金资助处于合理的区间范围内。与此同时，为了有效解决企业的融资难问题，政府部门需出台支持新兴产业发展的规章政策，激励

---

① 韩轶：《关于重点培育沈阳新兴产业的对策建议》，《沈阳干部学刊》2020年第4期。

各类金融组织及"领头羊"企业增加对新兴产业的投资。构筑对接平台,为新兴产业的各项科研成果转化提供评估、交易等相关服务,从而大大提高新兴产业领域内企业的融资能力。政府部门可制定优惠政策,引导社会资本对新兴产业进行投资。[①] 可采取设置专项资金、启动贴息贷款、对风投机构提供税收优惠等手段,全面发挥政府部门行政管理与财政资金的"杠杆"作用,逐步加大政府财政对新兴产业的投入力度,不断发展、壮大新兴产业的投资规模,进而保障科学城新兴产业的"又好、又快"发展。

五、结论

综上所述,当前,重庆科学城、中关村科学城、张江科学城在新兴产业的引进和培育方面已取得了阶段性的成果。在世界百年未有之大变局的时代背景下,国内各科学城可引进与培育的新兴产业主要有新一代信息技术产业、生物产业、新能源汽车产业、高端装备制造产业、新材料产业、新能源产业、节能环保产业、数字创意产业以及相关服务业等。未来,科学城应通过创造有利于新兴产业发展的政策环境、进一步提高科技创新能力、不断加大对新兴产业人才的培育力度、采取差异化的融资手段等途径,为新兴产业的高质量发展提供强有力的保障。

作者:唐坚,中共上海市浦东新区区委党校研究员。

[①] 张莹莹:《战略性新兴产业发展的融资问题研究》,《纳税》2019 年第 31 期。

以科创板为契机提升浦东
创新策源能力

浦东开发开放 30 年来，在国家战略的引领下，坚持改革、锐意创新，逐步实现了经济发展由投资驱动转向创新驱动，经济增长由高速发展转向高质量发展。

一、浦东不断提升区域创新能力驱动经济高质量发展

（一）初步形成一批具有国际竞争力的先进制造业集群

近年来，浦东制造业向高端化、集约化、服务化发展，制造业转型升级和结构不断优化，战略性新兴产业成为浦东经济发展的重要支撑。2018 年浦东战略性新兴产业制造业产值 4245.39 亿元，占浦东工业总产值比重达到 41.2%。初步形成了一批具有国际竞争力的先进制造业集群。典型的如集成电路产业，2018 年末张江科学城有集成电路企业 307 家，全年营收 894 亿元，占上海全市的 62%；全球芯片设计十强中 6 家在张江设立了区域总部，全国芯片设计十强中有 3 家总部位于张江。

（二）区域自主创新能力逐步提升

2018 年全社会研发投入占 GDP 比重超过 4%（美国同期这一比例

仅为 2.8%），其中企业研发投资占比超过 90%。2018 年浦东经认定的高新技术企业 2247 家，占全市的 24.3%；科技小巨人企业 489 家，占全市的 24.6%；技术先进型服务企业 173 家，占全市的 56.4%，涌现出一批如振华重工、展讯通信等具有自主知识产权和国际竞争力的创新型企业。

（三）科技人才培育、创新孵化等创新生态环境不断完善

浦东现有人才资源总量达 137 万人，其中境外人才 3.6 万人，引进海内外院士 90 人，诺贝尔奖获得者 5 人，入选国家"千人计划"13 批、219 人。创新孵化体系逐步完善，目前浦东已经集聚经认定的众创空间、孵化器 124 家，加速器 4 家，近三年累计孵化毕业企业 271 家，其中培育出高新技术企业 33 家、科技小巨人企业 9 家、新三板上市企业 5 家、科创板上市企业 5 家。

今后一段时期，浦东的科技创新将主要聚焦"六大硬核产业"的集聚发展。一是"中国芯"，推进上海集成电路设计产业园建设，力争集聚千家企业、形成千亿规模、汇聚十万人才、新增百万空间。二是"创新药"，建设张江创新药产业基地、张江医疗器械产业基地等 10 平方公里的产业空间。三是"智能造"，以张江人工智能岛和临港国际智能制造中心为载体，加快工业互联网、人工智能技术发展，建设全国人工智能创新应用先导区。四是"蓝天梦"，加快建设祝桥航空产业园，推动产业不断向价值链高端提升。五是"未来车"，加快发展新能源、智能网联汽车。六是"数据港"，推进"卡园＋软件园＋信息产业园"三园融合，加快 5G 技术示范应用。

二、科创板为浦东提升创新策源能力提供动力

2018 年 11 月 5 日，国家主席习近平在首届中国国际进口博览会开幕式上宣布，将在上海证券交易所（以下简称上交所）设立科创板

并试点注册制。这项牵动整个资本市场的制度性变革迅速开始落地。2019 年 3 月 18 日，上交所正式受理科创板企业上市申请。3 月 22 日，科创板首批 9 家受理企业亮相。6 月 13 日，成功举行开板仪式，国务院副总理刘鹤、上海市委书记李强、上海市时任市长应勇、证监会主席易会满共同为科创板开板。6 月 19 日，科创板第一股华兴源创诞生。2019 年 7 月 22 日，首批 25 家企业已经在科创板上市交易。截至 2019 年底，共有 70 家企业在科创板上市，合计融资超过 820 亿元，总成交额累计为 1.33 万亿元，单只个股平均成交额达 189.9 亿元。2019 年科创板共受理 202 家企业 IPO 申请，上交所上市委共审核 114 家企业，其中 109 家获上市委审核通过，76 家已经获得证监会注册。

科创板是在上交所推出的重大改革，而上交所位于浦东，可以说浦东是科创板的主场。截至 2020 年 7 月 16 日，浦东新区共有 12 家企业在科创板上市，约占全国的 9.2％，募集资金总额 685 亿元，募资总额占全部科创板的 34％，12 家企业的总市值接近 1 万亿元，有力支持了浦东金融和科创企业的发展。科创板是浦东持续推进科技创新、提升创新策源能力的重大机遇。

（一）科创板有利于打通科技创新与经济发展之间的通道

浦东新区科技创新与经济发展脱节的"两张皮"现象十分突出：浦东有着丰富的科技创新要素资源，比如区域内建成、在建或规划建设的大科学装置就有 13 套。上海全市 128 家市级科技公共服务平台，有 36 家位于浦东。这些国家级、市级平台每年产出大量科技成果。2018 年浦东获得的国家发明专利为 6826 项，而同期浦东通过上海市知识产权局仅完成专利实施许可合同备案 47 件、认定登记专利技术转移合同 10 项。

科技成果转化率低下，一方面是因为科研机构和院校对市场不了解、企业对最新的科技信息和发展趋势也不了解，往往是高校或科研院所的研发成果过于"高大上"，企业用不上；而国内企业在生产过程中遇到的很多技术难题，高校和科研院所又不愿做或无力去做。另一方面是因为科技创新高风险高投入影响了企业将科技成果产业化的能力和积极性。科创板作为资本市场支持科技创新的前沿阵地，有利于打通科技创新与经济发展之间的通道。因为科创板的选手是大量投资者用真金白银投票选出来的，这种筛选机制总体是准确的、长远的。科创板实际上是向产学研机构都发出了明确的信号：只有符合市场的科技创新，才能获得资本市场的青睐。这种市场导向机制，既能够较好解决科技创新与经济发展脱节的"两张皮"问题，又通过资本市场的风险分担和"输血"功能，提高企业的科技创新的活力和动力，推动科学家和高科技人才走进市场、创业创新。首批上市的 25 家科创板企业的董事长中，有硕士学位的 8 人，博士学位的 11 人。浦东今后一段时期重点发展的科技创新"六大硬核产业"，无一不是科创板聚焦和支持的重点所在，科创板将为这些产业的企业提供重要的融资渠道，为前期支持这些企业发展的金融和产业资本提供重要的退出渠道和激励手段，也为后续进入的投资者提供参与建设并分享企业成长成果的投资渠道。比如位于浦东的中芯国际，自 2020 年 6 月 1 日科创板上市申请被受理到 6 月 29 日证监会注册通过，用时 28 天，其科创板征程堪称"闪电"速度，募集资金 532.3 亿元，成为 A 股 10 年以来募资规模最大的 IPO。通过科创板更好获得资本支持，必然有利于提升浦东科技创新打造"中国芯"的能力。

（二）科创板有利于处理好政府和市场支持科技创新的关系

科技创新需要科创板发挥非常关键的支持作用。科技创新的过程往往是艰辛和一波三折的，很多科创企业长期不能盈利、不能分红甚至没有收入，却需要不断地融资、输血，加上科创企业往往具有轻资产、高风险的特征，不适合政府直接用财政或其他资源来支持，也不适合传统的银行信贷市场。这就迫切需要资本市场的支持。习近平总书记早在 2018 年 5 月 28 日中国科学院第十九次院士大会、中国工程院第十四次院士大会上的讲话中就指出："要发挥市场对技术研发方向、路线选择、要素价格、各类创新要素配置的导向作用，让市场真正在创新资源配置中起决定性作用。"资本市场具有风险共担、收益共享的特点，并且其资本流动是随着科技发展的动态不断调整的，更适合处理信息不对称、不确定因素大的融资需求，能够通过支持科技创新有效服务实体经济。因此科技创新始于技术，成于资本。科创板是资本市场的重要组成，也是通过市场机制来支持科技创新。市场机制的核心就是价格机制，企业价格在资本市场就体现为市值。科创板试点注册制，在发行上市的环节，上市的五套标准，全部都以"预计市值"为基础。这个预计市值必然要求在市场化的发行询价环节要能得以实现，即那些询价对象、配售对象给出的价格如果不能达到预计市值，那么即便通过了上交所的审核、证监会的注册，发行还是会失败。所以市场机制、价格机制在科创板就发挥了"决定性"的约束作用，市场认可的优质企业就有可能脱颖而出，资本市场优胜劣汰、支持科技创新的功能从而得以发挥。

科创板有利于更好发挥政府支持科技创新的作用。市场在资源配置中起决定性作用，但不是起全部作用。设立科创板并试点注册制，也能更好发挥政府支持科技创新的作用。一是转变政府职能，引导资金资源的优化配置。一方面注册制改革的灵魂就是以信息披露为核心的审核问询，在这个过程中，提出问题、回答问题，不断地丰富完善信息披露的内容，重点关注企业是否符合科创属性、符合发行上市条件、财务上有无瑕疵等。而且整个问询的关键环节都向社会公开，便利投资者在信息充分的条件下做出投资决策。"说清楚、讲明白"是企业通关的关键，这意味着政府相关部门将最大限度减少对资源的直接配置、对交易活动的直接干预。但另一方面，政府可以制定科创板的上市指引，对发行人在发行条件和信息披露要求等重大方面是否符合规定、是否符合科创板定位做出审查，并据此做出是否给予注册的决定。二是最大限度的平衡好支持科创企业融资与保护投资者之间的关系。我国的资本市场，尤其是场内市场，长期以来关注稳定盈利的大企业和传统行业的优质企业，但对于嗷嗷待哺的科创企业却缺少支持。资本市场"收益共享、风险共担"的机制被扭曲，片面强调"收益共享"，却以保护投资者、防风险的理由，将很多科创企业拒之门外。科创板通过精细的机制设计，就是既要发挥资本市场支持科技创新的功能，又要最大限度地保护好投资者利益。比如科创板设计了五套标准来筛选拟上市的科创企业，以市值为核心，以盈利、营业收入、研发投入、现金流量作为辅助指标，组合出五套上市标准，淡化了盈利要求，既使得资本市场能够包容和满足不同类型科技创新企业的需求，又体现了上市企业的科技创新的特性，有利于投资者保护。三是实施事前事中事后的全过程监管，维护公开透明有序的市场秩序。政府部门将把工作重心由行政审批转到提高市场发行定价的合理性、规范市场运行，以及严厉打击虚假信息披露、内幕交易、操纵市场等违法违规行为，为科创板市场能够行稳致远、真正发挥引导资源配置、支持科技创新的功能保驾护航。

（三）科创板有利于激发和调动科技创新人才的创造力和活力

科创板的制度设计充分体现以人为本，尤其是分拆上市、股权激励和员工持股的新政策，有利于激活人才、驱动科技创新。证监会2019年初发布的《关于在上海证券交易所设立科创板并试点注册制的实施意见》第十五条已明确提出："达到一定规模的上市公司，可以依法分拆其业务独立、符合条件的子公司在科创板上市。"这就对长期以来A股不允许的分拆上市进行了松绑，必然有利于加大对管理层和核心技术人员的股权激励力度。比如首批登录科创板的医疗器械企业之一——心脉医疗，就是一家位于浦东的企业，也是由已经在香港上市的主体微创医疗分拆上市而来的，其30多名高管和核心技术人员通过员工持股平台和专项资产管理计划持有心脉医疗684万股，以上市首日收盘价计算合计身价达到 11 亿元。这种创富效应，当然有利于吸引人才、激发和调动科技创新人才的创造力和活力。

针对科创企业高度依赖人才以及人员容易流动的特点，科创板制度提高了用于股权激励的股份比例，将股权激励计划的股票总数限额占总股本比例由主板的 10% 提升到 20%，扩大股权激励对象的范围，如单独或合计持有上市公司 5% 以上股份的股东、实际控制人及其配偶、父母、子女，都可成为激励对象（主板上市公司这部分人是不可以作为激励对象的）。放宽了限制性股票的价格限制，原先主板规定限制性股票的授予价格不得低于激励计划公布前 1 个交易日股票交易均价的 50% 以及前 20 个交易日、前 60 个交易日、前 120 个交易日股票交易均价之一的 50%。科创板取消了上述限制，公司可以自主决定授予价格，但当股权激励价格条款出现上述情形时，需聘请独立财务顾问对股权激励计划的可行性、是否有利于上市公司的持续发展、相关定价依据和定价方法的合理性、是否损害上市公司利益以及对股东利益的影响发表专业意见。这提高了企业激励人才的自主性和灵活性，也有利于发挥科创人才的创造力和活力。

三、以科创板为契机提升浦东创新策源能力的政策建议

（一）补短板，支持浦东创业投资行业健康发展

如果把企业比作一棵树，到科创板来培育的应是初步已经成型的小树，将来要成长为参天大树。对于其他的"树种""树苗"，必须依靠创业投资（包括天使投资、VC、PE）、科技银行、股权众筹、科技保险等其他金融业态。从发达国家的发展经验看，创业投资是尤其关键的一环：发达的创业投资不但能为科创板孵育更多的相对成熟的"入选选手"，还能吸引更多的相对稚嫩的"种子选手"入驻。比如硅

谷就有一条风险投资的"近地缘"规则：一般的风险投资家只投资方圆 30 公里范围以内的公司。原因就是风险投资必须与公司的高管有非常密切的接触，要经常见面讨论研究（而不是打打电话），要实时了解企业运营（而不是半年或一年才去看一下）。因此硅谷才会有如此密集的风险投资和创业者聚集。目前看，创业投资发展滞后仍然是浦东乃至上海金融与科技融合发展的痛点之一。因此，要积极推动浦东的创业投资行业壮大和发展：一是便利浦东的创投行业市场准入、有序支持其发展壮大；二是提高陆家嘴金融城和张江科学城的资源对接效率；三是外部监管和创业投资行业自律结合；四是规范和发展政府引导基金；五是充分利用浦东金融对外开放的优势发展创业投资；六是完善财政金融政策支持体系的建设。

（二）发挥科创板"主场优势"，吸引更多创新企业集聚

科创板是上海证券交易所的一个全新板块，上交所位于浦东，因此浦东要发挥"主场优势"，立足建设国际领先的创新资本形成中心，支持区内的创新型企业利用这一重大历史机遇实现高质量发展，提升浦东的创新策源能力。要打造科创板与创新企业的良性互动机制，首先要让科创板服务浦东现有的已经成熟或基本成熟的科创企业。一方面发挥科创板位于浦东新区的"主场优势"，吸引创新企业，特别是把拟背井离乡、寻求境外上市的优质科创企业吸引回来；另一方面也为科创板提供更多的上市资源，扩大科创板的影响力和辐射力。因此，浦东新区相关部门要靠前服务，首先要联合上交所等职能单位，及时掌握政策信息，做好政策的宣传和引导；其次要对张江、金桥、临港等片区的科创企业进行筛选，建立科创板企业后备数据库，了解企业的诉求、上市存在的困难，并协调有关管理部门和中介机构有针对性地加以解决。在此基础上，逐步扩大服务范围，利用长三角资本市场服务基地等平台，支持长三角区域的优质科技创新企业登录科创板，助推长三角一体化发展。

（三）发挥浦东开放的优势，以开放促创新

开放是浦东最大的优势。一是要充分发挥浦东国际金融机构高度聚集的特色，为科创板配置全球资金资源提供便利，吸引长线的国际国内的优质基金入市。比如陆家嘴金融城聚集了众多国际知名的资产管理公司，全球十大资产管理公司有九家已经落户陆家嘴，下一步要推动外资资管机构进一步拓展业务和创新产品，鼓励其通过发行私募证券投资基金等产品参与上交所科创板的投资。二是深化上海自贸区金融开放各项改革与设立科创板的金融创新的联动。比如自贸区推出的自由贸易账户，一定程度打通了境内外资金联通的通道，因此要进一步发挥自由贸易账户的功能，可以允许外资通过自由贸易账户投资科创板的企业，既方便境外投资者的外汇资本流入和人民币资金回流，支持人民币国际化和上海国际金融中心建设，又为科创板提供了长期的、活跃的资金资源，支持科技创新中心建设，提升浦东的创新策源能力，还可以利用自由贸易账户"金融电子围栏"的功能有效地防控风险。三是及时将科创板股票纳入"沪港通"交易的标的范围，对国际投资者投资科创板股票提供便利，提高科创板的国际影响力，支持上海科创中心和国际金融中心的建设。

（四）防风险，促进科创板市场稳健运行

完善科创板制度建设。一是加强监管。要发挥上海以及浦东在金融法院、金融仲裁等方面的基础设施优势，落实好科创企业的基础信用责任、中介机构的专业信誉责任、注册审核机关的忠实信任责任，强化自律管理、行政监管和司法惩戒三位一体的责任约束机制。要搭建科技监管系统。证监会、上交所要利用大数据、人工智能、云计算、区块链等新技术，对海量的企业报表数据和信息进行快速提炼、比对、深挖、探索，智能识别是否存在财务造假，自动预警违规和可疑情况，特别是涉嫌虚增营业收入、销售毛利率明显偏高、关联企业长期应收

款、随意降低减值计提等问题，全面提升监管效率。二是完善科创板基础制度建设。要让信息披露充分"发声"，提高上市公司和投资者的信息对称性。要严格执行退市制度，对于其中一些非数量的定性退市指标，比如有损公共利益、公司治理不健全（包括资金挪用或占用）、业务空壳化等，应赋予上交所一定自由裁量权。要完善转板机制，提高市场的运行效率。适时推出科创板相关的期货期权等金融衍生产品。三是加强投资者教育。要利用大数据、互联网技术加强对大众投资行为的监测研判，实时掌握投资者总体的投资和负债状况，及时应对，防止风险的不断累积。

（五）做好三板、四板建设，培育后备上市资源

多层次的资本市场体系是一个有机的相互联系的整体，有了健康有序、富有活力的场外市场，才能为场内市场输送源源不断的备选上市资源，从而促进场内市场的稳健运行。因此不能仅仅将眼光放在主板、科创板这样的场内市场，也要大力支持新三板、四板市场的发展，强化新三板、四板的企业培育功能。上海股权托管交易中心（以下简称上股交）属于四板市场，也是位于浦东，应鼓励上海区域内的企业到此挂牌，对挂牌的成本给予一定的补贴；还可以考虑将上海市和浦东新区的政府引导基金对企业的投资额度与其在上股交挂牌相挂钩，增强上股交的市场竞争力，吸引更多的挂牌资源。

作者：周海成，中共上海市浦东新区区委党校讲师。

成都市国家创新型城市建设优化研究

一、成都市国家创新型城市建设的重大意义

2017 年 10 月，习近平总书记在党的十九大报告中强调：加快建设创新型国家。创新是引领发展的第一动力，是建设现代化经济体系的战略支撑。《习近平新时代中国特色社会主义思想学习纲要》指出：创新是引领发展的第一动力，创新发展注重的是解决发展动力问题，必须把创新摆在国家发展全局的核心位置，让创新贯穿党和国家一切工作。创新型城市是创新型国家的主要依托，也是落实创新驱动发展国家战略的重要抓手。创新型城市建设是创新型国家建设的重要支柱，是区域创新体系的中心环节。创新型城市的迅速崛起逐步成为国内外经济、社会、区域和城市发展具有战略意义的亮点，在城市经济建设中的作用越来越突出。国家历史文化名城成都是我国重要中心城市之一，具有非常良好的创新基础和条件。特别是近年来，成都市教育事业稳步发展，科技创新活力持续增强，成都市国家创新型城市建设成效显著。但是，不论是与成都自身发展目标比较还是与国内一线城市比较，包括与成都市民期望比较，成都国家创新型城市建设都任重道远。面对开启建设社会主义现代化国家的新征程，面对实现"两个一百年"奋斗目标与中华民族伟大复兴中国梦的历史使命，无疑，新时代背景下加快建设成都市国家创新型城市，具有重大的实践意义与理论价值。

163

二、成都市国家创新型城市建设的现状问题

随着我国创新型国家重大战略的提出，北京、上海、南京、杭州等国内发达城市均将建设创新型城市、提高自主创新能力作为城市发展的首要任务，在分析自身优劣势的基础上，均提出了各具特色的创新型城市建设的目标与方案。2010 年 1 月，成都市先后获得国家发改委、科技部批复，成为国家创新型城市试点城市。同年 12 月，成都市制定并发布了《成都市国家创新型城市建设规划（2010—2015）》，提出"加快实现创新驱动经济社会发展，全面推进国家创新型城市建设"的发展思路，明确提出，成都在 2015 年建成国家创新型城市，由此全面启动创建国家创新型城市试点工作。2011 年 5 月，国务院正式批复了《成渝经济区区域规划》。2013 年，在深入贯彻党的十八大精神基础上，成都市委市政府又进一步做出实施创新驱动发展战略，加快创新型城市建设的重大决策，明确"到 2020 年，成为全国一流的创新之城、创业之都，初步建成中西部创新驱动发展引领城市、国际知名的区域科技创新中心"的新目标，对全市建设国家创新型城市提出了更高要求。2016 年 3 月 15 日，成都市人民政府新闻办公室召开新闻发布会，正式发布《成都市创新型城市建设 2025 规划》，提出"把成都建设成为具有国际影响力的区域创新创业中心"的目标定位，该目标分三个阶段实现：到 2017 年初步建成国家创新型城市，到 2020 年初步建成具有国际影响力的区域创新创业中心，到 2025 年建成具有国际影响力的区域创新创业中心。2018 年 9 月，成都市委市政府出台了《关于深入实施创新驱动发展战略加快建设国家重要科技中心的意见》，提出将构建创新驱动发展体制机制，并明确了未来的发展目标——到 2020 年，要基本建成国家创新型城市和具有国际影响力的创新创业中心；到 2035 年进入国家一流创新型城市行列，发展驱动力实现根本转变，建成国家重要科技中心；到 2050 年科技创新能力国内领先，成为

世界科技强国的重要支撑。总体而言，进入新时代，随着创新驱动发展战略大力实施，成都市不断提升创新基础能力，加强创新服务体系建设，创新环境明显改善，自主创新能力不断提升，创新驱动产业发展初见成效，经济发展水平不断提高，国家创新型试点城市建设顺利推进。例如 2019 年成都市专利申请数为 80819 件，而 2011 年专利申请数仅为 5156 件，显然，成效显著。在肯定成绩的同时，亟须重视现存问题：一是区域创新体系有待进一步完善。区域创新体系是一个多层次宽领域的大系统，涉及技术创新、体制机制创新、社会事业发展创新等多个领域。目前，成都区域创新体系建设相对滞后，尚未完全形成系统化区域创新体系，创新仍主要集中在技术创新领域，难以适应区域发展对创新的需求。2019 年，成都市专利申请数 80819 件，占全省的 61.4%，而 2019 年，北京市专利申请数 226113 件，两者比较，成都占北京的 35.7%。同时，在体制机制创新方面，成都市科技金融的引导力度不够，区域技术成果转移和转化服务体系不完善。成都市科技成果转化专项资金没有涵盖技术成果转化全过程的"发现、筛选、撮合、投入"的专业化服务体系，并未提供项目中介和投融资等综合配套服务。在区域创业投资方面，创业除了企业家自筹资金，就是政府财政投入，能够并且已经通过银行贷款、资本市场、风险投资等方式融资的企业较少，这些企业在创业之初通常不占有大量的固定资产，难以获得抵押贷款；中小企业实力不强，能通过上市获得融资的很少；风险投资体系的不完善阻碍了创业企业通过风险投资方式获得资金。同时，种子期、初创期科技型中小企业缺乏资金支持，没有政府引导，创新活动没有导向性。二是企业的技术创新主体地位有待加强。由于创新动力机制不完善，企业创新意愿不强烈，自主创新能力不强，以企业为主体的技术创新体系有待健全完善。三是政府的创新引导职能尚未充分发挥。政府在创新组织活动中的引导作用未充分发挥，财政科技投入稳定增长的机制、引导和激励社会各类资源积极投入创新活动的调控机制、与科技发展规律相适应的科技投入管理机制还不健全，基础性、公益性科研机构实力相对薄弱的问题仍然十分突出。四是区域创新环境有待进一步优化。虽然成都区域创新环境相对良好，但仍存在文化作为创新源泉的作用不突出、创新激励保护机制不完善、相关政策法规体系不健全、信息技术对创新的支撑作用不强、公共服务配套不完善等问题。同时，成都的空气质量令人堪忧、污染防治攻坚战形势严峻、绿色发展理念亟待全面贯彻落实。[①]

三、成都市国家创新型城市建设的优化策略

（一）进一步健全区域创新体系

区域创新体系是提高区域创新能力的重要前提，是一个多层次、宽领域的大系统。"十四五"时期，应围绕区域创新体系涉及的领域，充分把握成都区域创新体系现状，着力构建以企业为主体的技术创新体系，完善创新服务体系，夯实创新基础，构建具有地域特色和优势的区域创新体系。一要加快构建以企业为主体的技术创新体系。支持国家级、省级创新型企业建设，引导创新要素向企业集聚，推进科技型企业兼并重组，支持企业加大研发投入，加快培育一批集研发、设计、制造于一体的科技型骨干企业，进一步完善以企业为主体、市场为导向、产学研紧密结合的技术创新体系。[②] 二要加快完善创新服务体系。建立健全创新基础条件平台，构建高技术产业、战略性新兴产业、现代制造业、现代服务业、现代农业等重点产业技术创新联盟，搭建科技、金融、技术交易、企业孵化等中介服务平台，构建社会化、网络化的创新服务体系。三要进一步夯实创新基础。进一步增强各类高等院校及研究机构的重点学科对创建创新型城市建设的基础支撑能

---

① 南剑飞、赵丽丽：《实现油气资源型城市绿色发展》，《经济日报》2018 年 8 月 23 日。
② 胡争光、南剑飞：《产业技术创新战略联盟：研发战略联盟的产业拓展》，《改革与战略》2010 年第 10 期。

力，加强国家级技术创新平台和国家级技术检测平台建设，培育省级及以上企业技术中心，支持企业、高等院校和科研机构创立国际、国家和地方标准，进一步加强科技企业孵化器建设，大幅度增加创新平台数量，大幅度增强创新平台的创新能力。四要加快构建创新人才高地。充分发挥高等教育在建设创新型城市中的基础性和先导性作用，创建一批创新型人才培育基地，大力培育引进各类人才特别是创新型高级专门人才，加大基础教育和继续教育工作力度，强化国家创新型城市建设的智力支撑。[①]

（二）加快构建创新型产业体系

产业是整个国民经济的核心载体，加快构建创新型产业体系，是创建国家创新型城市的重要内容，也是国家创新型城市的主要体现。[②]"十四五"时期，应紧紧围绕建设"世界现代田园城市"的历史定位和长远目标，大力实施产业发展的追赶型跨越式发展战略，加大产业结构调整力度，大力发展战略性新兴产业，抢占高端产业发展制高点，推动重点产业高端化，促进城市产业升级，逐步建立起以现代服务业和总部经济为核心、以高新技术产业为先导、以强大的现代制造业和现代农业为基础的市域现代产业体系。一要加快发展高新技术产业。大力发展电子信息、生物医药、航空航天、新能源、新材料、节能环保等高技术产业和战略性新兴产业，抢占高端产业发展制高点，把成都建设成为具有国际影响力的高新技术产业基地。[③]二要加快发展现代制造业。加强关键技术和先进工艺对传统制造业的高端化改造，加强自主创新能力建设，推动汽车、食品、制鞋、家具等优势产业以及石化、冶金建材等产业的细分行业向产业高端升级。三要大力发展现

① 南剑飞：《上海金山区高层次人才工作提升研究》，《江南论坛》2019年第4期。
② 胡争光、南剑飞：《产业技术创新战略联盟战略问题研究》，《科技进步与对策》2011年第2期。
③ 南剑飞、赵丽丽：《新常态下ST区新材料产业集群发展研究》，《现代管理科学》2016年第4期。

代服务业。推进生产性服务业集群发展、民生性服务业提升发展、新兴服务业跨越发展，构建可持续发展的国际化、专业化、集约化、均衡化的服务业体系，建设服务西部、面向全国、走向世界的现代服务业基地。[①] 四要大力发展现代农业。按照建设"西部第一，全国领先"现代农业基地和国家级现代农业示范区的总体要求，努力推动成都农业形成"一流的经营治理机制、一流的产业发展水平、一流的营销体系、一流的保障体系、一流的吸引人才机制"，实现经济效益、环境效益和生态效益有机统一。

（三）不断创新统筹城乡发展路径

进一步创新统筹城乡发展路径，不仅成为成都市创建国家创新型城市最具特色的内容，也是成都创建国家创新型城市的重要驱动力。"十四五"时期，应充分发挥成都在统筹城乡发展方面取得的经验，坚持"市场化、公平化、民主化"的基本取向，深入推进"农村四大基础工程"，深化户籍制度改革，促进劳动力、土地、资本等生产要素在城乡之间自由流动，公共资源在城乡之间均衡配置，拓展城乡发展空间，加强城乡生态文明建设，不断创新统筹发展路径，促进经济社会可持续发展。一是要进一步加快创新城乡统筹发展的体制机制。全面开展农村产权制度改革，规范农村土地承包经营权流转，探索建立耕地保护和土地节约集约利用新机制。健全城乡金融服务体系，加快城乡金融体制改革。深化户籍制度改革，探索农民向城镇转移新途径。扎实推进村级公共服务和社会管理改革，积极推进农村新型基层治理机制建设。二是要进一步拓展城乡发展空间。大力开展农村土地综合整治，深入推进实施"三个集中"，加快推进 13 个市级战略功能区建设，增强城乡空间承载能力，拓展产业发展新空间。加强区域合作，增强成都对区域整体竞争力的辐射带动作用。三是要加快推进城乡公

---

① 南剑飞、赵丽丽：《加快推进体育旅游产业转型升级》，《经济日报》2019 年 7 月 5 日。

共服务均等化。建立和完善基本医疗保障制度，加快建立覆盖城乡的公共卫生和基本医疗服务制度，完善覆盖城乡的促进就业和协调劳动关系工作体系，推进城乡教育协调发展，构建城乡公共文化服务体系。四是要加快统筹城乡生态文明建设。统筹城乡生态环境保护，始终坚持生态、环保、低碳的理念，始终坚持生态优先、绿色发展的路子，把建设资源节约型、环境友好型社会作为高质量发展与可持续发展的根本举措，建立促进城乡生态文明建设的体制机制，发展循环经济，倡导绿色消费，促进绿色增长，提升公众生态环境素养，实现人与自然和谐相处，形成成都市经济社会发展与生态环境保护良性互动、协同推进的新时代新发展的新氛围与格局。①②

（四）进一步优化区域创新环境

良好的区域创新环境是创建国家创新型城市的基本保障。"十四五"时期，应进一步弘扬创新精神，培育创新文化，加大对创新的支持和保护，强化信息化对创新型城市建设的支撑，加强创新创业配套环境建设，为成都创建国家创新型城市打造宜居宜业的社会文化环境。一是要加快培育有利于创新的文化氛围。牢固树立创新文化是创新型城市灵魂的理念，打造以市场观念、开放观念、创新观念和竞争观念为特色的价值体系，增强创新文化对创新型城市的引领支撑作用。加强创新文化载体建设，扎实推进全民科学素质行动计划。二是要进一步加强对知识产权的保护。完善地方知识产权法规，实施专利战略、品牌战略、版权战略、标准战略，促进知识产权创造与运用。进一步加强知识产权行政保护、司法保护和海关知识产权保护，引导行业组织保护知识产权，建立健全知识产权预警机制和知识产权维权援助工作机制。三是要不断强化信息化对国家创新型城市建设的支撑。加快

---

① 南剑飞:《绿色发展理念下油气城市循环经济发展研究》，经济管理出版社 2019 年版，第 11 页。

② 南剑飞:《努力提升公众生态环境素养》，《经济日报》2019 年 8 月 13 日。

"数字成都"建设，进一步完善信息化基础设施，全力打造智能型城市，全面提高城市信息化水平，以信息化带动工业化，强化信息化对国家创新型城市建设的支撑作用。四是要进一步健全创新政策法规体系。健全创新人才激励机制，优化利益分配机制，建立信用监督机制，建立健全地方财政对国家创新型城市建设的投入机制，调整完善地方财政对重点优势行业、引进技术的消化吸收再创新等支持政策。五是要加强创新创业配套环境建设。加强城市品质塑造，提升城市整体形象，丰富城市文化内涵，提升城市环境对创新资源的吸引力。完善产业集聚区交通、教育、医疗等配套环境，满足创新人才工作生活需要。此外，重视发挥关键少数即领导干部特别是青年干部作用。[1]

（五）加速科技进步，提高创新能力

首先，努力提高原始创新能力。原始创新是科技进步的先导和源泉。要将其作为建设创新型城市中科技进步的首要任务。一是加强核心技术攻关。核心技术是原始创新的重中之重，它关系到国家安全，具有巨大的市场价值。二是实施知识产权战略。以加大知识产权保护为核心，大力实施"全社会、全过程、全方位"的知识产权战略，建立以专利、商标、版权、行业标准、商业秘密等为主要内容的知识产权体系。要建立日常监督和重点检查相结合的机制，坚决查处和制裁各种侵权行为。三是加快研发机构建设。企业是创新的主体，要积极支持有条件的企业、行业创建企业、行业工程技术中心，给予企业重点实验室更多的优惠政策。要深化科研院所改革，整合现有技术资源，研究改组创新研究机构。要建立与海内外知名高校、研究院所、企业的联合开发机制。其次，努力提高集成创新的能力。集成化是现代科技发展的重要趋势，集成创新是科技加速进步和城市创新发展的重要形式。一是加快重点产业共性关键技术研发。在现代科技发展中，相

---

[1] 南剑飞：《"科创小镇"建设中青年干部作用发挥的调研——以上海市金山区枫泾科创小镇为例》，《江南论坛》2018 年第 12 期。

关技术的集成创新以及由此形成的竞争优势，往往超过单项技术突破的意义。二是坚持以大企业为主体。大企业是集成创新的主要力量，也是自主创新活动的组织者和引领者。德国的汽车产业之所以相当突出，最重要的因素就是德国拥有一批集成创新能力很强的汽车大企业。最后，努力提高引进消化创新能力。在经济全球化时代，任何一个城市都不可能封闭起来发展。只有充分利用经济全球化带来的机遇，加强引进技术基础上的消化吸收创新，才能实现技术快速进步、城市创新发展。一是通过引进消化技术形成生产能力。提高生产能力是引进消化技术的主要目的，日本战后之所以仅用30年就成为世界第二经济大国，其通过引进消化技术形成新的生产能力是重要因素之一。韩国同样走的是通过引进消化技术形成自己特有的生产能力的路线。二是通过引进消化技术完善技术创新机制。完善的机制是引进消化好技术的根本保障。在引进先进技术过程中，一定要与消化、吸收、创新相结合，建立有利于加强消化吸收和创新的体制和机制。

（六）加强互动合作，注重成果转化

构建创新型城市，固然需要资金、技术、人才等相应创新要素的投入。然而，各创新主体的互动以及创新成果的转化也是必需的。首先，建立良好的互动和合作环境。各个创新主体因各自特点，管埋模式不同，以及追求的目标不同，必然出现合作上的困难，甚至冲突，加强创新主体之间的沟通与协调就显得尤为重要。为加强产学研之间的沟通与协调，必须打破我国企业、科研院所和高校自我封闭的结构系统，建立以企业为主体，科研院所和高校优势互补、风险共担、利益共享、共同发展的产学研合作机制。一是要探索多种合作形式。通过共同研究、技术指导、技术培训、科研器材的共同使用、关键技术信息的服务、专利使用等形式，整合、优化现有资源，建立以实现共享为核心的合作机制。二是要鼓励有条件的高校、科研院所和企业联合建立技术中心、中试基地，或通过联营、投资、参股等多种方式实

现与企业的联合，增强企业的技术创新能力。其次，大力发展各类科技中介机构。科技中介机构主要是发挥社会和市场的多方面力量，可为科研机构、高校、创新企业提供信息、设备、人才和资金等创新要素，从而大大提高资源的利用效率，节约创新成本，加快成果转化。学习发达国家经验，资源共享和成果转化不能靠政府一家来做，要大力发展各类中介组织。建议大力发展的科技中介服务机构主要有：同业协会、仪器设备的专业协作网络、用户协会、会计师、律师事务所、管理顾问公司、创新评估委员会、银行金融机构等。

作者：南剑飞，中共上海市浦东新区区委党校教授。

创新型人才驱动合肥
高质量发展研究[*]

人才是实现民族振兴、赢得国际竞争主动的战略资源。党的十九大报告中，习近平总书记从建设人才强国的战略高度，精辟阐明了新时代人才工作的总体思路，明确提出"实行更加积极、更加开放、更加有效的人才政策，以识才的慧眼、爱才的诚意、用才的胆识、容才的雅量、聚才的良方，把党内和党外、国内和国外各方面优秀人才集聚到党和人民的伟大奋斗中来"。[①]党的十九届四中全会强调要坚持德才兼备、选贤任能，聚天下英才而用之，培养造就更多更优秀人才的显著优势。新时代，合肥继续积极贯彻中央和省委关于人才工作的系列决策部署，全面深化人才发展体制机制改革，紧紧围绕重大创新发展战略，以人才需求为导向，以优化人才发展环境为抓手，聚天下英才而用之，全力提升合肥长三角一体化高质量发展水平，聚力实现"五高地一示范"的新发展目标。

一、创新型人才驱动高质量发展的合肥成果

合肥是国家重要的科研教育基地，现拥有高等院校 60 所、在校

---

　* 本文第三、四部分发表于 2020 年 6 月 10 日《合肥晚报》。
　① 习近平：《决胜全面建成小康社会　夺取新时代中国特色社会主义伟大胜利——在中国共产党第十九次全国代表大会上的报告》，人民出版社 2017 年版，第 17 页。

生 60 多万人，拥有各类研发机构 1400 多家，院士工作站 59 家，博士后工作站 112 家。全市集聚各类人才 190 万人，其中"两院"院士 123 人，入选国家、省级各类人才工程项目的高层次人才 4000 多人。

人才驱动创新，创新驱动发展。近年来，合肥的新型显示、机器人被列入国家战略性新兴产业区域集聚发展试点，新能源汽车、智能语音、太阳能光伏、公共安全等产业技术保持国内领先。一批原创性成果问世，量子通信、铁基超导、雷达、智能语音、核聚变、强磁场等技术水平位居世界前列。建成全球首个量子通信城域网，世界首颗量子卫星"墨子号"写入了党的十九大报告，诞生了世界第一台量子计算机、首款多语种实时翻译机、首条平板显示 10.5 代线，研发出我国首款具有完全自主知识产权双离合自动变速器、国内首台航管一次雷达、X 射线口腔 CT 诊断机、太赫兹人体安检仪等。2019 年全社会研发投入占 GDP 比重达到 3.24%，入选全球科研城市 50 强，新增国家高新技术企业 400 多家、总数突破 2000 家，全市发明专利授权量达到 5700 件，同比增长 15%。

目前，合肥已经成为集国家创新型试点城市、国家系统推进全面创新改革试验区域、国家自主创新示范区、综合性国家科学中心、中国制造 2025 试点示范城市等五大"国字号"创新品牌于一身的唯一城市。2016 年 4 月，习近平总书记视察安徽期间，称赞合肥这个地方是"养人"的，培养出这么多优秀人才，是创新的天地，希望再接再厉、更上层楼。① 2020 年 8 月，习近平总书记再次视察安徽，他指出安徽要加快融入长三角一体化发展，实现跨越式发展，关键靠创新。而创新的关键就是人才。

---

① 徐豪：《专访全国人大代表、合肥市市长凌云——深度融入长三角，以开放创新推进高质量发展》，《中国报道》2019 年第 4 期。

二、创新型人才驱动发展的合肥经验

党的十八大以来，合肥深入学习贯彻习近平总书记关于人才强国的系列新思想新理念新战略，持之以恒秉承"开明开放、求是创新"的城市精神，发挥并扩大自身人才发展优势，紧紧围绕中心服务大局，探索出一套高水平人才驱动高质量发展的、行之有效的合肥做法，形成了一系列人才与发展相互促进的成熟可复制的合肥经验。

（一）坚持政策优化，不断提升人才集聚动能

高屋建瓴的顶层设计，优渥科学的人才政策，是吸引各类高层次人才落户合肥、施展本领的最根本要素。为此，合肥致力于人才政策的不断优化完善，多策并举形成了地方人才政策的成熟体系。一是落实上级重点人才政策。认真学习贯彻中共中央《关于深化人才发展体制机制改革的意见》，深入贯彻落实安徽省"科学中心人才 10 条"、新时代"江淮英才计划"以及相关重点人才政策举措，构建了一支高水平、专业化的国家级、省级高层次人才队伍。二是完善市级人才政策体系。先后谋划制定了深入实施人才强市战略、建设"合肥人才特区"、建设"合肥人才高地"等一系列纲领性政策文件。特别是 2017 年以来，紧扣综合性国家科学中心和长三角世界级城市群副中心等新定位、新要求，陆续出台合肥人才政策"20 条"和人才创新创业"8 条"，打造人才发展"6311"工程、"江淮硅谷人才集聚计划"等 26 个人才特色品牌，基本形成了覆盖各类别、各层次人才，以及人才各个发展阶段的政策扶持框架体系。三是创新推动重点人才工程。大力支持科技人才和产业人才发展，注重精准支持和质量提升，深入实施"双引双培"四大人才工程，重点引进或培育合肥市主导产业和战略性新兴产业领域急需紧缺人才或团队，给予企业 30 万～500 万元专项资金支持。

（二）坚持机制创新，不断增强科技人才活力

在经济发展进入新常态、人才争夺进入白热化的新时代，建立健全优质的人才机制，厚植优渥的"养人"土壤，是各地在人才竞争中脱颖而出，发现、培养、吸引、留住人才，并且最大限度地发挥人才效用的必要条件。[①] 近年来，合肥提高站位，开拓创新，构建形成了良好有效、灵活多样的人才培养、评价等机制。一是优化人才培养机制。合肥全力支持综合性国家科学中心建设，坚持高起点、高站位，以人才为支撑，全力助推国家实验室和大科学装置建设，规定中国科学技术大学、中科院合肥物质科学研究院等中央和省属驻肥高校、科研院所引进及培养的国家级以上领军人才，可以享受合肥市人才引进奖励及配套资助政策，在现有引进培养体系上建立了基础科研人才长期稳定支持机制。二是改进人才评价机制。积极贯彻落实中央《关于分类推进人才评价机制改革的指导意见》和省委实施意见，扎实推进全市高层次人才分类认定工作，定期召开联席会议，结合科技创新和产业发展研究调整人才分类目录，推进建立健全以创新能力、质量、贡献为导向的人才评价体系。三是创新人才流动机制。鼓励"柔性引才"，对待科技创新人才，做到"不求为我所有，但求为我所用"；支持在企业开展科技成果转化的高校、科研院所技术人才申报市重点人才项目；设立"合肥双创英才港"，使具有事业编制身份的高层次人才来肥创新创业，可在英才港保留事业身份；等等。

（三）坚持国际导向，不断营造人才活跃氛围

筑巢引凤，平台聚才。搭建优质的人才交流平台，营造一流的人才成长环境，是打造高水平人才队伍的关键一环。近年来，合肥以国际化的视野、国家级的标准，为广大科创人才搭建起规格高端、形式

[①] 李群：《加紧培养造就自主创新人才》，《中国科技论坛》2018 年第 9 期。

多样、元素丰富的学术交流平台。一是做好国际化人才交流。2018年举办合肥"创新之都"高峰论坛、综合性国家科学中心专家学者创新创业论坛等活动；组团参加G60科创走廊人才峰会，与中国科学技术大学联合举办"墨子论坛"、斯坦福大学全球创新联盟课程，全年邀请900余名全球青年科学家、教授、学者来肥进行创新和产业考察交流。二是加强国际化人才培养。深化"优秀企业家培养计划"，每年分期组织优秀企业家赴境外研修学习；实施"鸿雁计划"，每年遴选30名左右优秀高校毕业生赴境外留学深造，每人最高给予30万元经费资助；实施"留学人员扶持计划"，对符合条件的留学人员创新创业项目，给予创业资助。三是搭建国际化人才平台。出台《关于合肥国家海外人才离岸创新创业基地建设的实施意见》，设立一批海外人才工作站，通过发布海外人才项目信息、组织海外才智交流活动，支持合肥创新之都建设。

（四）坚持党管人才，不断优化人才发展环境

"人才资源是第一资源。"为了更好地推进人才强国战略的实施落地，更好地为人才队伍建设提供坚强的组织保障，更好地营造"人人皆可成才"的社会氛围，要坚持并加强党管人才的根本原则，这也有利于发挥我们党在人才工作中统揽全局、协调各方的能力和优势。一是高标准建成合肥国际人才城、"合肥国际人才网"，目前已入驻人才分类认定、外国人来华工作许可、重点人才项目申报等6个业务服务窗口，提供业务咨询办理近3000次，网站浏览量8万人次，引进18个创新团队、第三方服务机构入驻双创空间，目标打造集高端人才服务、创业项目孵化、人才成果展示、资源共享交流于一体、承载特色人才服务的国际化"人才之家"。二是出台《加快人力资源服务业发展的实施意见》，做大做强市场化人才服务，积极推进"合肥人力资源服务产业集聚区""合肥市人力资源产业创业园"建设，通过直接补助、贷款贴息、税收奖补等方式，积极培育人力资源服务机构，充分发挥

市场在人才资源配置中的基础性作用。三是加大安居保障，放宽落户条件，对新落户在肥工作的高校毕业生等人才，三年内按相应标准发放租房补贴。符合条件的引进人才可以优惠价格购买相应标准的人才公寓，也可租住人才公寓；保障人才子女入学，建成中加国际学校，对从外地引进的高层次人才子女，协调安排到相应学校就读。

三、合肥创新型人才队伍建设存在的问题

近年来，合肥高度重视人才队伍建设，科技创新人才集聚效应日益显现，高水平人才促进高质量发展取得显著成效，区域创新能力位居全国前列。然而，对标党的十九大对新时代人才工作的新部署新要求，对标京津冀、长三角等先发地区，对标合肥综合性国家科学中心和具有国际影响力的创新之都的城市定位，合肥的科技创新人才队伍建设工作仍存在不少亟待改进的地方。

（一）科技创新人才的整体结构有待升级换代

目前，尽管合肥的科技创新人才队伍建设水平发展提升很快，但是与北上广深等先发城市，与京津冀、长三角等先发地区相比，合肥在人才的体量、质量、结构以及作用的发挥等方面差距依旧明显。在合肥，"人才驱动创新，创新驱动发展"的推动作用已然显现。2019年合肥地区生产总值达到 9409 亿元，规模以上工业增加值增长8.6%，财政收入达到 1432.38 亿元，主要经济指标逐步稳居全国省会城市前十强。但是，合肥对战略型、创新型、复合型人才的吸纳和承载能力还不够强，高端人才引不进、留不住的问题依然存在。人才队伍的质量、特别是高层次人才数量和质量还不能满足经济社会发展的需要。目前，合肥市具有研究生以上学历的专业技术人才只占总数的1.14%，具有高级职称的专业技术人才占总数的 8%。科技创新人才对经济发展的贡献率不高，人才与经济发展融合度有待提高，"引进一

名专家、带来一个项目、发展一项产业、带活一方事业"的人才效应没有得到很好的发挥。

（二）科技创新人才的政策体系仍待健全完善

近年来，虽然合肥通过人才发展"6311"工程、"江淮硅谷人才集聚计划"、"双百双创"人才行动计划等重大人才工程，培育引进了一大批产业发展急需的科创人才和科研团队，但相比北京、上海，广州等地，合肥的科创人才政策体系仍需优化升级。突出表现为人才分类评价体系尚不完善，全市人才分类目录亟待更新，高层次人才分类认定工作需要科学推进；绩效管理体系尚不成熟，对重点人才项目后续考核管理需要进一步加强；人才政策精准宣传不够，深入高校、科研院所和企业一线送政策不多；等等。

（三）科技创新人才的发展环境仍需培植优化

在"2018 魅力中国——外籍人才眼中最具吸引力的十大城市"评选中，合肥再次上榜，并且蝉联了第 3 位的好名次，仅次于上海、北京。然而，上海已经连续 7 年排名第 1 位，北京也稳居第 2 位多年，前十的其他城市在人才发展的政策环境、政务环境、工作环境、生活环境等各领域的实力亦不容小觑。更高效便利的政府服务、更优渥宽松的居留条件、更宜居宜业的生态环境，是吸引留住人才，让人才安居乐业，安心创业的重要因素。[①] 近年来，合肥在培植"养人"沃土上下大力气，营造了良好的人才发展环境。但仍然存在人才服务体系不够完善、人才服务保障需要提升等不足。具体表现为：各级、各部门人才服务集成化程度不够，利用社会化第三方服务尚有不足；人才服务国际化程度不高，外籍人才子女入学服务、建立国际医疗结算体系等方面仍须探索；人才安居体系亟待完善，人才公寓建设和管理分

---

① 张茜茜：《新时代创新人才培养的理论指引》，《中国高校科技》2018 年第 10 期。

配细则制定需加快推进。

四、新时代创新型人才驱动高质量发展的合肥路径

党的十九届四中全会强调：要尊重知识、尊重人才，加快人才制度和政策创新，支持各类人才为推进国家治理体系和治理能力现代化贡献智慧和力量。新时代，合肥要更好地实现高水平人才队伍驱动高质量经济发展，应立足全局谋划人才工作，坚持问题导向，坚持攻坚克难，主要从以下四个方面做出努力：

（一）把握人才工作的时代发展大势

习近平总书记在全国组织工作会议上强调指出："我们必须加快实施人才强国战略，确立人才引领发展的战略地位，努力建设一支矢志爱国奉献、勇于创新创造的优秀人才队伍。"① 这是党中央确立的新时代人才工作的大方向，必须毫不动摇地坚持，把确立人才引领发展的战略地位贯彻到谋划人才发展重大战略、制定人才工作重大政策、部署人才队伍建设重大任务、推进党管人才重大工作的实践中去。一是要发挥市场在人才资源配置中的决定性作用，推动从"抢人"向"养人"转变，狠抓人才事业平台建设和人才发展环境优化，让人才"英雄有用武之地"，真正能够留得住、用得好。二是要把握国际人才竞争日趋激烈的大势，重视我国人才和科技发展所面临的严峻挑战，研究新形势下如何制定实施更加积极、更加开放、更加有效的人才引留政策。三是要进一步提升重点人才工程实施的科学性、实效性，优化整合交叉重复的人才工程项目，创新项目选拔程序，改进项目评审方式，避免"戴帽子""封头衔"，减少唯学历、唯职称、唯论文等倾向。

---

① 习近平：《在全国组织工作会议上的讲话》，人民出版社 2018 年版，第 9 页。

（二）走有合肥特色的人才工作之路

要结合合肥的城市定位、创新基础和发展方向，谋划研究具有合肥特色的人才工作规划。一是要走国际化人才之路。实施"请进来、走出去"战略，依托在肥高校院所等高端创新平台和国际化峰会论坛，加强海内外人才在肥研讨交流，搭建企业和人才之间的沟通桥梁，不求所有、但求所用，多元化集聚海内外高层次人才；要定期组团赴海外培训学习，培养一批具有国际视野、掌握国际规则、了解国际发展的高层次人才和人才工作者。二是要走"大合肥"人才之路。进一步加强与中国科学技术大学、合肥工业大学、中科院合肥物质科学研究院、中国电子科技集团有限公司等 38 所等驻肥高校、科研院所的合作联系，在人才政策上要覆盖扶持，在有影响力的活动举办和人才集聚培养上要互相支持，要谱写出更多、更好的校城合作、院地合作新篇章。三是要走科技创新人才之路。要谋划实施好重点人才工程，进一步发挥院士工作站作用，做好高端领军人才集聚；要进一步加强博士后工作站建设，引导博士后出站后留肥，吸引外地博士后出站后来肥，做好科研基础人才集聚；要充分发挥重点人才工程虹吸效应，做大做强重点特色产业，打通产学研瓶颈，做好科研骨干人才集聚。四是要走区域合作人才之路。立足长三角世界级城市群副中心城市定位，围绕 G60 科创走廊、合肥都市圈、合芜蚌自主创新试验区、长江中游城市群四省会城市等区域创新载体，不断加强与先发地区人才工作交流合作，共享创新发展成果，共谋创新发展思路。

（三）打造更加完善的人才政策支撑体系

要以全新的人才理念和全球战略眼光谋划人才工作，立足重点、瞄准难点、抓住痛点，加快形成具有比较优势的人才政策体系。一是要切实推进人才评价体系建设。深入贯彻落实中央《关于分类推进人才评价机制改革的指导意见》，突出品德、能力和业绩评价导向，持续优化调整全市高层次人才分类认定条件和程序，不断探索改进分类评价不足、评价标准单一、评价手段趋同、评价社会化程度不高等问题。二是要切实推进人才项目体系建设。加强各职能部门人才项目和资金统筹，逐步建立主次有序、重点突出、全面覆盖、有机结合的人才工程和人才资金支持体系。三是要切实推进人才培训体系建设。分类分层次加大培训力度，让广大人才和人才工作者的知识更新和技能储备能够不断与合肥创新发展的新目标、新定位相适应，用更加先进的工作理念、发展理念助推具有国际影响力的创新之都建设。

（四）建立科学完备的人才工作体系

认真贯彻全国、全省组织工作会议精神，以更高的站位、更宽阔的视野、更有力的举措加快推进人才强市战略。一是要坚持党管人才，进一步健全人才工作领导体系。根据新形势新任务，优化人才工作领导体制和工作机制，不断完善党管人才工作格局，改进党管人才工作方式。① 组织部门要抓大事、重协调，牵头抓总作用要更加凸显；人才工作领导小组各成员单位要立足自身职能，积极担当、主动作为，有效推动各支人才队伍建设和各项人才工作任务落实；要在优化调整人才工作领导小组成员单位名单的基础上，增加各成员单位业务处室负责人和联络员名单，共建共享人才工作重要数据信息，不断夯实人才工作基础。二是要增加上下互动，进一步形成人才工作合力。密切与省直相关部门人才工作联系，注重与驻肥高校、科研院所人才工作互动，把人才工作站位提上去；加强与各县（市）区、开发区人才工作衔接，让基层人才工作者参与到全市重点人才工作谋划中，把人才工作重心沉下去。要逐步打通招才引智和招商引资互联渠道，围绕产业发展与各级投促部门、各开发区形成合力，切实把引才工作做出实效。三是要坚持需求导向，进一步打造优质人才服务体系。突出发挥

---

① 田苗、王立涛：《党管人才从哪"管"起》，《人民论坛》2019年第1期。

合肥国际人才城作用，把合肥国际人才、合肥国际人才网打造成为省市人才工作的窗口和阵地，力争经过一段时间建设，使各类高层次人才来肥创新创业所需的工作许可、出入境、落户、分类认定、子女入学、体检预约、安居入住、项目申报、知识产权等服务均可在人才城服务平台得到落实，切实打造高层次人才尤其是海外人才来肥创新创业的"首站式"和"一站式"服务基地。

作者：尹洁，中共合肥市委党校副教授。

合肥综合性国家科学中心
科技成果转化路径探析

2020年8月18日至21日，习近平总书记在百忙之中亲临安徽考察，做出了一系列重要指示，发表了一系列重要讲话，学习贯彻习近平总书记考察安徽重要讲话指示精神是全省上下的重要政治任务。考察期间，习近平总书记提出了"两个坚持""两个更大"，深刻回答了安徽在党和国家发展全局中应该承担的使命、肩负的任务，科学指明了"在新时代怎样建设美好安徽、建设什么样的美好安徽"。"两个坚持"，即坚持改革开放，坚持高质量发展。"两个更大"就是构建以国内大循环为主体、国内国际双循环相互促进的新发展格局中实现更大作为，在加快建设美好安徽上取得新的更大进展。

"十三五"以来，安徽省以习近平新时代中国特色社会主义思想为指导，全面贯彻党的十九大和十九届二中、三中、四中、五中全会精神，深入学习贯彻习近平总书记视察安徽时的重要讲话精神，认真贯彻以习近平同志为核心的党中央决策部署，尤其是在创新发展方面实现了历史性进步。合肥综合性国家科学中心自2017年1月获批建设以来，放百年眼光、集全省之力，全力争创国家实验室，加快构建世界一流重大科技基础设施集群，加速汇集一批前沿科学研究和技术研发机构，持续建设协同创新网络，在量子信息、聚变能源等战略领域持续保持全球领先地位，国际影响力加速攀升。

以安徽创新馆为代表的市场化资源配置平台，近年来发挥了重要作用，将国家科学中心的重大成果、龙头企业和资本方进行有效集聚对接，组织行业部门、企业、战略研究机构和科研工作者等共同研判产业发展方向，凝练科学技术发展路线和经济社会发展的瓶颈问题。同时，需要客观冷静看待的是多年以来，高端科技成果转化问题一直是困扰我国关键核心技术攻关的"痛点"和"堵点"所在。本文聚焦合肥综合性国家科学中心的成果转化路径，调研 12 家科研项目承担单位、26 家大院大所合作创新平台，摸排成果转化项目 200 余个，对主要成效、存在问题逐一分析，并在此基础上，提出建设性的意见和举措。

一、主要成效

（一）创新策源能力稳步提升

近三年，被调研单位和平台共有 23 项成果获得国家科技奖，其中国家自然科学二等奖 6 项、科技进步二等奖 15 项、技术发明二等奖 2 项；4 项成果入选中国科学十大进展，7 项成果入选国内十大科技新闻。"墨子号"成功发射并在世界上首次实现千公里量级的量子纠缠，世界首条量子保密通信"京沪干线"顺利开通。全超导托卡马克屡创世界纪录，先后实现 101.2 秒稳态长脉冲高约束等离子体运行及等离子体中心电子温度达 1 亿摄氏度。大气环境监测载荷助力"高分五号"卫星首次获取全球二氧化氮等浓度分布图，高性能缓冲拉杆保障"嫦娥四号"探测器安全着陆，火星磁强计、环绕器次表层探测雷达、高吸能材料保障"天问一号"完成科研任务。

（二）大科学装置"沿途下蛋"成效初显

全超导托卡马克衍生出质子治疗、超导磁浮等应用技术；稳态强磁场催生出多个国家Ⅰ类创新靶向药物，授权发明专利 34 项，孵化 4

家高科技企业，总估值超过 2 亿元；同步辐射光源衍生的"大口径高阈值光栅"项目落户肥东长临河科创小镇，总投资超 7000 万元，将为我国高端激光器、光刻机等设备提供核心器件。量子通信、量子测量、量子计算技术"走出"实验室，科大国盾、国仪量子、本源量子等企业快速成长，量子产业链关联企业超过 20 家。成立中科类脑智能技术有限公司，加速类脑智能技术及应用国家工程实验室成果输出，产品产值已突破亿元。成立中科环境监测技术国家工程实验室有限公司，依托大气环境污染监测先进技术与装备国家工程实验室，承接大气环境监测关键技术和关键设备产业化任务，公司营业收入达 6000 万元。

（三）产学研合作平台成为成果转化的中坚力量

三年来，创新平台技术合同交易额累计达 28.9 亿元，年均增长约 5.6%，技术合同交易量达 5132 项，年均增长 5.7%。中科院合肥院累计许可、转让及技术作价入股超 5 亿元，吸引社会总投资近 15 亿元；中国科大累计开展横向科研项目 487 项，合同总金额达 4 亿元；合肥工业大学近三年技术合同转化量达 2206 项，技术合同交易额超 5.8 亿元。26 家院所合作平台孵化了中科美络、安徽泽众等 537 家企业。"合肥市大力培育创新平台，助力产业发展"典型经验获得国务院第五次大督查通报表扬。

（四）新技术、新产品不断催生

近三年，科学中心项目单位承担信息、能源、健康、环境等领域科研项（课题）总数超 3000 个，总投资超 110 亿元，累计授权发明专利超 2200 项。信息领域，首款国产量子计算机在肥诞生并成功销售一台（约 6000 万元），长距离量子通信关键技术不断突破，高精度电磁测量、多语种智能语音语言等国家重大专项加速推进；能源领域，150kW 磁等离子体推进技术打破美国 NSA 公开报道纪录，在国际大功率电推进技术领域实现重大技术跨越，攻克氢燃料电池汽车关键技术难题，高温超导储能、超导电机等超导产业以及超高场磁共振成像产业快速发展；健康领域，质子治疗设备国产化加快推进，首个自主研发的急性髓系白血病靶向药物启动临床试验，糖尿病无创检测新技术在国内实现大规模应用，并成功拓展海外市场；环境领域，大气能见度仪、天气现象仪等环境监测技术设备实现产业化，突破新型纳米纤维仿生结构材料制造工艺，有望替代传统行业金属合金、陶瓷和工程塑料。量子重力传感器、太赫兹主动成像安检仪、高性能双极膜等新产品性能优、市场潜力大。

（五）科研单位与本地企业合作不断深入

通过调研发现，合肥科学中心项目单位与本地企业已逐渐形成良性互动、互相渗透的紧密合作态势。以产学研合作平台为主的科研单位高度重视企业创新需求，通过共建联合实验室、派遣科研团队到企业专职工作等多种方式，为企业提供定制化、面对面的科研服务。同时，企业通过设立专项奖学金、股权激励、发起人才联合培养计划等多种方式，精准选择合作对象，将科研单位的智力资源转化为企业发展的原动力。目前，科学中心各项目单位已与合肥市企业联合共建了100 余家联合实验室、研发中心，与本地企业间的技术合同交易额累计超 20 亿元。

（六）创新创业人才加速集聚

人才事业平台聚才作用凸显，稳态强磁场装置吸引"哈佛八剑客"落户合肥传为佳话，协同创新平台已集聚各类人才 1500 人以上，省战略性新兴产业技术领军人才达 362 人，在肥服务"两院"院士总数已达 127 人。国际化才智交流不断加深，建立首批 5 个合肥市外国专家工作室，"墨子论坛"、斯坦福大学全球创新联盟课程、"北美人才合肥行"等品牌活动影响力不断提升，合肥市连续两年跻身"外籍人才眼中最具吸引力中国城市"前三名。

二、存在问题

（一）科技成果转化投入机制不完善

由于多数科技成果存在研发阶段成果规模小、有形抵押物不足、市场前景不确定等问题，成果转化过程中获得市场化投资、金融资金支持难度较大。同时高校院所科技成果所有者出于对知识产权保护以及自身利益考虑，不愿意接受市场化资金介入，导致成果转化效率降低。

（二）中试熟化平台缺乏

通过调研发现，合肥科学中心大部分科技成果尚处于实验室阶段，要最终实现有效转化乃至大规模产业化应用，必须持续加大投入，通过中试加以验证，最终推出能够满足市场需求的产品。而当前企业和高校院所对建设中试平台缺乏积极性，设施齐全、水平一流的中试平台数量较少，导致很多研发成果直接从实验室进入到生产阶段，失败率高，且严重影响科研单位和企业产学研合作的信心。

（三）科技成果设定的应用场景与实际需求不匹配

部分高校院所、科研人员对科技成果转化的认识不够深入，与企业、消费者联络不够紧密，在实验室阶段对于科技成果的应用场景缺乏准确的判断，导致技术转化为产品后，与市场需求不匹配，距离市场应用仍有一段距离。

（四）专业的科技成果转化服务体系尚未建立

对重大科技成果转化项目缺少全过程的管理和支持办法，科技成果转化激励、考核、容错等机制尚未真正建立。能够提供专业化的发明评估、质量管理、市场分析、商业推广、交易估值、谈判签约等服务的成果转化服务机构数量较少，企业与科研单位间畅通的"市场化"沟通渠道尚未建立，各高校院所及政府主管部门"懂政策、懂技术、懂流程、懂实操"的复合型人才不足。

三、建议与举措

（一）建立合肥科学中心科技成果转化市级项目库

结合本次调研梳理以及科学中心项目入库申报工作，遴选若干重大科技成果转化项目，建立市级项目库，点对点开展项目跟踪、培育、扶持工作，建立"引入、培育、成熟、转化、退出"的重大科技成果转化项目库工作机制。

（二）研究建立科技成果转化服务机构

依托安徽创新馆，打造集科技成果信息搜集和分析、价值评估、交易代理、人才培训、创业孵化于一体的科技成果转化服务机构，形成示范效应。积极支持有条件、有意愿的县（区）开发区引进一流科技成果转化服务机构，搭建若干区域性科技成果转移转化服务平台，根据平台发展情况，择优适时整合全市科技创新资源，打造覆盖全市范围的科技成果转移转化平台。

（三）加大科技成果转化的投入

研究建立科技成果转化多元化资金投入机制，加快设立合肥综合性国家科学中心专项基金，支持科学中心重大科技成果转化项目，从目前遴选出的30个重点项目中选取若干项目优先支持。进一步扩大市级天使基金投资规模，支持各县市区、开发区、新型研发机构设立种子基金、天使基金，形成支持科技成果转化的基金群。结合"全国科技工作者日"等主题活动，设置重大科技成果转化专项奖励，对为重大科技成果转化做出突出贡献的企业、科研机构、高等院校、科技中介服务机构以及个人，给予奖励表彰。

（四）打造一批高水平中试平台

结合科学中心重点领域以及合肥市产业发展重点方向，在广泛征求意见后，出台中试平台支持项目申报指南，选择重点领域试点支持相关高校院所以及行业龙头企业牵头建设开放共享的中试平台。如信息领域的量子元器件研发中试平台、第三代半导体研发中试平台及材料中试平台等；能源领域的超导材料中试平台、氢能源燃料电池检测中试平台等；健康领域的生物医药制剂中试平台、新药研发及产业化中试平台等；环境领域的环境功能材料中试平台、高端环境污染检测设备研发中试平台等。

（五）促进大院大所合作提质增效

加快出台《新型研发机构支持政策导则》，进一步规范合作模式和支持政策。在全市范围内系统梳理现有市校、市所（企业）合作项目，组织开展科技成果转化绩效自评工作，形成大力促进科技成果转化的工作导向，提升合作质量和效益。建立大院大所与重点产业对接机制，按照行业、产业等分类搭建资本对接会，构建完整的产业生态圈。

作者：韩骞，中共合肥市委党校讲师；张杰，合肥市发改委工作人员。

校地共建协同创新政产学研融合发展的地方经验

——以清华大学合肥公共安全研究院为例

一、政产学研融合发展的战略意义

（一）地方产业发展需求

高校与地方政府共建新型研发机构是促进高校科技成果市场化和推动地方高新技术产业发展的有效方式。依托新型研发机构，高校能充分利用学科优势和人才优势，为地方提供前沿科技成果，带动传统产业改造，发展高新技术产业，推动地方深化供给侧结构性改革。而地方政府可以发挥政策引导作用，根据市场需求，利用区位、资源优势，引进、转化及推广高校科研成果，促进科技成果产业化。

合肥作为安徽省省会，是国家重要的科教中心、全国首座国家科技创新型试点城市、世界科技城市联盟会员城市、"一带一路"和长江经济带战略双节点城市，是全国重要的科研、教育基地和综合交通枢纽。合肥市自 2005 年起，就开始坚定不移地走"工业立市"的发展道路，2017 年成功获批"中国制造 2025"试点示范城市，智能制造和高端制造业发展势头强劲，工业数字化水平不断提升。与工业相比，合肥第三产业现代化发展稍显滞后，虽然在三次产业结构中服务业占比最高，但仍以传统服务业为主，亟须转型升级。①

（二）支撑科研成果产业化

高校作为科学研究的中坚力量，拥有丰富的科学研究成果，但科研成果"不落地"、难以支撑地方经济发展，一直是我国落实国家创新驱动战略的痛点。数据显示，2019 年我国科技进步对经济增长的贡献率为 59.5%，低于发达国家 70% 的平均水平。清华大学合肥公共安全研究院作为校地共建的新型研发机构，适应了创新驱动战略对高校新时期服务社会职能提出的新要求，解决了如何进一步丰富产学研合作的形式，建立了政产学研合作的长效机制，提高了政产学研合作的实效，增强了高校对地方经济发展的支撑能力等问题。②

（三）推动校地共同发展

地方政府重视与高校、科研院所的科技合作，许多城市启动了"院（校）地合作"等科技合作工程，与知名高校、科研院所签订合作协议，还聘请了著名专家、学者、院士等作为地方政府科技顾问，有的专门成立了科技顾问办公室等。校地共建产学研合作平台是地方继续推进"院（校）地合作"工程的充分体现。通过共建产学研合作平台，能够吸引人才和技术成果，输出技术和人才，加速成果转化，弥补相关领域科技资源的不足，为地方企业提供新产品、新技术及难题解决方案，努力为优化地方产业结构，提升地方的科技自主创新能力发挥积极作用。同时，还可以不断扩大高校的影响，提高高校的科研实力，实现多方共赢。

① 王敏：《合肥数字经济发展研究》，《中共合肥市委党校学报》2020 年第 3 期。
② 王强、周凡：《高校与地方政府共建新型产学研合作平台的探索与实践》，《西昌学院学报（社会科学版）》2012 年第 4 期。

二、清华大学合肥公共安全研究院取得成效

（一）科学研究成果丰富

清华大学合肥公共安全研究院（简称清华合肥院）为清华大学的外派研究院，由清华大学与合肥市政府于 2013 年 12 月签约共建，2016 年 1 月正式建成运行。清华合肥院目前已是国家自然基金委独立依托单位，安徽省属科研事业单位、安徽省首批新型研发机构、中国工程院安徽战略院秘书处单位，获批院士工作站、博士后工作站（两个）。承担国家重点研发计划课题（13 项）、国家自然基金课题等 20 多项国家级课题，安徽省科技重大专项、重点研发计划等省级课题 10 多项。发表和录用近百篇 SCI/EI 等核心期刊论文，申请专利和软著权 300 多项，已进入国家级研究队伍行列。

（二）科研平台建设高端

清华合肥院规划分三期建设亚洲最大的公共安全科技基础设施——巨灾科学中心，包括灾害环境模拟实验装置等八大实验装置。目前巨灾科学中心一期的城市生命线监测预警实验平台、灾害环境模拟实验平台、人员安全防护实验平台、水环境安全实验平台、消防安全监测预警实验平台等七个实验平台已经建成，并依托实验平台建设了公共安全产品装备检验检测平台、灾害事故调查中心和安全文化教育研究发展中心。巨灾科学中心已获批合肥综合性国家科学中心交叉前沿研究平台和产业创新转化平台，被国家发改委批复为与应急管理部共建的"城市安全重大事故防控技术支撑基地"。

（三）技术创新体系化

清华合肥院围绕应急管理、城市安全、消防安全、工业安全、环

境安全等，研发了我国新一代应急指挥平台、城市生命线安全运行监测技术与系统、消防物联网监测技术与系统、工业危险源监测预警技术与系统、水环境污染溯源和安全监测技术与系统、智慧人防综合信息技术与系统、电梯安全运行监测和应急技术与系统等多层次、体系化技术成果。

（四）技术成果转化成功应用

清华合肥院的技术成果已经在国内 10 多个国家部委、20 多个省（直辖市、自治区）和海外十多个国家成功应用。2016 年 11 月，习近平主席出访厄瓜多尔时，专程到清华合肥院承建的厄瓜多尔公共安全服务系统项目现场考察。2018 年 11 月，在习近平主席和来华访问的多米尼加总统见证下，清华合肥院与多米尼加签订合作协议。清华合肥院把工程科技创新与管理科学创新结合，以先进科学技术和现代治理理念构建安全管理和风险主动防控的新模式，得到了应急管理部的高度评价，被誉为城市安全管理的"清华方案·合肥模式"。截至目前，清华合肥院已在合肥培育 11 家公共安全高科技企业，实现营收 15 亿元，上缴利税近 6000 万元，有力地带动了合肥公共安全相关产业的聚集发展，支撑合肥市成为首批国家安全产业发展示范区。

（五）人才培育初见成效

清华合肥院集聚培养了一支涵盖理工文管多学科领域，支撑基础研究、技术创新和成果转化有序衔接、密切融合的复合型人才队伍。[①] 目前拥有员工 800 多人，其中科研骨干 198 人，90% 以上具有硕士、博士学位，包括中国工程院院士、"千人计划"专家、长江学者、国家杰青和安徽省百人等高层次人才。同时，清华合肥院还积极服务校地人才培养，为清华大学教学实践基地，已承接 300 多人次教学实践；

---

① 汪曙光、汪贝贝：《新时代新型研发机构发展初探——以清华大学合肥公共安全研究院为例》，《安徽科技》2019 年第 11 期。

为地方人才培养贡献力量，与诸多高校签订合作协议，开展科研合作，联合培养研究生，成为合肥工业大学、安徽省委党校等学校的教学实践基地。

清华合肥院的发展成效得到了校地双方的认可，在合肥市政府组织的一期发展建设评估中被誉为"校地合作的典范"，在清华大学组织的校地合作研究院考核中连续多年获得 A 等优秀评价。

三、清华大学合肥公共安全院建设的主要经验

（一）科学顶层规划、实行联合治理

清华合肥院的发展离不开校地双方的高度重视、高位推动和科学的顶层设计。清华合肥院实行校地联合治理，业务上以清华大学管理为主，实行管委会领导下的院长负责制。管委会由校地双方各委派多名委员组成，主任由清华大学分管校长和合肥市市长担任。管委会负责研究审定发展规划、运行机制、年度工作报告和工作计划、预决算报告和其他重要事项。院管理层主要由清华大学委派，合肥市同时委派公职人员兼职副院长，帮助协调对接政府相关事务。

（二）校地资源整合、精准发展定位

清华合肥院瞄准国际公共安全科技前沿，面向国家公共安全重大需求，通过科技创新、人才培养、成果转化和企业孵化，着力打造国际一流的公共安全科技创新与产业发展基地。之所以选择"公共安全"，一方面是清华大学在公共安全学科和科研力量上居全国领先地位，另一方面合肥是全国率先提出把公共安全作为战略性新兴产业发展的城市，有着较好的产业基础。同时，公共安全又是综合性、应用性较强的学科，科技创新和产业创新融合系数高。清华大学本部侧重于学科建设、基础研究和人才培养，清华合肥院则侧重于应用研究、

技术创新和成果转化。清华合肥院将清华大学的科技、人才优势与安徽省、合肥市的产业、政策优势结合起来，整合校地资源，构建基础研究、技术创新、成果转化和产业培育全链条，实现"三个有利于"：有利于清华大学的学科建设，有利于合肥培育公共安全产业，有利于清华合肥院自身发展的目标。

（三）围绕需求导向、产学研用融合

清华合肥院以国家和社会的重大安全需求为导向，注重创新成果的应用性和实践性，以需求推动研发，以研发带动产业，形成了良性循环的机制。在建立清华合肥院的同时，配套引入了北京辰安科技有限公司（清华大学公共安全学科成果转化的上市公司），在清华合肥院投资设立系列企业，研究院负责科技攻关和技术创新，公司负责成果转化和产业应用，科研人员同时在成果转化企业中兼职。虽然清华合肥院为科研事业法人单位，但将市场化机制贯穿于科技创新到产业创新的链条，在学校规定的政策范围内，实行灵活的薪酬制度，研发人员的收入与科研产出、产业化收益直接挂钩，有力调动了科技人员的积极性，实现研发与转化的无缝对接，产学研用密切融合。

（四）政府支持有力、营造良好环境

在清华合肥院建设发展中，合肥市给予了大力支持，主要体现在三个方面：一是建设运行支持，合肥市每年提供固定经费支持，用于运行支撑、科研发展和人才引进等；二是成果应用支持，合肥市将清华合肥院的科技成果率先应用，形成示范，积极向全省、全国推广；三是人才引进支持，合肥市向清华合肥院提供事业编制用于高层次人才引进，不参加事业单位统招，由清华合肥院自主招聘，会同有关部门进行遴选后按引进特殊人才的政策予以备案认可。

清华合肥院的发展取得了良好成效，达到了预期发展目标，实现了政产学研深度融合发展。2019 年 7 月 26 日，清华大学与合肥市政府签订清华合肥院二期共建协议，推广"清华方案·合肥模式"在省内其他城市复制实施，构建覆盖安徽全省的创新网络。清华合肥院二期工程将建设公共安全科教基地，创新发展公共安全技术、管理和文化，建设一院（中国工程科技发展战略安徽研究院）、一谷（中国安全文化谷）、一云（全国消防安全云）、三中心（国家灾害事故调查合肥中心、国家安全装备检验检测中心、国家安全装备产品认证中心），以技术创新、平台服务、文化培育带动公共安全产业集聚发展，打造国家级公共安全技术创新先导区、产业发展示范区、公共安全文化培育引领区，支撑清华大学创新成果在全省转移转化和产业应用，催生合肥安全产业和安全文化名城崛起。

四、推进政产学研深度融合发展的对策建议

（一）做好顶层规划设计，明确发展方向

校地共建政产学研平台是推动科技成果产业化的创新方式，是关系到落实国家创新驱动战略的重要举措。这种新型研发机构在发展初期必然要面临资金短缺、产业发展方向不明确等问题，极易出现急切追求短期效益而忽略产业长期发展定位的情况。对此，新型研发机构应该有效解决长期规划与短期生存的问题、传统产业与新兴产业之间的矛盾问题。建议政府部门结合新型研发机构的发展经验和新时期产业发展转型升级需求，对新型研发机构的目标、重点、产业方向、工作体制机制等方面进行战略规划，加强对新型研发机构的顶层设计。同时，新型研发机构应根据自身建立初衷，牢牢树立产业技术开发和科技成果转移转化的战略定位，制定相应的内部发展规划，加快促进产学研深度融合，避免功能定位泛化，防止向其他领域扩张。①

---

① 汪曙光：《加强与大院大所大学合作　助推转型提速高质量发展》，《淮南日报》2019年12月9日。

（二）以人为本，突出创新引领功能

人才是实现政产学研深度融合发展的必要条件，要切实发挥大院大所"合作共建"的作用，大力引进高校、科研院所、企业等共建单位的优秀科研人才团队和创新创业项目，聚集更多高端资源，通过发挥人才优势推动政产学研融合发展的创新引领功能。政府应结合已有的各类人才政策，做好人才引进的调研工作，不断优化完善现有政策，为高端人才创新创业提供丰厚的沃土。

（三）深化"放管服"改革，优化营商环境

政产学研平台在产业培育过程中，必然要引进孵化新业态企业，而新业态企业的成长发展态势也影响着地方经济的发展。因此，要继续深化"放管服"改革，通过优化营商环境和服务质量，继续完善产业发展环境，坚持"零障碍、低成本、高效率"原则，简化涉企行政审批事项，降低新业态企业准入门槛，引导新业态企业快速发展，带动上下游企业形成新的产业链，反哺地方经济，推动政产学研深度融合发展。

作者：王敏，中共合肥市委党校经济学讲师。

以创新引领高质量发展

——合肥综合性国家科学中心核心承载区合肥 高新区创新发展案例研究

2016年4月26日上午，习近平总书记来到位于合肥高新区的中国科技大学先进技术研究院，观看了安徽省高新技术企业科技成果展，并强调："合肥这个地方是'养人'的，培养了这么多优秀人才，是创新的天地。希望大家再接再厉、更上层楼"，并要求"把创新作为最大的政策""要下好创新先手棋"，可见总书记对安徽省创新成果的认可与肯定。在展出的79项成果中有68项来自合肥高新区，足以证明合肥高新区以创新引领高质量发展的成绩是令人骄傲的。

一、合肥高新区创新发展路径

合肥高新区作为首批国家高新区，经过多年发展，先后获批国家创新型科技园区、国家自主创新示范区、首批国家双创示范基地、国家知识产权示范园区，主要经济指标持续高速增长。从2008年至2019年，GDP由138.4亿元增至1033.4亿元，增长7.5倍；注册企业数由900余家增至32942余家，增长36.6倍，年新增注册企业数8000余家；国家高新技术企业数从118家增至1192家，增长10.0倍，占全市46%；上市企业数达24家，新三板挂牌企业50家，占全市1/2

以上、全省 1/4 以上；R&D 占 GDP 比重可达 9.1%，高于合肥市 6 个百分点；省级以上技术（工程）研究平台由 39 个增至 200 余个，各类科技孵化平台由 12 个增至 91 个，占全市比重均达 70% 以上；万人拥有专利量由个位数增至 375 件，专利申请授权量连续位居全省第一。合肥高新区从默默无闻到位居国家级高新区综合评价中的第 6 位，再创历史新高，连续 6 年稳居国家高新区第一方阵，这是合肥高新区始终坚持以创新引领高质量发展给出的答卷。近年来，合肥高新区已逐步形成了"源头创新—技术开发—成果转化—新兴产业"的现代产业创新体系，始终坚持以科技创新为抓手推动全面创新，走出了一条边际效应递增的创新发展路径，为加快合肥综合性国家科学中心建设、推动经济高质量发展奠定了坚实的基础。

（一）从源头谋创新，持续优化协同创新

构建"三位一体"的创新平台体系，着力推进跨学科、前沿技术的原始创新，在关键技术研发、高科技企业孵化、高端人才培养、技术成果转化、创新成果应用等方面持续优化协同创新，全面推动高新区创新发展。一是着力重大科技基础设施平台建设。合肥高新区充分发挥中科大、中科院合肥物质所等科研院所的"聚集"和"溢出"效应，联合综合性国家科学中心的大科学装置、量子信息国家重点实验室建设，吸引、聚集、整合前端资源和优势力量，突破多学科交叉融合的重大科学难题和前端科技瓶颈，强化以科技创新为核心的全面创新。二是聚力推进产业协同创新平台升级。合肥高新区已逐步建成人工智能研究院、中科大先研院、类脑智能国家工程实验室、中科院创新院、离子医学中心等一批重点产业协同创新平台，围绕新兴产业展开系统性协同创新，形成了基础研究、技术创新、企业培育、产业育成等融通并进的创新发展生态。三是全力优化科研成果转化应用平台。在深入挖掘本土创新资源的基础上，合肥高新区全力实施"名校名所名企"合作战略，着力以体制机制创新打破科技成果转化樊篱，构建

了系统化的政产学研企合作体系，着力引进和培育了干细胞与再生医学合肥研究院、中科院重庆合肥分院、华为合肥人工智能创新中心等40多个新型创新组织，累计建设各类联合实验室、技术研发和成果转化平台100多个，转化各类成果800余项，孵化企业600余家。[①]

（二）强化产业结构，产业体系日益成熟

合肥高新区始终牢记习近平总书记视察高新区的讲话精神，把创新作为最大政策，坚守"发展高科技、实现产业化"宗旨，依托大平台、大环境持续推动技术成果产业化，推动产业体系高端化，成功打造了具有全球影响力的人工智能、量子信息等原创性先导产业，发展了集成电路、生物医药、新能源等战略新兴产业，积极推进国家健康医疗大数据中心建设等。在人工智能产业化发展上，借鉴"硅谷＋斯坦福"模式，充分发挥合肥物质所、科大讯飞、中科大智能与信息学部等多方机构的科研创新优势，培育了全国唯一定位为语音和人工智能领域的国家级产业基地——中国声谷，截至2019年底，入园企业总数805家，基地核心及关联带动产值约810亿元，逐步形成覆盖智能语音、智能芯片、物联网、智能穿戴等多元化产业格局，实现了从一个龙头到一个产业，从一个产业到一个生态的大发展。根据赛迪顾问2018年底发布的《中国人工智能城市发展白皮书》，合肥凭借科研能力及政策红利异军突起，排名榜单第五位；单以科研能力排名，与上海并列第二位，仅次于北京。在量子信息产业化发展上，依托中科大潘建伟、郭光灿、杜江峰三位院士组成的量子科技"GDP"国家队，在高新区设立科大国盾、本源量子和国仪量子等公司，成就了世界第一条量子通信保密干线——"京沪干线"，诞生了世界首台光量子计算机、全球首个量子计算云平台等，实现了量子通信第一股成功登上科创板等，促成了量子信息的产业化。

---

① 合肥高新区管委会：《聚焦科技创新，引领高质量发展——合肥高新区打造世界一流高科技园区》，《中国科技产业》2018年第7期。

（三）优化双创生态，创新链条更加健全

为实现创新创业的最优生态环境，合肥高新区全力推进技术、资本、人才、政策等全要素资源配置。连续引进腾讯、阿里巴巴、中以天使汇、巴特恩等一系列国内外知名孵化载体，聚集各类创新型在孵企业 3000 余家。为协助政府精准扶持企业发展，高新区运用大数据、云计算和人工智能等高新技术思维，率先构建了全省首个"区域经济大脑"，初步建成区域经济大数据监测平台，经济运行、主导产业及新经济三个分析应用全面投入使用，为宏观经济运行提供"基础数据＋深度分析"的区域经济大脑智慧支撑。为有力破除企业与科技服务机构之间的桎梏，高新区率先推出线上创新创业服务券——"合创券"，自 2016 年推出以来，"合创券"累积发放 1.5 亿元政策资金，惠及 2600 家科技型中小企业，获得超过 10000 次科技中介服务，形成了发明专利等各类知识产权超 5000 多件，促进技术咨询和委托研发 527 项，受服务企业合计营业收入增长 37.1%，入库科技中介服务机构达 207 家，实现了政策扶持前置、线上线下结合、企业服务精准化"三大突破"；当前，"合创券"模式已在全省推广。在此基础上，合肥高新区再发力，构建了"众创空间—孵化器—加速器"一体化发展的全程双创载体链条，目前已建成众创空间 40 家、孵化器 25 家，拥有中安创谷、创新产业园、明珠产业园等加速器和产业园区，培育了园区 50% 以上的上市公司和 70% 以上的高成长企业。

（四）持续政策支持，金融服务导向更强

在切实解决科技型企业的痛点和难点问题上，合肥高新区紧跟经济高质量发展形势，结合政策执行情况，做深政策更新迭代，不断打造全面精准创新的政策扶持体系，力求为企业搭建全生命全周期服务生态。从 2014 年实施的"2＋2"产业扶持政策体系到"1＋2＋N"的园区创新发展政策体系，再到最新重组升级的"1＋N"政策体系，累

积投入财政资金 60 多亿元，撬动社会资本 500 多亿元，惠及企业17000 余次，更好地发挥了财政资金的杠杆和撬动效应，大大激发了产业发展的活力与动力。在金融导向上，合肥高新区打造了涵盖天使基金、双创孵化引导基金、种子基金、创业投资基金和产业投资基金在内的完备基金体系，财政出资设立或参与股权投资基金 25 支，总规模约 576 亿元，累计投资项目 326 家，投资额达 127 亿元；累计聚集各类投资基金近 200 家，资本规模近 2000 亿元；打造了由"政府增信＋双创企业背书＋金融机构"共担风险模式的青创贷、创新贷等 8 大金融产品，近 3 年累计支持双创企业 2000 多家，支持规模 50 多亿元，其中青创资金已累计支持小微企业 645 家，实现了 3 个 80％，即 80％是首次获得银行贷款，80％是信用贷款，80％是小微企业贷款；此外，积极借助境外多层次资本市场直接融资、并购重组、再融资等方式，为科创型企业融资保驾护航。

（五）创新人才加聚，"养人"环境更优

习近平总书记指出：创新驱动实质是人才驱动。强调人才是创新的第一资源。高新区始终坚持人才是第一资源，全力扶持人才创新创业，努力营造"人人皆可成才、人人渴望成才、人人尽展其才"的良好环境。一是更加注重"产人融合"。充分利用中科大、合肥物质所、国家综合性科学中心、中国声谷、量子中心等国字号平台和科大讯飞、新华三、阳光电源等知名企业优势，大力引进多学科高端人才。二是更加注重"产教融合"，依托科大先研院、中科大高新校区等加速储备基础性人才，全力对接人工智能、网络安全、大数据、智能制造等新兴学科建设与高新技术产业融合发展。三是更加注重"科产城人有机融合"一体化发展，持续优化城市品质空间，不断完善商业综合体、休闲娱乐场所等生活配套，加快推进人才医疗保障制度、文化服务中心等多个项目建设，提升以人为本的城市生活品质。四是更加注重"养人留人融合"，对于双创人才采取"首站式"和"一站式"服务，

包含了从建档立卡、对接双创要素、提供创新创业配套服务、精准服务国家重大项目、对接政策资源等全方位一体化服务，促进养人留人生态更优。目前有以"哈佛八剑客"为代表的各类人才 25 万余人，市级以上高层次人才 513 人，战略新兴产业人才 142 人，各类人才项目入选比例占全市的 45%、占全省 1/5，在聚集优秀人才队伍方面取得了明显成效。[①]

（六）积极探索制度创新，优化营商环境

作为合肥综合性国家科学中心核心承载区，合肥高新区始终以奋力建设世界一流高科技园区为目标，积极探索适应新经济发展模式的体制机制。一是强化落实放管服、互联网＋政务等重要改革，统筹推进"证照分离"和"多证合一"改革，规范各类许可、加强中后期监管、加快信息共享等，共涉及 93 项行政许可事项，实现"57 证合一"全覆盖，率先在全省上线政务服务平台、实行个体工商户简易登记制度改革并发出首张"一次不跑"营业执照、启动首个区级长三角地区 G60"一网通办"窗口。二是全面优化营商环境，为切实将"投资环境提升年"行动落实到位，合肥高新区发布了全国首个开发区层面的营商环境指数，对照政务服务环境、要素成本环境、生活配套环境、对外开放环境、创新创业环境和法治人文环境 6 个一级指标体系，以及 41 个二级具体评价指标，全面持续观测高新区营商环境指数变化趋势，全方位持续优化营商环境。三是创新高成长企业培育体系，建立了"雏鹰企业—瞪羚培育企业—瞪羚企业—潜在独角兽—独角兽—平台型龙头企业"六级梯度培育链条，仅 2019 年合肥高新区采用该体系共培育 502 家企业，其中 94% 来自园区内部，诞生了全省首个独角兽企业，3 家潜在独角兽企业。

[①] 王芳、杨萃：《"养人"之地的创新禀赋——合肥高新区着力构建人才体系发展纪实》，《中国高新区》2016 年第 19 期。

二、合肥高新区创新发展的经验启示

（一）强化顶层设计，狠抓工作落实

各级政府要始终要把创新放在首要位置，营造"大众创业、万众创新"的良好生态环境，充分激发市场创新活力。要始终把体制机制创新作为高质量发展的重要保障，进一步解放思想，全面深化改革，破除体制机制障碍。坚持以市场为导向，积极探索创新政策、创新改革的先行先试，最大限度释放创新创业的市场活力。借鉴先发地区，完善创新创业政策体系，加大科技创新、人才引进、产业扶持、成果转化、税收减免、融资担保等政策的落实力度，打通政策、市场、产业、技术、服务等环节的瓶颈制约，最大限度支持创新创业，为创新引领高质量发展构建全生命全周期的体制机制。[1][2]

（二）注重源头创新，狠抓创新成果落地

源头创新看似离生活、生产很远，但它本身讲的就不是今天的事儿，而是明天的、未来的。中国经济发展到今天，实践无数次证明只有掌握核心技术才能更好地发展，而这都离不开源头创新。只有注重源头创新，才能更好地解决技术瓶颈、促进产业升级和发展。但科技是第一生产力，科学技术实践的整个过程就是为了社会进步、生产发展的；所以在源头创新的基础上，更要加大推进创新成果转化，促进创新成果落地。也就是说要全力推进技术研发到市场应用的全周期全链条，避免创新中的"孤岛"现象。要充分利用高校、科研院所的科研创新优势；加快推进知识产权使用、交易和保护；完善科技成果转

---

[1] 何传启：《推进以科技创新为核心的全面创新——习近平科技创新思想解读》，《中国青年报》2017年8月21日。

[2] 王仕涛：《推动以科技创新为核心的全面创新》，《科技日报》2019年3月5日。

化平台；大力布局产业发展；协调好"产—学—研—用"间的关系，将创新贯穿于整个过程。

（三）聚焦产业升级，强化高端化智能化

始终要把产业转型升级、产业高端化智能化作为高质量发展的重要任务和核心要素。要聚焦新兴产业和高端领域，加快培育发展原创产业，着力打造新时代新产业新业态新经济的发源地；不断提升科技贡献率和全要素生产率，加快发展效率转型升级；探索新型政府和市场的关系，优化现代化治理体系，实现管理效能转型升级；树立未来思维和换场思维，构建数字化、智能化的创新区域，实现发展理念转型升级。加快打造以智能制造、高端服务为核心的新兴产业体系，加快重大基础学科关键技术、核心"卡脖子"技术的创新突破。充分挖掘互联网与其他产业的融通融合，加快落实新基建推动力度，强化5G、大数据、云计算、人工智能、网络安全等技术的转化应用，培育更多引领世界发展趋势的未来产业和变革性产业，打造全球前沿新兴产业的原创地和爆发区。

（四）加快人才创新，夯实创新创业基础

科技是第一生产力，人才是第一资源。把人才作为创新的第一要素，全面提升人才素质，构建创新型人才体系，夯实创新创业的基础，才能更好地激发"大众创业、万众创新"。一要加大人才培育力度，以市场需求和产业发展为导向，与名校名所名院共同探索新兴专业人才培养模式。二要加快人才引进力度，在人才竞争激励的今天，要充分利用国字号品牌红利、知名高校院所企业的溢出效应，创新人才交流机制，用创新人才的政策红利聚力人才，抢抓创新第一资源。三要创新"养人留人"机制，以全球视野谋划人才评价机制和服务机制，全方位落实"科产城人"融合发展理念，提升聚集和辐射全球创新人才的能力，全面夯实创新创业的人才要素。

（五）优化金融服务，强化开放合作创新意识

科技创新和金融创新是人类社会变革生产方式和生活方式的两个重要引擎，创新的开展离不开金融服务的支持，特别是对于科技创新型企业。要实现全面创新，就要充分发挥金融创新对科技创新的推动作用。通过政府设立投资基金、引入风险投资基金、天使基金等，落实降费减税、制定普惠性金融政策体系；鼓励金融机构向科技企业开展知识产权质押、股权质押等多种融资方式。强化开放式创新意识，积极响应"一带一路"倡议、"长三角一体化发展"战略，建立合作园区、科技资源共享平台、产业技术创新战略联盟、产业共性技术研发基地、协同创新中心、金融信息服务平台等，谋划多区域创新资源无缝对接，推进全球创新要素互联互通。

作者：薛秀茹，中共合肥市委党校马克思主义基本理论教研部讲师。

中关村科学城与硅谷地区创新发展要素比较研究

　　硅谷是世界范围内高科技产业园区的"先行者"，在产业发展、资本配套、创新体制、文化理念等方面都有自己的优势。中关村作为后起之秀，有着政策上的独特优势，同时在其他方面可以借鉴硅谷的发展模式。本文从居住环境、人才建设、领军企业作用和产学研协同创新等几个要素出发将中关村科学城与硅谷进行比较分析，从而思考如何提升中关村科技创新能力。

一、居住环境比较

　　本课题问卷（问卷对象主要是硅谷地区和中关村科学城的科技从业者，同时辅助以波士顿和纽约地区科技从业者，共计回收电子型问卷150份，其中，合格问卷134份，合格问卷比例为89.3%）结果显示，94%以上的人认为：一个地区是否宜居，对其吸引人才起着至关重要的作用（见图1）。本文所说的宜居环境不仅仅包括气候、绿化等生态环境，也包括交通、住房、教育等因素。

（一）气候环境

　　中关村科学城全部园区均在北京市内，主体园区位于海淀区。北京的气候特点是冬季寒冷干燥，夏季高温多雨，春、秋短促，是典型

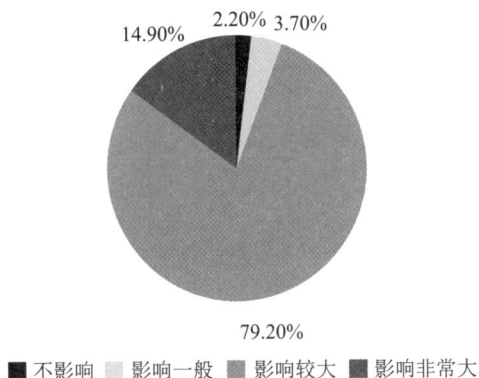

14.90% 2.20% 3.70%

79.20%

■ 不影响　■ 影响一般　■ 影响较大　■ 影响非常大

图 1　宜居环境对生活及办公的影响

资料来源：本图根据本课题 2019 年 7 月对生活在硅谷地区和中关村科学城的科技从业者问卷调查结果制作。

的暖温带半湿润大陆性季风气候。全年平均气温 14.0℃（北京市气象局）。降水季节分配很不均匀，降水主要集中在夏季的 6 月、7 月和 8 月，这三个月的降雨量约占全年的 80%，其中 7 月和 8 月有大雨。

硅谷地区位于美国的加州旧金山湾区南面，背靠太平洋海岸山脉，面对旧金山湾。全年温度在 0℃ 以上，平均温度 13℃～23℃，全年日照天数达 300 天，阳光明媚让人难以抗拒。阳光海滨、山水林木，硅谷地区优越的环境气候天然地吸引着创新人才的聚集。

图 2 是旧金山地区的年温度、降雨图，可以看出硅谷地区冬季温暖湿润，夏季干燥少雨。

硅谷地区宜居的生活环境吸引了很多创业者，其中比较典型的就是晶体管之父——威廉·肖克利。肖克利在 3 岁的时候随父母迁往加州，后来进入麻省理工学院（MIT），博士后毕业留校任教。1955 年，45 岁的他回到硅谷创办晶体管工厂，他承认，自己重归故里的一个很大原因就是这里美好的气候。

通过比较发现，由于地理位置的差异，与硅谷地区是典型的地中海式气候不同，中关村春、秋短促的气候特点让很多国际高端人才在选择工作地点的时候更倾向于硅谷。

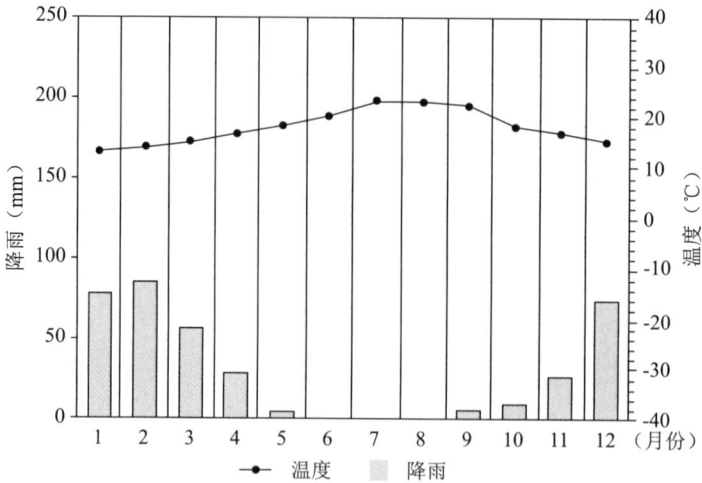

图 2　旧金山地区的年温度、降雨图

资料来源：https：//wapbaike. baidu. com/tashuo/browse/.

（二）交通与住房

2019 年硅谷指数显示，2014—2018 年硅谷地区交通成本上涨4％，随着劳动者进一步逃离就业中心，交通成本的承受能力对交通的影响也越来越大。上下班时间在过去十年中增加了 20％（每个劳动者每周上下班时间增加了 50 分钟，2017 年硅谷地区独自开车上下班的人的平均通勤时间为单程 30 分钟，公共交通上下班的人的平均通勤时间为单程 51 分钟）①，每年因交通延误导致的生产力损失估计为 27 亿美元。

根据国内各城市的通勤时间统计，北京市的平均通勤距离为 19.2公里，平均通勤时间约为 52 分钟。腾讯大数据统计，截至 2018 年 12月，中关村地区 45％的人通勤距离为 5～15 公里，14％的人通勤距离为 15～25 公里（见图 3，由于四舍五入的原因会导致部分加总数据有可能不是 100％）。

---

①　2017 年硅谷地区独自开车上下班的人的平均通勤时间为单程 30 分钟，以公共交通上下班的人的平均通勤时间为单程 51 分钟。

数据显示，中关村的平均通勤时间超过硅谷地区，这跟中关村、硅谷的位置也有一定的关系。中关村科学城虽然处于北京市海淀区内，但人员居住遍布北京全境。受北京交通影响，会遭受较大的堵车影响，硅谷地区距离旧金山市区约 76 公里，自驾出行是较优的出行方式。硅谷地区的通勤时间虽然呈增长趋势，但仍低于中关村地区的通勤时间。较长的通勤时间意味着锻炼时间和睡眠时间缩短，严重影响身心健康，不利于吸引人才。同时，人们往往有把通勤时间放入上班时间的心理预期，导致人们希望逃离通勤时间长的地区。

北京工作区通勤半径占比（公里）

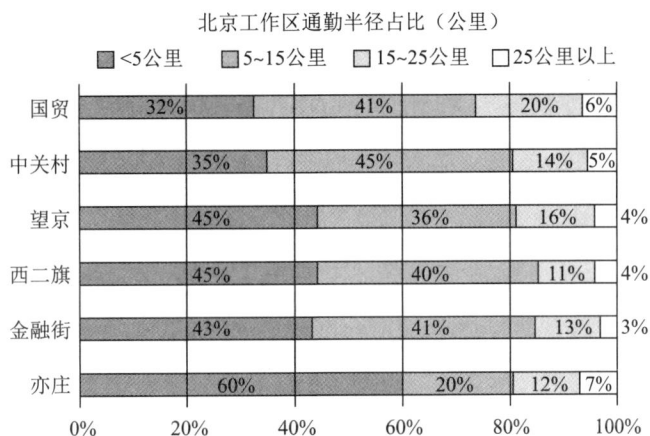

图 3　2018 年北京地区通勤半径示意图

资料来源：https：//www.sohu.com/a/126148037＿499021.

住房与交通有一定的关系，有时候通勤时间长是由于住房距离工作地点较远，而住得远往往是因为房租或者房价过高。

硅谷地区 2018 年房屋中位销售价为 118 万美元，2017 年房屋中位销售价为 96.8 万美元，2018 年比 2017 年飙升了 21.9％，约 21.2 万美元。考虑租房的话，2018 年，硅谷的公寓平均租金为 3728 美元，单户住宅（或公寓/合作公寓）的租金为 4498 美元。在扣除通胀因素之后，过去两年中，硅谷和旧金山的平均租金保持相对稳定的水平。2018 年硅谷的年平均工资为 119000 美元，是加利福尼亚州平均工资（66000 美元）的 1.8 倍。房价收入比和房租收入比都在可承受范围之内。2018 年 24％的硅谷租房者和 15％的房贷者将其总收入的一半以上用于住房。

根据链家提供的最新数据,2018 年北京市的房屋均价为 61078 元/平方米,而中关村科学城所在地——海淀区的房屋均价达到了 79848元/平方米。北京 2018 年人均可支配收入为 62361 元,这样算下来,房价收入比远远大于国际上的正常标准。根据上海易居房地产研究院的数据,截至 2018 年 8 月,北京市的房租占收入的比例为 58％,居全国第一位。由于人们往往会有安居才能乐业的思想,购房成本过高或者租房占收入比过高都会导致置业成本和居住成本过高,不利于留住人才。同时居住成本过高也会进而压缩其他方面的开支包括学习知识和技能的支出,也不利于创新人才的成长。

二、人才建设比较

通过调查问卷,大多数受访者认为高学历人才及国际化对区域创新能力有较大提升。超过 90％的受访者认可人才国际化对公司及区域创新能力的提升,接近 100％的受访者认可高学历人才对公司及区域创新能力的提升。

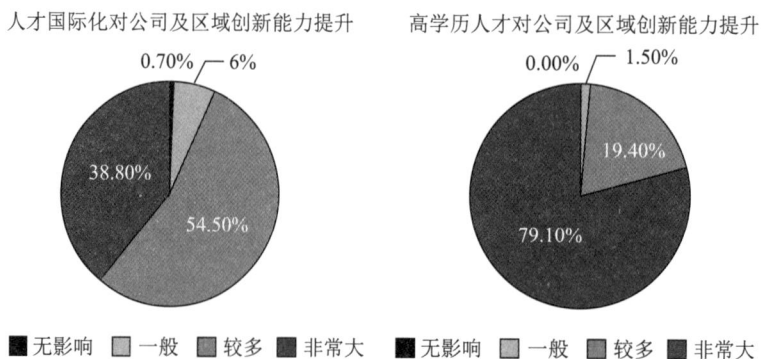

图 4　高学历人才及人才国际化对公司及区域创新能力影响

资料来源:根据本课题 2019 年 7 月对生活在硅谷地区和中关村科学城的科技从业者问卷调查结果制作本图。

（一）受教育程度

根据 2019 硅谷指数，2018 年硅谷地区成年人的学历分布为：24％的人拥有研究生及以上学历，27％的人拥有本科学历，23％的人拥有大专学历，15％的人拥有高中学历，11％的人拥有高中以下学历。

中关村科学城 2018 年末从业人数约为 100.4 万人，其中从事科技活动人员 37.5 万人，占比 37.4％，具有本科及以上学历的人数为 70 万人，占从业人数的 70％[①]。

两者相比，中关村科学城从业者本科以上学历比例均高于硅谷，这为中关村科学城赶超硅谷奠定了人才基础。

（二）人才的国际化程度

硅谷每时每刻都在吸引着世界各地的人才，对硅谷来说，它的人才来源不仅限于加州本地人口，而且还有全美国的人口。更值得一提的是，硅谷对全球其他国家的人也具有很强的人才虹吸效应，特别是人口大国中国和印度，每年都向硅谷输送大量的人才。与其他地方吸引人才不同，硅谷地区吸引的大多是从事科学、技术、工程和数学等领域的人才，这些人才是提升硅谷地区科技创新力的基础。

将多元化以及不同背景、文化、性别、种族和族籍的人聚集在硅谷，对硅谷的成功来说至关重要。根据 2019 硅谷指数，硅谷已经连续第三年保持离开硅谷人数和进入硅谷人数持平。2015 年 7 月至 2018 年 7 月（三年期间），该地区吸引了 61977 名外国移民，但也有 64318 名居民迁出硅谷，前往加利福尼亚州和美国的其他地区，使硅谷人才结构更加国际化。

通过比较可以发现，在人才国际化方面，硅谷领先中关村科学城很多。目前中关村科学城的从业人员大部分来自国内，从国外引进的

① 数据来源：《2018 年海淀区情手册》。

人才较少。截至 2018 年 11 月底，中关村科学城内港澳台和外籍从业人员数为 2429 人，留学归国人员数为 15766 人，合计 18195 人，占海淀园从业人数 100.4 万人的 1.81％[①]。

三、领军企业作用的比较

领军企业在区域创新中扮演这举足轻重的角色，因为领军企业本身具有较强的核心技术，对培养企业员工也有着完善的体系。更重要的是领军企业具有强大的技术溢出和人才溢出效应，可以不断地辐射周边企业，并带动周边企业发展。

20 世纪 50 年代至今，硅谷地区经历了数次大的技术变革，新的企业和创新种群都会随着每一次技术变革应运而生，与此同时，新的产业和创新种群发展的引领者——领军企业，也在不断地帮助硅谷重塑自己的创新体系。

近年来，中关村科学城持续聚集一批创新性强的国家高新技术企业，支撑示范区创新发展。2018 年，中关村科学城高新技术企业达 11354 家，占全国高新区的比重近年来持续提升。但纵观中关村科学城的 1 万多家企业，真正在某一时期发挥领军企业作用，带动周边企业发展的却不多。以百度、联想、小米等为例，由于这些企业拥有的底层技术不多，产业生态不够丰富，难以发挥像英特尔、谷歌、脸书、特斯拉等企业那样的领军作用。目前并没有形成围绕这些大企业需求进行创新创业的创新种群，也没有形成围绕这些大企业的完善的创新创业生态链条。

四、产学研协同创新比较

大学通常被认为是科技创新的核心主体之一，在硅谷创新体系中

---

① 数据来源：《2018 年海淀区情手册》。

大学发挥了非常重要的作用，大学不仅为硅谷的创新体系提供了知识和人才，而且促进了知识流、信息流、资源流等在创新网络中的快速传递。

硅谷地区的大学持续不断地为硅谷创新提供了最新的研究成果，比如，硅谷地区的加州大学伯克利分校和斯坦福大学就把自己的半导体和计算机科学等领域的技术发明输送到硅谷地区的企业中加以应用，这些技术包括我们所熟知的计算机用户界面、喷墨印刷术、光盘记录仪等，正是这些技术通过中小企业的消化吸收并不断的产业化才推动硅谷不断创新发展。

硅谷地区的大学往往都与硅谷的高科技企业建立了紧密的合作关系。比如斯坦福大学就非常注重大学与企业间的联系。一是将斯坦福大学的课程向硅谷地区的中小企业开放，支撑这些企业的员工通过网络或者实地课程直接学习斯坦福大学的课程内容，在帮助企业与大学建立联系的同时，促进企业工程师学习最新技术；二是成立了斯坦福大学研究所（SRI），该研究所的主要作用是帮助发展硅谷地区的中小高科技企业；三是在斯坦福工业园区成立后，促进斯坦福大学的教授去硅谷地区的中小高科技企业中担任技术顾问，同时中小科技企业会招聘斯坦福大学的研究生作为员工。

2019年中关村科学城已落地建设智源人工智能研究院、量子信息科学研究院、全球健康药物研发中心等新型研发机构推进产学研协同创新。2014年落地的产学研协同创新典型机构——北京协同创新研究院在2019年上半年已经完成科技成果转化116项，产学研协同创新取得一定成绩。但中关村科学城很多的产学研合作目前主要表现在技术转让、技术开发与委托合作等浅层次合作，产学研协同创新也主要采取高校和科研院所出研发人员和技术，企业出设备与资金，合作各方对新技术、新产品进行技术合作攻关的协同创新。由于产学研各方看问题的角度不同，合作的出发点不同，利益追求不同，终极目标不同，从而出现产学研协同各方的行为方式也就不同。从中关村产学研协同创新的实践可以看出：在产学研协同创新中，企业容易追求短期收益，只对那些短平快项目感兴趣，却很少对影响行业发展的关键底层技术感兴趣。这种浅层次协同创新在一定程度上阻碍了中关村产学研协同创新在更深、更高层次开展合作，使高校、科研院所的基础应用研究缺乏技术应用场景。

五、对中关村科学城的启示

（一）打造宜业宜居的高品质城市

根据对硅谷地区和中关村地区高科技人才的调查问卷结果显示，2.2%的受访者认为城市是否宜居不会影响在该城市生活、办公，3.7%受访者认为影响一般，79.2%的受访者认为影响较多，12.9%的受访者认为影响非常大。因此，打造宜居宜业的高品质城市有助于吸引高端人才聚集，是提升中关村科学城科技创新力的基础。

1. 自然环境方面

中关村科学城位于北京上风上水区域，山水相映，空气质量、水环境等均属北京最好。良好的自然环境是中关村科学城的优势，下一步要以打好污染防治攻坚战为重点，充分发挥科技优势，落实好碧水攻坚战、净土持久战、蓝天保卫战等行动计划，守护好中关村科学城的绿水青山、蓝天白云，确保空气质量位居北京城六区前列。完善治水责任体系和长效机制，统筹推进河湖水系日常监管、确保水系质量达标并持续改善。因地制宜留白增绿，建设公园、绿地，提升生态环境容量，打造一批特色主题公园。

2. 交通与出行方面

中关村科学城包括南部和北部两个部分，南部是建成区，发展较早，属于中关村核心区交通比较完善。北部是新发展区，也是未来重点发展区域，交通比较薄弱。长期来看，要解决北部中关村软件园、上地信息产业基地、翠湖科技园（包括永丰产业基地和中关村环保科技园）的交通出行难题，还是需要加大轨道交通的建设力度，将现有的 16 号线、未来北部联络线和 19 号线支线等轨道项目合理设计，以解决北部几大园区的交通出行问题，同时也要加强各园区之间的协同发展。目前中关村科学城应加快"城市大脑"建设方案落地，推动人工智能赋能城市规划建设和治理，聚焦公共安全、教育、医疗、交通、生态环保等领域。加快改造提升环境，优化开放空间，织补城市功能，完善城市服务，尽早打造出一个宜居宜业的高品质城市。

（二）引进国际化人才

在科技创新中，人才建设扮演着举足轻重的角色。2016 年 5 月 30 日，习近平总书记在全国科技创新大会、中国科学院第十八次院士大会和中国工程院第十三次院士大会、中国科学技术协会第九次全国代表大会上强调："我国要建设世界科技强国，关键是要建设一支规模宏大、结构合理、素质优良的创新人才队伍。"通过比较发现，在人才国际化方面，硅谷领先中关村很多。下一步中关村科学城要提升科技创新力，实现经济高质量发展，必须进一步加大引进国际化人才的力度。

1. 建立国际化人才引进机制

一是对中关村科学城内引进国际化人才效果出色的企业在物质上和精神上给予奖励。一方面从物质上对这些企业给予一定的补贴，通过"物质奖励"的方式引导企业引进国际化人才；另一方面对这些企业给予精神上的鼓励和表彰，综合运用社会保障等福利因素以及组织文化等非经济因素来全方位地激励人才、留住国际化人才。

二是在中关村科学城设立国际化人才发展基金，为中关村科学城的国际化人才发展提供支持。每年给予世界级顶尖人才及团队相应资金支持，帮助世界级顶尖人才及团队不断创新发展。基金自身不断运作，实现资金壮大，同时将资金投入到国际化人才的输出培养和各类培训等方面，确保国际化人才发展所需资金有保障、有出处。

三是建立良性互动的竞争机制。企业的激励制度始终要体现竞争精神，在和谐有序的竞争环境中，在国际化人才引进过程中不仅要考虑激励机制，而且还要引入竞争机制。要对引进的国际化人才给予一定的竞争压力，让压力变为动力。只有这样才能不断营造一种有活力的创新创业环境，从而吸引更多的国际化人才。

四是不断创新国际化人才的选拔机制。在选拔使用国际化人才方面，可以考虑引入社会化、多元化与市场化的人才选拔机制。在国际化人才选拔引用方面，不仅要选拔工程，技术类人才，而且还要选拔为创新提供服务的财务、法务与战略咨询等方面的人才。加大力度选拔和引进一批适合提升中关村科学城科技创新力的、愿意扎根于中关村科学城的创新型人才。

2. 发挥社会各方拓才引智的作用

一是在俄罗斯、以色列和东欧等与我国友好的国家设立中关村科学城国际化人才引进联络站。针对这些国家的人才特点，将中关村科学城的高端人才需求整理分类，为他们提供哪些是急需人才，哪些是前瞻性人才的权威信息，并帮助他们做出合理选择，为世界各地的优秀人才来中关村科学城创新创业提供便利。鼓励企业像华为那样，将自己的研究院直接建立在国外或者资助世界一流大学的科研活动，利用世界各地的优秀人才为中关村科学城的科技创新服务。

二是发挥高校和科研院所的纽带作用。一大批留学归国人员聚集在清华、北大、中科院等高校和科研院所，他们在国外有些领域本来就是领军人物，人脉关系广泛，与国际上相关领域的领军人才一直保持着比较密切的联系。中关村科学城可以充分发挥高校、科研院所留学归国人员的人脉资源，以项目为纽带吸引世界各地的优秀人才参与国际合作，为这些国际化人才今后留在中关村科学城工作做好铺垫。

三是鼓励国际化人才建立联动组织。团结联络在中关村科学城进行创新创业的国际化人才，让人才互相沟通和交流，通过开展交流会、高端讲座、沙龙等，打造优质的国际化人才环境，增加人才归属感。可以进一步开展如创新创业论坛、创新大赛、项目洽谈会等活动，吸引更多人才到中关村科学城创业。

四是积极做好中关村科学城的侨务工作。充分挖掘中关村科学城海外留学生多和海外侨胞多的优势，充分发挥北京市和海淀区侨联的作用，借助海外华人华侨的人脉资源，吸引国际化人才到中关村科学城工作，从而促进中关村科学城经济发展和社会进步。

3. 加强对国际化人才的本地化培养

一是设立中关村科学城国际化人才高等教育特区。中关村科学城国际化人才不仅要走引进之路，而且还要走高等教育培养之路。建议在中关村科学城设立国际化人才高等教育特区，为国际化人才的培养提供一条便捷的路径。国际化人才高等教育特区要敢于"吃螃蟹"，走出一条有中关村特色的国际化人才培养之路。比如引进斯坦福大学等与产业化密切的世界知名大学在中关村科学城内设立分校或通过项目进行合作办学，招生范围要面向全世界开放。

二是设立中关村国际化人才培训基地。中关村科学城可以利用先行先试的政策优势，出台一些优惠政策引进世界先进的高端国际培训机构入驻中关村科学城，对中关村科学城现有高端人才进行国际化培训，培养更多适合中关村科学城科技创新的本土国际化人才。此外，利用北京作为国际交往中心的独特优势，通过这些高端国际培训机构强化各类本土培训组织与世界的联系。

（三）发挥资本在科技创新中的作用

科技创新往往需要资本支撑，特别是高精尖产业，通常具有高风险、高成长的特点，如果只是依靠自我发展，很难最终成长起来。目前资本市场已建立起较完善的投融资机制，具有较强的风险管理功能，有利于激发提升创新活力。

随着多层次资本市场的不断丰富完善，特别是科创板、创业板、新三板的推出，中关村企业的资本支撑也更加多元化。为了鼓励中关村科学城企业有效利用资本市场，海淀区出台了服务优质企业上市发展的工作方案，与上交所、深交所签署合作协议，截至 2019 年 6 月底，已有 14 家企业完成科创板受理，占全市 48%、全国 10%。下一步要加快北京金融科技与专业服务创新示范区及核心区建设，用好创新基金系和金融科技协同创新平台，推进中小微企业融资创新和中关村中小企业续贷中心建设。发挥创新基金系引领示范作用，推动更多优质科创企业上市发展。

（四）培育本土创新"引擎"企业，引领科技产业发展

要想成为具有全球有影响力的科技创新中心，必须要发展出一批世界级领先水平的创新领军企业。根据对硅谷发放问卷调研反馈来看，硅谷的领军企业对周边产生了很大的辐射作用。比如谷歌，硅谷地区有很多创新人员或者创新企业都是基于谷歌现有技术基础上进行的千奇百怪的创新，依托于谷歌，有很多技术就是围绕谷歌产生，说不定哪个最后就真正成为下一个谷歌或者苹果了。

当前中关村科学城要紧紧抓住网络空间安全领域国家实验室（不涉密）等"国家创新重器"落地中关村科学城的契机，认真落实海淀区委、区政府推出的"创新 16 条"（2018 年 1 月 22 日海淀区发布的《关于进一步加快推进中关村科学城建设的若干措施》），加大对驻区创新主体的服务力度，实行分级分类响应机制和专员负责制，为中关村科学城内的重点企业发展提供精准化、定制化服务。在中关村科学城实施"胚芽企业支持计划"，对那些优质初创科技型企业给予资本对接、房租补贴、创业路演等全链条保姆式服务，为初创科技型企业降低创新创业成本。

加快拓展创新合伙人网络，灵活运用共同设立创新基金、共同搭建新型研发平台等方式，推动不同领域主体开展跨界别合作，促进形成机制柔韧灵活、高效协同、互利共赢的共生共荣的"创新雨林"生

态，将创新合伙人进一步升级为责任共同体、利益共同体和命运共同体。

（五）推动产学研深度融合，提高产学研协同创新能力

1. 落实好产学研深度融合中企业的主导作用

推动产学研深度融合，关键在于如何突出与强化企业的主体地位，如何让企业在产学研深度融合中发挥主导作用。使企业既是产学研深度融合中的"出题人"，又是产学研深度融合中的"项目管理人"，有效组织开展创新活动。把产学研深度融合的决策权交给企业，让企业负责决定产学研深度融合项目的参与成员和研究方向。

2. 完善以创新合伙人为支撑的"创新雨林"生态

按照科技创新出发地、原始创新策源地、自主创新主阵地功能定位和"四个聚焦"要求，把中关村科学城规划与分区规划融为一体、统筹谋划、整体推进。发挥中关村科学城创新发展有限公司市场化运营平台作用，强化资源统筹和服务供给。加快体制机制创新、协同模式创新，打通科技创新特别是关键核心技术、重大颠覆性技术突破的"痛点"和"堵点"。围绕北京量子信息科学研究院、网络空间安全领域国家实验室等"国家创新重器"建设，加强基础研究和前沿技术研究布局，搭建新型研发平台，形成从基础研究到成果转化的全新通道。

2014年2月25—26日，习近平总书记考察北京，在主持召开座谈会、听取北京市工作汇报时指出："北京要明确城市战略定位，坚持和强化首都全国政治中心、文化中心、国际交往中心、科技创新中心的核心功能。"中关村科学城作为北京的教育资源和科技资源聚集区，区域内集中了北京大学、清华大学等8所985高校，还有中科院等国家重量级研究机构。截至2018年底，中关村科学城拥有高新技术企业6424家，高新技术企业从业人员1275410人，其中研发人员为437547人。2012年教育部第一批发布的14个协同创新中心，其中涉及中关村科学城的创新中心就多达11个，这些都是中关村科学城得天独厚的

创新优势。因此，谋划中关村科学城的发展，必须立足于国家、北京市赋予中关村科学城的定位，围绕建设具有全球影响力的全国科技创新中心核心区的总目标，在基础研究和前沿创新领域有所作为、有新作为，主动承担起科技创新国之重地、国之重器的责任，为建设世界科技强国做出更多贡献。

作者：李家洲，中共北京市海淀区委党校区情研究中心副主任、教授。

区域党建引领未来科学城健康发展

　　未来科学城是在中央组织部、国务院国资委的统一组织协调下，由神华集团等中央企业集中建设的具有世界一流水准、引领我国应用科技发展方向、代表我国相关产业应用研究技术最高水平的人才创新创业基地，一期项目规划占地约 10 平方公里，现已入驻神华集团、中国海油、中国商飞、中国国电、中国建材、中国华能、国家电网、中国电信、中国铝业、中国兵器、中粮集团、武钢、鞍钢、中国电子、国家核电等 15 家中央企业。2019 年 8 月，《未来科学城规划（2017—2035）》正式发布，规划占地面积将增至 170.6 平方公里，未来科学城的发展将聚焦"先进能源""先进制造""医药健康"三大核心领域，其中东区将建设具有国际影响力的"能源谷"，西区将建设"生命谷"与沙河高教园区。党建引领在未来科学城的规划建设中发挥了积极作用，加强区域党建将激发未来科学城发展活力。

一、发挥区域党建作用，建设高水平创新创业基地

（一）区域党建的扎实基础

　　未来科学城内入驻企业，主要是国内大型央企投资建设的研究院研发中心、技术创新基地和人才创新创业基地，经济基础较好，工作经费、场地保障、人员素质等方面优势突出，其行政组织架构多隶属于集团公司，党组织建设工作也多由集团公司垂直管理，党建工作得

到了充分的重视,党管干部原则普遍得到坚持,党组织的政治领导核心作用得以较好的发挥。企业党建工作机制自成体系,党建工作目标明确、重点突出、措施到位,党建制度、工作程序严格规范,党务机构工作人员专业水平高、政治素质好。

入驻企业人才结构主要呈现高水平、高学历、专业强的特点,其中不乏思想进步、表现突出、有崇高理想与追求的年轻人,青年员工占比高达80%以上,这些年轻人知识面广、思想活跃、朝气蓬勃,接受新事物的能力和可塑性较强,其中青年党员已是企业的重要管理岗位、科技研发岗位的优秀业务骨干,在企业党组织和在职党员的感召和带动下,其他年轻人渴望进步、向党组织靠拢的需求也不断增强。

党群共建意愿明显,党群工作呈现出区域认同的趋势。国资委团工委组织成立未来科学城团委建设协作区,组织了大龄青年联谊等活动,入驻企业之间自发组织了一些小范围的文体活动,入驻企业与区属各单位之间自发开展了共建活动。昌平区派出干部挂职入驻企业,通过挂职干部的联系沟通,促成了区委部门和入驻企业的支部共建。这些都体现了入驻企业对昌平区投资创业环境的认可及对搭建区域性党建共建平台的强烈愿望。

(二)区域党建的目标引领

以共同的价值目标来引领是最好的动员机制和最有效的党建方式。作为国家实施自主创新的重大科技项目,未来科学城从建设之初就被赋予带动区域产业转型升级,承载国家科技创新重任的历史使命。它要借鉴国际一流科研机构运行机制,全力打造一流科研人才的创新创业基地,要构建政产学研用相结合的体制机制,为全国人才基地建设做出示范;要按照"产城融合"的理念精心配制公共服务设施,打造面向未来、宜居宜业的活力之城;要推动研发成果就地就近就便转化,全面带动区域经济优化发展。为了这个远大目标的实现,一是统一思想，形成共识。围绕未来科学城年度预定目标提炼出能得到入驻央企支持和认同的党建主题实践活动，发动所有入驻央企在共建共享中统一思想认识，达成发展共识，树立迎难而上、勇挑重担的坚强信念，一步一个脚印地去打造光辉前景。二是凝聚人心、形成合力。在组织环未来科学城长走、入驻央企观摩参观等活动时增加愿景讲解内容，让各企业职工真正看到、听到、感受到工作环境已在逐步完善、生活品质正在不断提高，未来科学城正在从一幅宏伟的规划蓝图逐渐变成现实，以此来增强发展信心，凝心聚力，推动发展。

（三）区域党建的互联互动

在未来科学城区域内建立由工委牵头抓总，入驻央企共同参与的，围绕未来科学城建设发展大局，实现党建资源的优化配置，加强党建互联互动的党建联席会制度。一是工委牵头抓总。由工委牵头发起，构筑左右联动的党建工作平台，召集参与单位，研究制定相关制度、措施，逐步找到区域党建工作的切入点与着力点，以突破传统的比较封闭与狭窄的工作格局，增强党建工作实效，真正实现党建工作统筹抓总的作用。二是入驻央企共同参与。党建联席会以入驻的15家央企党务部门直接负责人为参与主体，以打破"单位制"线性管理局限，打通互不隶属党组织之间的壁垒，使不同建制不同系统的党建体系有效结合，形成扁平化协同发展新机制。三是加强交流合作。以定期的工作交流、座谈、研讨等会议形式，总结交流各自党建工作开展情况，研究落实区域内党建工作阶段性工作要点，并就党建工作出现的难点、热点问题进行研究、探讨，形成党建工作最大合力。

在联席会议的力量调配下，全面梳理整合未来科学城内场地、人力、智力、经验等党建服务资源，并充分发挥其资源优势，为党建工作提供资源支撑。积极探索和实践"党群工作同步运转"模式，以比较成熟的群团活动开展为感情纽带，依托工会、共青团、妇联开展活动，凝聚党员、团结群众，使党组织成为企业发展的"稳压器"、活力团队的"推进器";积极协调推动"区政府部门与入驻央企基层党支部之间结对共建"模式,以示范推广成效较好的支部共建形式工作为切入口,在协调相关单位、相关部门为企业解决实际问题的同时,积极引导促进基层党支部的结对共建,不断增强政府、园区和央企之间的沟通和了解,形成党建统领抓总、群团气氛活跃、资源有效运用、交流协调顺畅的党建联席会工作机制,打开园区党建工作的良好局面。

(四)区域党建的文化培育

充分发挥未来科学城区域内各级党组织弘扬正气、积极向上和拼搏奉献的思想政治优势,以区域内共同工作生活、共同参加文体活动中的互相影响,来引导塑造先进的区域文化、培育区域精神,逐步形成区域性的共同理念和推动区域党建工作的内化力量。一是培育信仰文化,振奋区域精神。借助党建联席工作平台、各类群团活动及入驻央企长期积累的文化底蕴,大力宣传弘扬以爱国主义为核心的民族精神和以改革创新为核心的时代精神,整合组建各种球类协会、户外运动协会、摄影协会等业余爱好者协会,引导党员在协会中发挥先锋模范作用,增强青年之间拼搏进取、互相协作的团队精神,培养一批优秀的青年骨干;开展区域性精神文明创建活动,树立和宣传先进典型,全面营造团结进取的文化氛围和健康向上的社会风气。二是培育特色文化,提升区域形象。未来科学城作为海外高层次人才创新创业基地,以高科技研发机构为主导的运行模式,有着普通园区不可比拟的智力资源优势,其"千人计划"专家就达 162 人,要充分利用这一优势,打造"未来科学城知识大讲堂",定期组织入驻央企专家进行科技专题讲座,为大家讲解新知识、新形势、新动态,逐步奠定区域文化培育工作的基础;梳理各入驻企业宝贵的文化资源,用发展的观点和创新的思维进行整合和提炼,与区域党建工作主题活动相互融合,逐步形成独具特色的未来科学城文化体系。

（五）区域党建的机制创新

体制机制带有根本性、全局性、稳定性和长期性。未来科学城工委积极与区委组织部协调沟通，在工委系统下成立"未来科学城国网智研院党支部"，解决了国网智研院劳务派遣人员的组织归属、教育发展等问题，同时对该党支部在工委与国网智研院双重管理下各自的管理定位、职责划分、融合推进等问题开展研究探索，并以此为切入口，研究形成了未来科学城区域内定位准确、管理顺畅、职能清晰、互促互进的党建工作双重管理机制。创新协同服务机制。跳出"就党建抓党建"的工作局限，充分发挥工委牵头抓总的工作职能，一方面积极统筹上级资源，汇聚各方合力，调动有利因素，构建坚强有力的组织保障；另一方面积极协调管委会各处室、未来科学城公司、区属相关部门借助党建联席会工作平台构建协同服务体系，切实为企业解决实际问题，排忧解难，逐步扩大党建工作的影响力、号召力，实现党建工作与未来科学城健康发展的互促互进。

二、查找区域党建存在的问题，以适应党建工作新要求

（一）工委党建工作的职能定位还不清晰

未来科学城党建工作区别于其他科技园区，就在于以央企研发机构为主导的独特运行模式，入驻机构的行政管理、组织关系大多不隶属党工委，这种情况下，工委就面临着如何统筹党建工作、理顺工作机制，如何就工委的党建工作合理定位而能不断增强影响力、号召力等难题。积极主动的破解这些问题是顺利开展未来科学城党建工作的迫切需要，也是提升区域党建工作水平的基础和前提。

（二）入驻央企组织架构差异较大

入驻央企的行政隶属关系虽大多都隶属总部，但在未来科学城内的组织架构差异却较大，主要有以下几种形式，一是直接隶属总部的单一单位，如中粮集团、中国商飞的入驻企业等，直接隶属集团公司管理；二是入驻多家企业都直接隶属总部，但有一家单位可代表其他单位对外协调工作，有一个统筹单位，如神华集团在未来科学城设四家平级单位，其中神华科技发展公司可代表其他三家公司对外开展一些协调工作；三是入驻多家企业互不隶属，独立对外办公，如国家电网在未来科技城内设置的四家单位均是平行关系。入驻企业组织机构、管理模式的多样，给未来科学城的党建工作增加了不少难度。

（三）传统模式应用存在局限

传统的管理式的党建工作模式多适用于有上下级隶属关系的企业之间，未来科学城内入驻央企之间、入驻央企与工委之间互不隶属的现实情况，导致传统的工作模式有很大的运用局限性。如何将未来科学城的党建工作模式与入驻央企的集团垂直管理模式更好地进行融合，如何解决区域党建工作与未来科学城发展互促互进等问题，对我们党建工作模式的开拓创新能力提出巨大的挑战。

（四）入驻央企用工制度复杂多样

同样是入驻央企，但用工制度却大不相同，合同制、聘任制、劳务派遣、非全日制等用工制度的差别，客观上造成了不同类型员工对企业、对党组织的归属感和认同感存在差别，如国网智能研究院有劳务派遣员工 463 人，占全院干部员工总数的 55％，其中劳务派遣党员 132 名，占全部党员的 34％，这些人普遍学历层次高、年纪轻，且大部分是科研业务骨干，但是其组织关系由于用工制度、人事关系、户籍等诸多限制，有的依然散落在外，对党员的教育管理及党组织后备力量储备等造成了一定的困难。

三、加强区域党建工作模式探索，激发未来科学城发展活力

（一）坚持党建联席会机制，共商共建区域党建，共享区域党建成果

由工委牵头，每季度召开一次党建联席会议，入驻企业党建负责人参加，每次确定几个通过调研反映上来的重点交流研究题目，把党的政治建设摆在首位，落实新时代党建新要求，促成党建资源共享，党建成绩互学，党建引领作用充分发挥。

（二）加强民营企业党的建设

随着搞活未来科学城的深入推进，民营企业将陆续入驻科学城。民营企业党建基础相对薄弱，要加强对民营企业党建的引导，首先以《中国共产党支部工作条例（试行）》为依据，全面覆盖民营企业成立企业党支部或联合党支部，摸清党员人数，确保每名党员都能参加党支部的组织生活。工委牵头统筹民营企业党支部的政治生活、组织生活、学习培训、文体活动，增强党支部的活力，充分发挥党员在所属企业落实党的路线方针政策的带头作用和带动作用。

（三）统筹学习培训讲座，用习近平新时代中国特色社会主义思想武装头脑，贯彻落实党的决策部署

按照党内相关规定，入党积极分子要参加一定学时的培训，党员要参加每年的集中轮训，党组织负责人要定期参加培训学习。因很多入驻企业党员、入党积极分子人数有限，单独组织学习培训可能有一定困难和不便，由工委牵头组织相关企业举办学习培训班，按

照党章、党内法规要求，完成培训任务。培训学员开展学习交流，既沟通思想，坚定理想信念，又交流工作，取长补短，互学互进。充分发挥央企研究机构人才学历高、知识丰富的优势，定期举办讲座，讲科学技术，讲先进制造，讲世界发展，讲法律知识，把科学城办成一个学习气氛浓厚、知识世界前沿、精神状态饱满、理想信念坚定的大学堂。

（四）运用互联网思维，启动党建工作"智慧模式"

在未来科学城积极推广智慧应用、构建智慧城市的大背景下，积极探索智慧手段在党建领域的应用，是新形势下党建工作融入未来科学城发展建设的重要内容。可先从"一平台、一终端"入手，摸索智慧党建模式。"一平台"就是党员管理信息系统，在实现党员基础信息管理、党组织关系接转、年报统计等日常基础工作的同时，为今后大数据分析、个性化服务奠定基础。"一终端"就是在智能手机、移动终端上用微信、App 等工具开发党员互动平台，通过随时随地的良性互动，实现党建知识共享、思想舆论阵地构建、主流价值观传播，切实提升党组织的凝聚力、感召力和党建工作的信息化水平。

（五）大区域党建和小区域党建协同联动，推动搞活未来科学城

未来科学城地处昌平区北七家镇和小汤山镇地域内，科学城区域党建同两个镇的党建要协同配合，引导央企、民企积极参与村社区的党建活动、社区治理、新农村建设，充分发挥央企、民企优势，带动农村社区更快更好发展。未来科学城区域党建要与昌平区党建相联动，与昌平区各委办局建立密切的党建共建关系，包括挂职学习、共同举办文体活动、学习培训等，地方党建、机关党建与企业党建互联互通，互相促进，推动新时代党建更上一层楼。

紧紧围绕推动未来科学城高质量发展的初心和使命，突出党建引

领，加强统筹谋划，推动未来科学城全域高质量发展。要善于把握主动，逆势而上，构建创新生态，持续注入资源，完善配套设施，不断扩大对外影响力，加快建设全球领先的技术创新高地。

作者：张飒，中共北京市昌平区委党校讲师。

推进法治化营商环境建设的探索与实践

——以怀柔科学城为例

建设法治化营商环境自党的十八届三中全会首次提出以来，已成为法治中国建设的重要一环。2019 年 2 月 25 日，习近平总书记在主持召开中央全面依法治国委员会第二次会议时发表重要讲话，指出"法治是最好的营商环境"，深刻阐明法治和营商环境的关系。同年 3 月 5 日，李克强总理在政府工作报告中提出打造"法治化、国际化、便利化"的营商环境。

党的十九届五中全会提出，全面深化改革，构建高水平社会主义市场经济体制。落实这一重要要求，必须打造市场化、法治化、国际化营商环境，依托国内强大市场，使我国成为吸引全球优质要素资源的强大引力场，为实现高质量发展、构建新发展格局提供助力。当前，人才、技术、资金的流动，已呈现出向法治环境良好区域集中的规律。实践证明，法治是最好的营商环境。综合性国家科学中心是国家科技领域竞争的重要平台，是国家创新体系建设的基础平台。要建设北京怀柔综合性国家科学中心，除了必须具备一流科技创新硬件设施之外，还必须拥有一流的能够有效促进科技创新的软环境，其中，法治软环境的建设尤为重要。

一、正确认识法治化营商环境及其重要性

建构法治化营商环境是全面依法治国的重要内容。法治是经济社会发展的内在要求，也是其良性运行的根本保障。2019年国务院公布《优化营商环境条例》（以下简称《条例》），进行专门的优化营商环境立法，可见国家对于优化营商环境的重视程度。《条例》的出台，从国家层面夯实了优化营商环境的法治基础，标志着中国市场化、法治化、国际化的营商环境建设进入了新阶段。

（一）相关内涵界定

营商环境是指市场主体在准入、生产经营、退出等过程中涉及的政务环境、市场环境、法治环境、人文环境等有关外部因素和条件的总和。营商环境包括影响企业活动的社会要素、经济要素、政治要素和法律要素等方面，是一项涉及经济社会改革和对外开放众多领域的系统工程。良好的营商环境是一个国家或地区经济软实力的重要体现，是一个国家或地区提高综合竞争力的重要方面。其中，制度建设尤其是法治建设，成为衡量一个地区营商环境好坏的关键指标。

法治化营商环境通常指一个国家或地区在社会经济交往中，通过有效的制度，严格规范的执法，公正严明的司法，对市场主体人身、财产权益实行全面、平等的保护，对市场管理行为实施有序的制约，并将社会经济交往的主要环节纳入法治化轨道，进而形成的公平公正的社会经济交往的制度化、系统化、规范化的法治氛围及社会意识。

将怀柔科学城建成世界级原始创新承载区，需在营商环境打造过程中秉承法治精神，建设法治政府、坚持依法办事，维护司法公正、培育全民守法意识，创造守法经营、公平竞争的环境，特别是健全知识产权保护机制，加强知识产权保护，构建并完善对企业的投资经营活动以及创新创业人才所必需的政务服务、法治建设、市场竞争等相

关环境因素。

(二) 推进法治化营商环境对建设怀柔科学城的重要性

法治环境是营商环境的最重要组成部分，打造法治化营商环境对促进经济社会健康发展具有重要意义。市场经济本质上是法治经济，良好的法治环境就是生产力，不仅能够聚集各类高端人才和创新创业团队、吸引创新创业投资，更有利于提升地区的核心竞争力。良好的法治环境，是地区经济和社会生活规则得以有效遵守的前提和基础。法治能够指引商事主体的活动方式、保障其合法地位和权益，鼓励创新、禁止违法行为，进一步明晰政府与市场的关系、减少政府对微观经济生活的干预。

法治在激发创新活力、完善科技体制机制、保护创新成果等方面都承担着重要职能。只有通过打造法治化、国际化、便利化的营商环境，抢抓新旧动能转换机遇，营造"大众创业、万众创新"的氛围，才能让创新成为驱动发展的新引擎，激发全社会创造活力，促进科技与经济深度融合，才能建设具有国际竞争力的人才高地，构建创新创业的强大智力支撑。

构建新型城市形态，建设怀柔科学城，是涉及人才、知识、信息、资金、政策、法规、规划、环境等综合投入的系统工程，很重要的一部分是法治环境的建设。具体而言，如果我们仅仅注意科学城内有多少企业、多少资金、多少技术和什么样的发展模式，而不注意这些企业、资金、技术置身于其中的环境，包括法治环境和法治文化环境，是无法达到根本目的的。因此，要围绕怀柔科学城建设的目标与功能定位及产业发展规划，优化法治化营商环境，大力开发怀柔科学城智力资源，把科技创新潜能转化为经济发展的动力。

二、怀柔科学城优化法治化营商环境的实践做法

近年来，怀柔区高度重视法治化营商环境的建设，在认真落实北

京市《关于率先行动改革优化营商环境实施方案》、"9＋N"营商环境政策体系、营商环境三年行动计划的基础上，积极探索创新，通过不断优化市场、政务、社会和法治等环境，不断提升服务创新主体的能力和水平，推动区域经济社会实现高质量、高品质发展，形成企业负责自身成长、政府负责服务保障的良好发展局面，形成多项营商环境创新做法和工作亮点。

（一）政务服务方面

2018 年以来，科学城政务服务中心不断拓展智能化服务，设立自助终端智能服务区，引入智能机器人为办事人提供咨询、办事指南和政务公开服务项目查询，引导办事人到窗口办理业务等服务。为进一步完善政务服务体系建设，将行政审批大厅由城区调整至科学城政务中心，设置企业设立与变更、公共服务等综合服务区，除对场地有特殊要求的，实现进驻政务服务审批大厅的事项 100％ "一窗"综合受理。此外，大厅内特别设置商标注册专窗，就近为科学城内企业提供商标注册、质押、咨询等服务。科学城政务服务中心平稳运行，热情、优质、便捷的服务获得办事群众及科学城周边企业的一致赞誉。

（二）精准服务企业方面

2018 年初开始启动怀柔区服务企业工作机制相关研究工作，并于同年 7 月份研究出台了《怀柔区服务企业工作机制》，为重点企业和科研机构提供管家式服务，由"区级领导、部门正职、联络员"组成的"亲清管家"与重点企业建立长期的联系，随时帮助企业和科研机构解决建设、生产、生活、经营中的困难和问题。正在落实区重点企业"服务包"制度工作。为企业和科研机构提供"亲清管家"服务，区领导每人联系 4～6 家重点企业和科研机构，为每个企业和科研机构安排1 名精准服务员，企业明确 1 名主管领导和 1 名联络员。建立怀柔"亲清管家"微信服务平台，为企业、科研机构和政府部门之间创造更加便捷的互动交流空间。

(三) 人才服务方面

怀柔区聚焦综合性国家科学中心,高度重视科学城人才子女入学工作,成立了工作领导小组,负责科学城人才子女入园、入学工作,为科学城引进高精尖人才的子女入学解决后顾之忧。启动怀柔区国际医疗服务能力建设相关工作。先后考察北京国际医疗中心、北京和睦家医院及其卫星诊所、中日友好医院国际部等,了解国际医疗服务模式,并在怀柔科学城发放调查问卷了解医疗服务需求的基础上,完成了调研报告,制定医疗服务方案并组织实施。2020 年以来,按照"五态"建设要求,扎实提升人才工作服务科学城建设的能力和水平,主动对接重点项目人才需求,上门提供集人才引进、项目资助、宣传推介、外籍人才服务等于一体的人才"服务包"。聚焦解决服务人才"最后一米"问题,为领军人才及团队发放"雁栖人才卡",服务内容扩展至租车出行、区内旅游、全国百佳医院门诊挂号预约等 6 大方面,为人才提供精准服务。为有效提升外国专家人才办理来华工作许可事项的便利化、高效化水平,在怀柔区政务服务中心设立外国人来华工作许可受理点。该站点可以受理外国人工作许可通知新办、单位变更、信息变更、注销等相关业务,还可以解答外国人来华工作签证、工作许可和居留办理等相关问题咨询。

三、怀柔科学城法治化营商环境的优化路径

近年来,怀柔区通过积极探索,在法治化营商环境建设方面取得了阶段性成效,有效推动了经济发展。但仍然面临不少问题,诸如法治化营商制度不健全、政务服务水平还有提升空间、知识创新与技术创新的转化不够理想等。针对这些实际问题,怀柔科学城法治化营商环境建设应当围绕"严格执法、公正司法、全民守法"的方针,坚持

依法行政、构建良好执法环境，确保司法公正、保护主体合法权益，增强法治观念、营造人人守法氛围。

（一）加快建设法治政府，提升科技创新管理法治化水平。

法治政府是衡量一个国家、一个城市法治软环境的重要指标，要营造与北京怀柔综合性国家科学中心相适应的法治软环境，法治政府的建设必须先行。在推进怀柔法治化营商环境过程中，要始终坚持法治引领，把依法行政、依法用权、依法办事贯穿于优化营商环境的全过程，加快法治型、服务型政府建设。

1. 坚持依法行政，构建良好执法环境

制度的生命力在于执行。一是要严格依法行政，严格遵循政府法无授权不可为、法定职责必须为，融行政执法于服务之中，保证行政执法的公正性、公平性、公开性，切实改善地方软环境。严格遵照科技法律制度程序，加强对科技创新各环节的引导、监督和管理，确保科技创新活动真正步入法治的良性轨道①。二是全面公开行政执法部门权责清单。明确执法主体、程序和事项范围，做到无法律依据一律不得开展执法检查。全面推行行政裁量权基准制度，细化、量化行政处罚标准，摒除随意检查、多重检查、重复处罚等执法行为。三是加强行政执法监督。全面实行行政执法公示制度、执法全过程记录制度、重大行政执法决定法制审核制度。

2. 优化公共服务，便捷科创企业发展

稳步推进行政审批服务是便捷公共服务的重中之重。针对科技型、创新性企业，怀柔区应在加快政务大厅功能升级、创新服务方式、推进标准化建设等方面主动作为，不断提升群众的获得感。首先，打造专属科创企业便捷服务区。对涉及科创企业办事流程的事项进行整合优化，尽可能实现"一站式"受理，减少办理流程耗时，实现企业办

---

① 黎明琳：《上海全球科技创新中心法治软环境的优化路径》，《法制与社会》2016 年第 9 期。

事全链通,从企业登记到公章备案刻制、银行开户、涉税事宜"一窗"办结,为科技型企业提供更加智能便捷的政务服务。其次,全面精准服务科创企业重大项目。采取提前预审、并联审批等多种方式,为科技产业项目量身提供个性化服务,为重特大项目开通绿色通道,为重特大项目建设快速推进提供支持,简化相关办事流程,降低行政成本,提高行政效率,主动为投资者、为创新主体提供优质服务。最后,全面推动标准化建设。全面推行行政许可和公共服务标准化,公开涉及科创企业的服务事项及办事流程,编制并发布项目程序办事指南,为企业办理各种事项办事提供明确的指引。建立科学规范的服务标准体系,将行政审批服务、公共资源交易管理、12345 热线服务等政务服务功能板块,全面纳入标准化管理范畴。①

(二)确保司法公正,保障主体合法权益

公权力机关的司法行为不仅要惩治违法犯罪行为,更要起到教育创新主体及普通群众的作用,营造普遍尊重知识、尊重创造的社会氛围。②

1. 完善法律监督,加强涉企纠纷化解

近年来,随着经济社会的快速发展,企业在科技创新过程中关于劳资纠纷、安全生产、知识产权等问题时有发生。针对这些科技创新企业要更加注重规范文明行使司法权力,特别是对科技创新企业的法定代表人、技术骨干、高层管理等重要岗位人员慎重采取强制措施,慎重决定对涉案企业采取查封、扣押、冻结措施,依法保障正常经济运行、生产经营活动和商业信誉。对涉及科技创新中心建设的行政执法、司法活动依法开展法律监督,尤其要关注涉及科技创新行政诉讼监督和行政违法行为监督,有效防止行政不作为、乱作为、慢作为,

---

① 陈海燕:《推进法治化营商环境建设的探索与实践——以江苏省启东市为例》,《创造》2019 年第 7 期。
② 王先林:《上海科创中心建设的法治保障》,《上海法治报》2016 年第 7 期。

督促有关政府机关依法行政，为创新成果更好更快进入市场、创造价值，营造良好的法治环境。

在司法实践中，灵活采用诉前调解、庭外和解、视频开庭等形式，及时化解各类矛盾，缩短诉讼周期，促使大部分纠纷实现非诉化解。建立涉企案件调解快速通道，通过合并化解、灵活保全等方式，妥善处理纠纷，有效保障科技创新主体发展。拓宽涉企行政复议渠道，推动行政复议实现"最多跑一次"。对属于复议范围但缺乏暂不符合受理条件的，一次性告知补正事项，纠正案件中发现的违法或不当行政行为。强化矛盾多元化解，提升纠纷化解速度，在建立企业矛盾纠纷调解工作机制的基础上，统筹完善人民调解、行政调解、司法调解、劳动调解互动机制，及时定分止争。

2. 增强司法惠企服务，强化知识产权保护

激发广大科技工作者和全社会的创新活力，知识产权保护是非常重要的一环。

首先，可通过创新成立法治惠企专家、学者联盟，根据企业的个性化需求，组织专业人员对企业进行指导，并对企业生产经营过程中存在的风险进行调查研究，精准服务。在此基础上，根据相关制度推动律师服务创新主体常态化制度化，每年为科技型、创新性企业开展一次免费"法治体检"，指导公证机构开辟"绿色通道"，为其并购、融资等提供综合性公证服务。法院可通过举办"观摩庭"提升企业守法意识，开展"微沙龙"增进法企沟通联络，保障企业健康发展。[1]其次，要完善知识产权保护机制，依法惩治和遏制知识产权违法犯罪及侵权行为，加强知识产权保护监督，建立知识产权预警与维权援助机制。充分发挥法院在知识产权审判中对科技创新的保护作用，助力怀柔科技创新更好发展。通过受理并审结侵害商标权、著作权权属、商标合同等知识产权纠纷案件，依法追究被告人责任，彰显保护知识

---

[1] 陈海燕：《推进法治化营商环境建设的探索与实践——以江苏省启东市为例》，《创造》2019 年第 7 期。

产权导向。及时发布侵犯知识产权典型案例，为企业提供可预期的司法指引，强化企业诚信意识、维权意识。要提高知识产权公共服务能力，发展知识产权服务机构，推进知识产权市场建设。邀请部分企业法律顾问到法院参加知识产权研讨会，共同加强对知识产权的理论研究、风险预警。重点加强对创新程度高、促进产业增长强的知识产权保护，建立重点企业、重大专利、著名商标保护目录，保护企业创新热情，从而能更有效地保护知识产权，保护科技创新的原动力。

（三）增强法治观念，营造法治氛围

创新的资源配置主要依靠市场，同时也需要孕育和更新深入人心的科技创新法治理念。全社会尊重知识产权，追求创新的守法、护法观念是基础，法律的权威源自全社会的共同信仰，仅靠公权力机关惩治侵犯知识产权犯罪实际上是"独木难支"，良好的法治环境需要全社会的共尊共信。

1. 国家机关工作人员尊法学法守法用法

营造法治化营商环境，推进全民守法，首先必须抓住领导干部这个"关键少数"，领导干部要带头学习涉及营商环境建设的法律法规，推进法治化营商环境建设绩效作为考察干部的重要内容。落实"谁执法谁普法"的普法责任制，引导市场主体增强合法经营、依法维护自身合法权益的意识与能力，为营造法治化营商环境提供基础性支撑。领导干部要带头尊法、学法、守法、用法，不断提高运用法治思维和法治方式解决问题的能力，强化担当意识，落实领导责任，促进营商环境的法治化。

2. 夯实法治化营商环境的群众基础

要深入开展法治宣传教育，提高社会公众的法治素养。要营造一个全民知法、懂法、守法的良好氛围，首先必须让人民群众知法、懂法。因此，必须加强法治宣传教育。一方面，要加强法律知识的普及教育，树立社会的规则意识，使社会养成自觉守法、遇事找法、解决

问题靠法的良好习惯。另一方面，从科技创新的法治角度来看，要积极宣传知识产权法律法规，普及知识产权知识，认识到知识产权保护对科技创新和社会发展的巨大作用，认识到哪些行为侵犯了他人的知识产权并会受到什么样的法律后果，进而形成全社会普遍尊重知识、尊重人才、尊重创新的保护知识产权的良好社会氛围。[1]

3. 助推科创企业法治文化建设

增强法治的道德底蕴，牢固确立权利义务对等观念，有效强化企业工作人员规则意识、契约精神，促进尊法守法、公序良俗成为其共同追求和自觉行动。企业内部建立企业经营管理决策层及管理人员法治培训制度，做到普法教育经常化、制度化，经常开展法治化营商环境建设相关文化活动。建立法治宣传员队伍，建立调解和法律援助联络员，让企业员工知法守法、遇事用法。持续开展面向企业工作人员的知识产权专题培训，加强规则意识，保护创新成果，营造创新氛围。

作者：乔慧，中共北京市怀柔区委党校培训四科教师。

---

[1] 黎明琳：《上海全球科技创新中心法治软环境的优化路径》，《法制与社会》2016 年第 9 期。

对策建议

怀柔科学城构建科技创新生态的探索与实践

一、怀柔科学城概况、定位和发展目标

"怀柔"这个词语，最早出现在我国的诗歌总集《诗经》中，距今已有3000多年历史。《诗经·周颂·时迈》中有这样两句话："怀柔百神，及河乔岳。"意思就是：吸引和善待各路神仙，还要善待河流和高山。西汉学者毛亨、毛苌为"怀柔"两个字作注曰："怀，来也；柔，安也。"也就是："请大家过来，让大家安宁。"唐朝贞观年间（627—649年）设立怀柔县，将"怀柔"作为行政区划的名称，已有将近1400年的历史。1368年，明朝将檀州分为怀柔县、密云县。2001年12月，国务院批准怀柔撤县设区，设立怀柔区。2015年11月，国务院批准密云撤县设区，设立密云区。

2016年9月，国务院印发《北京加强全国科技创新中心建设总体方案》，指出要统筹规划建设中关村科学城、怀柔科学城、未来科学城，建立与国际接轨的管理运行新机制，推动央地科技资源融合创新发展。怀柔科学城位于北京城区东北部，规划面积100.9平方公里，以怀柔区为主，并拓展到密云区部分地区。其中，怀柔区域68.4平方公里，占67.8%。密云区域32.5平方公里，占32.2%。

怀柔科学城战略目标是建设与国家战略需要相匹配的世界级原

始创新承载区，有三个具体的功能定位，即：战略性前瞻性基础研究新高地、综合性国家科学中心集中承载地、生态宜居创新示范区。综合性国家科学中心，是怀柔科学城的国家战略和显著标志，重点聚焦物质、信息和智能、空间、生命、地球系统等五大科学方向，集中力量推进"五个一批"，即：建设一批国家重大科技基础设施和科技研发平台；吸引一批国内外顶尖科学家、科技领军人才、青年科技人才、创新创业团队；集聚一批高水平的科研机构、高等院校、创新型企业；开展一批基础研究、前沿交叉研究、关键技术攻关等科技创新活动；产出一批世界领先的原创科研成果。提高我国在基础研究和前沿交叉领域的源头创新能力和科技综合实力，代表国家在更高层次上参与和引领国际科技竞争与合作。

二、科技创新生态的内涵、性质和特征

所谓科技创新生态，是指由创新主体、创新要素、创新环境构成的复杂网络系统。大学、科研机构、创新型企业、科技服务机构、金融机构、用户等创新主体，以及知识、技术、人才、土地、资本、管理、信息、数据等创新要素，在市场环境、政策环境、法治环境、国际化环境、文化环境、城市环境构成的创新环境中，通过发挥各自的异质功能和角色定位，与其他主体、其他要素、创新环境相互作用、相互影响，促进创新因子有效汇聚，实现价值创造，形成相互依赖、相互影响、相互合作、共生演进的网络关系。

科技创新生态具有异质、影响、合作、共生、网络等五个性质，并呈现普遍性影响、主动式参与、开放式协同、网络化结构、多样化共生、自组织演化六个核心特征。

怀柔科学城的科技创新生态如图1所示。

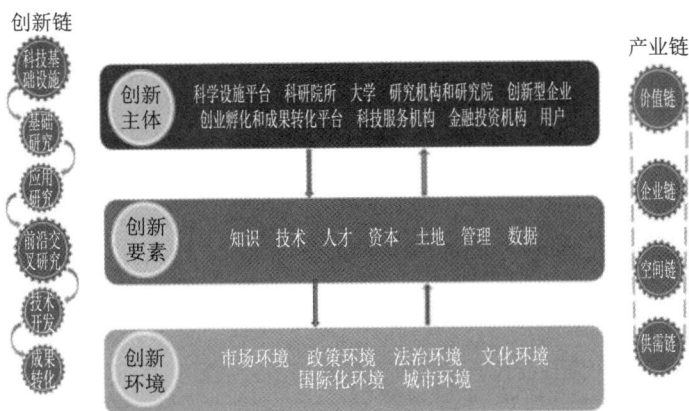

图1 怀柔科学城科技创新生态示意图

三、怀柔科学城构建科技创新生态的探索与实践

（一）加快科学设施平台建设，打造高端的"工具箱"

国家重大科技基础设施（即大科学装置）是一种大型复杂的科学研究装置或系统，为了探索未知世界、发现自然规律、实现科技变革，由国家统筹布局，依托高水平创新主体建设，面向社会开放共享。这是突破科学前沿，解决经济社会发展、国家安全重大科技问题的物质技术基础，是长期为高水平研究活动提供服务、具有较大国际影响力的国家公共科技设施，是"国之重器"。

截至2020年12月，怀柔科学城已经建成并投入运行的研发实验平台有10余个。"十三五"时期，国家和北京市在怀柔科学城布局建设29个科学设施平台，包括高能同步辐射光源、多模态跨尺度生物医学成像设施、综合极端条件实验装置、地球系统数值模拟装置、空间环境地基综合监测网5个国家重大科技基础设施，以及24个科技研发平台。其中，5个大科学装置的建安工程和科研设备采购安装调试加快推进。截至2020年10月底，高能同步辐射光源项目建安工程完成36.1%；科研设备采购完成8.5%。多模态跨尺度医学成像设施项目建安工程完成33％。综合极端条件实验装置项目建安工程完成100％，已经竣工验收，科研设备采购完成81％；设备安装调试完成15％。地球系统数值模拟装置项目建安工程完成94％，科研设备采购完成97％，科研设备安装调试完成12％。空间环境地基综合监测网（即子午工程二期）项目建安工程进度完成75％。同时，中国科学院相关院所在怀柔科学城建设11个"十三五"科教基础设施。如表1所示。

表1　中国科学院相关院所在怀柔科学城建设的11个科教基础设施

序号	建设内容	项目单位
1	大科学装置用高功率高可靠速调管研制平台	中国科学院电子学研究所
2	物质转化过程虚拟研究开发平台	中国科学院过程工程研究所
3	分子材料与器件研究测试平台	中国科学院化学研究所
4	脑认知功能图谱与类脑智能交叉研究平台	中国科学院自动化研究所
5	怀柔综合性国家科学中心保障条件平台	中国科学院北京综合研究中心
6	太空实验室地面实验基地	中国科学院空间应用工程与技术中心
7	空间天文与应用研发实验平台	中国科学院国家天文台
8	深部资源探测技术装备研发平台	中国科学院地质与地球物理研究所
9	环境污染物识别与控制协同创新平台	中国科学院生态环境研究中心
10	京津冀大气环境与物理化学前沿交叉研究平台	中国科学院大气物理研究所
11	泛第三级环境综合探测平台	中国科学院青藏高原研究所

北京市和中国科学院、北京大学、清华大学共建13个交叉研究平台。如表2所示。

表2　怀柔科学城正在建设的13个交叉研究平台

序号	项目名称	项目单位
1	材料基因组研究平台	中国科学院物理研究所、北京怀柔科学城建设发展公司

序号	项目名称	项目单位
2	清洁能源材料测试诊断与研发平台	中国科学院物理研究所、 北京怀柔科学城建设发展公司
3	先进光源技术研发与测试平台	中国科学院高能物理研究所、 北京怀柔科学城建设发展公司
4	先进载运和测量技术综合实验平台	中国科学院力学研究所
5	空间科学卫星系列及有效载荷研制 测试保障平台	中国科学院国家空间科学中心
6	国际子午圈大科学计划总部	中国科学院国家空间科学中心
7	高能同步辐射淘汰配套综合实验楼和 用户服务楼	中国科学院高能物理研究所
8	介科学与过程仿真交叉研究平台	中国科学院工程研究所、 北京怀柔科学城建设发展公司
9	脑认知机理与脑机融合交叉研究	中国科学院生物物理研究所、 北京怀柔科学城建设发展公司
10	北京分子科学交叉研究平台	中国科学院化学研究所、 北京怀柔科学城建设发展公司
11	轻元素量子材料交叉平台	北京大学、 北京怀柔科学城建设发展公司
12	北京激光加速创新中心	北京大学、 北京怀柔科学城建设发展公司
13	空地一体环境感知与智能响应研究平台	清华大学、 北京怀柔科学城建设发展公司

（二）吸引大学和科研院所，提供众多的"动力源"

支持中国科学院大学建设一流研究型大学。中国科学院大学（简称"国科大"），以科教融合为办学模式，研究生教育为办学主体，精英化本科教育为办学特色。国科大与中国科学院直属研究机构在管理体制、师资队伍、培养体系、科研工作等方面高度融合，建设世界一流大学和一流学科。国科大在北京市内有 4 个校区（玉泉路、中关村、奥运村、雁栖湖）；在全国有 5 个教育基地（上海、武汉、广州、成都、兰州），116 个培养单位。吸引高水平的高校和科研院所。截至 2020 年 12 月，中科院的 18 个科研院所、北京大学、清华大学、中国科学院大学、有研科技集团有限公司、中航工业综合技术研究所等高校院所在怀柔科学城已有或正在建设园区、科学设施平台和科技创新基地。成立新型研发机构和研究院。怀柔科学城推动成立了北京雁栖湖应用数学研究院、中国科学院北京纳米能源与系统研究所、海创产业技术研究院、国科大怀柔科学城产业研究院、空间宇航产业技术研究院等新型研发机构和研究院。

案例一：北京雁栖湖应用数学研究院

其特点是"顶尖领衔＋团队引进"。2020 年 6 月 12 日揭牌成立，是北京市政府牵头筹建的新型研发机构，由国际著名华人数学家、清华大学数学科学研究中心主任丘成桐领衔创建，主要围绕数学物理、理论物理、材料科学、人工智能、大数据、图像科学、大尺度建模与计算、统计方法、数据科学、金融科技等重大应用领域和研究方向，建设一流新型研发机构和集聚一流科研团队。

怀柔区会同北京金隅集团，正在将金隅集团兴发厂区地块改造成高等研究机构集聚区，北京雁栖湖应用数学研究院将入驻该区域。厂区内现状主要为水泥厂生产用房及运输铁路，工业建筑风貌特色突出，改造后的建筑规划设计充分尊重原始风貌，遵循老式工业遗风，在满足使用功能的基础上保留典型工业符号。老厂区改造后分为五个功能区：北京雁栖湖应用数学研究院、高等研究院、专家工作室、孵化器办公区、综合管理服务区，可同时容纳约 5000 人科研和办公，打造独特风格的多功能科学园区，扮靓怀柔科学城"皇冠上的明珠"。

案例二：北京纳米能源与系统研究所

其特点是"整体搬迁＋聚集人气"。这是北京市和中科院联合组建的新型科研组织、北京市新型研发机构。2014 年 5 月，北京市政府批准成立北京纳米能源与系统研究所（以下简称纳米能源所），使其成为北京市属科研事业单位法人。2014 年 6 月，中科院批准成立中科院北京纳米能源与系统研究所，作为中科院非法人科研单位。纳米能源所主要从事纳米能源和纳米自驱动系统研究，创立压电电子学和压电光电子学两个学科，拥有摩擦纳米发电机、自驱动传感系统、海洋蓝色能源、新型高压电源四项核心技术，产生和转化了摩擦电空气净化器、摩擦电防尘口罩、摩擦电汽车尾气净化系统、自驱动智能鞋等一批科研成果。纳米能源所怀柔园区总建筑面积 10.8 万平方米，项目总投资近 10 亿元，2016 年 10 月开工建设，2019 年 8 月底竣工验收，2020 年 9 月整建制迁入怀柔科学城。

案例三：北京海创产业技术研究院

其特点是"人才牵引＋项目落地"。2018 年 5 月，10 位海外留学归国的科学家和企业家，联合怀柔科学城建设发展公司，发起成立海创产业技术研究院。采取与国际接轨的治理模式和运行机制，瞄准物质、生命、信息、能源、环境等五大学科方向，布局前沿领域研究、产业技术研发、高端人才引进、重大成果转化、关键产业投资，构建创新创业生态圈。

案例四：中国科学院大学怀柔科学城产业研究院

其特点是"科教融合＋供需对接"。瞄准新能源、新材料、生命科学、信息网络、环境保护等战略性新兴产业和高技术领域，充分发挥中国科学院大学以及中科院科研院所的科教资源优势，实现科技资源、教育资源、人才资源与怀柔产业发展需求的有效对接与有机融合，打造集科技创新、企业孵化、产业培育、人才培养、智库咨询于一体的综合创新创业平台。

（三）建设硬科技孵化园区，构建合适的"加速器"

怀柔科学城正在建设一批硬科技孵化园区，如图2所示。

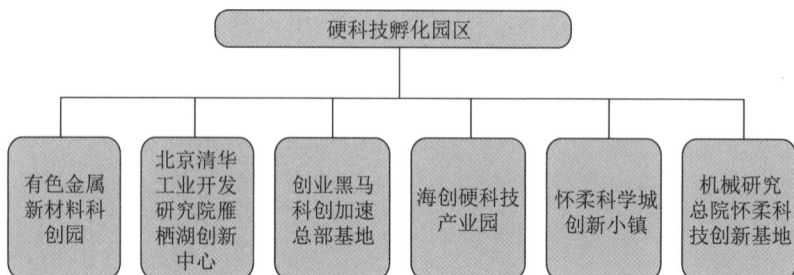

图2　怀柔科学城正在建设的硬科技孵化园区

案例五：有色金属新材料科创园

其特点是"央地合作＋激发活力"。有研科技集团有限公司和怀柔区共建有色金属新材料科创园，建设"一平台五中心"（科技创新和产业培育平台、科技园区服务中心、科技金融中心、人才培养与服务中心、开放共享实验室服务中心、国际科技合作交流中心），面向科学仪器、传感器、新材料行业，支持和孵化从事设计、研究、开发、生产、检测的科技型企业，同时为大科学装置和科技研发平台提供关键部件、成套系统和技术支持。

案例六：清华工业开发研究院雁栖湖创新中心

其特点是"优化增量＋项目落地"。北京清华工业开发研究院（简称"清华工研院"）成立于1998年，是由北京市政府和清华大学共同组建的事业单位，依托清华大学的人才、技术、成果、平台等资源，为北京市促进科技成果转化、发展高精尖产业、调整产业结构提供技术支持和项目支撑。2020年11月22日，清华工研院雁栖湖创新中心入驻北京福田戴姆勒汽车公司怀柔一工厂地块，将建设智能微系统平台、探测与成像转移转化中心、生物仪器转移转化中心，搭建硬科技孵化器，吸引创新型企业和科技成果转化团队，形成怀柔科学城辐射带动老城区城市复兴的示范区。

案例七：创业黑马科创加速总部基地

其特点是"专业机构＋打造品牌"。创业黑马集团聚焦硬科技孵化转化，全力打造一流的双创服务平台，培育了一大批上市公司和独角兽企业。2020年5月，创业黑马科创加速总部基地在怀柔科学城揭牌成立，发现和推荐符合功能定位、带动上下游资源集聚、受到投资界青睐、具有较好发展潜力、未来2—5年时间内快速成长的企业，引导高端创新要素聚集怀柔，构建科技与产业融合的创新服务新生态。

案例八：海创硬科技产业园

其特点是"量身定制＋空间保障"。怀柔区按照海创产业技术研究院的创业孵化和成果转化需求，利用现有腾退厂房，建设海创硬科技产业园，占地面积39.6亩，改造后的建筑面积约2.4万平方米，设置四大功能分区，即研发办公楼、共享实验室、展示活动中心和科技花园。

案例九：怀柔科学城创新小镇

其特点是"功能融合＋学术生态"。创新小镇位于怀柔科学城中心区北部（即科学聚核区），占地面积120亩，建筑面积8万平方米，主要有五个功能区域，也就是：创新中心、政务中心、众创街区、创新广场、创客公寓。将科学研究功能、创新创业功能、城市服务功能、公共配套功能结合在一起，吸引和入驻了一批成果转化、创业孵化、科技服务、政务服务、商务服务、生活服务相关机构，目的在于把技术、人才、资本、空间、政策、服务等创新要素集成起来，有创新源头、有成果孵化、有资本参与、有人才支撑、有专业服务、有空间支撑，培育一批初创型企业和成果转化团队，努力建成要素完备、功能健全、充满活力的创新创业示范区。

2019年5月26日，创新小镇发布运营。截至2020年12月，创新小镇已入驻海创产业技术研究院、创业黑马科创加速总部基地、中关村发展集团雨林空间国际孵化器、国科大怀柔科学城产业研究院、魏桥国科研究院等创新创业平台，吸引了60余家初创型企业和成果转化团队。在创新小镇，经常举办学术交流、论坛研讨、创新创业大赛、项目路演、投资洽谈、展览展示等活动，成为怀柔科学城开展科技交流合作的重要载体，为营造开放融合的学术氛围和创新环境发挥了重要作用。

案例十：机械研究总院怀柔科技创新基地

其特点是"头部企业＋研发平台"。机械研究总院在怀柔科学城建设国家轻量化材料成形技术与装备创新中心，围绕航空航天、汽车、轨道交通等领域的重大需求，汇聚轻量化材料成形领域创新资源，开展高性能轻质合金材料、轻量化材料先进成形技术、数字化智能制造装备/成线应用等共性关键技术研究，进行产业孵化、标准检测、高端人才培养，解决关键材料、成形核心技术与重大装备"卡脖子"问题，打造集科技创新、中试验证、公共检测、标准服务于一体的综合性创新基地。

（四）培育科技服务机构，提供优良的"催化剂"

怀柔科学城充分利用科学设施平台集群优势，正在培育研发设计、分析检测认证、技术转移、创业孵化等科技服务业态，如图3所示。

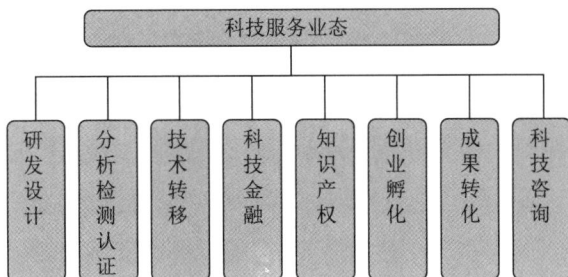

图3　怀柔科学城正在培育的科技服务业态

（五）研究推出应用场景项目，找到好用的"牵引器"

以科学仪器的自主研发和推广应用为核心，怀柔科学城正在研究谋划一批应用场景项目，以解决科学设施平台建设中"科学仪器自主化率较低"的难点痛点问题。鼓励和引导科学设施平台建设单位，将科学仪器设备研发面向国内高校院所和企业开放，广泛引入行业专家、头部企业参与场景设计，实行"揭榜挂帅"集中攻关新机制。组织公平竞争、择优培育的供需对接新形式，推动科学仪器新技术、新产品、新设备、新系统迭代升级、示范应用，形成可复制可推广的商业模式，从市场端、应用端、用户端，拉动自主研制的科学仪器的推广应用，打造具有黏性的科学仪器生态系统。

（六）集聚技术、人才、资本等创新要素，提供丰富的"营养液"

怀柔科学城正在充分利用财政税收、科技金融、科技研发、成果转化、中小微企业、高精尖产业等相关政策，努力吸引和集聚技术、人才、资本等创新要素。如图4所示。

四、构建科技创新生态的关键路径

当然，怀柔科学城构建科技创新生态还面临一些需要解决的问题，

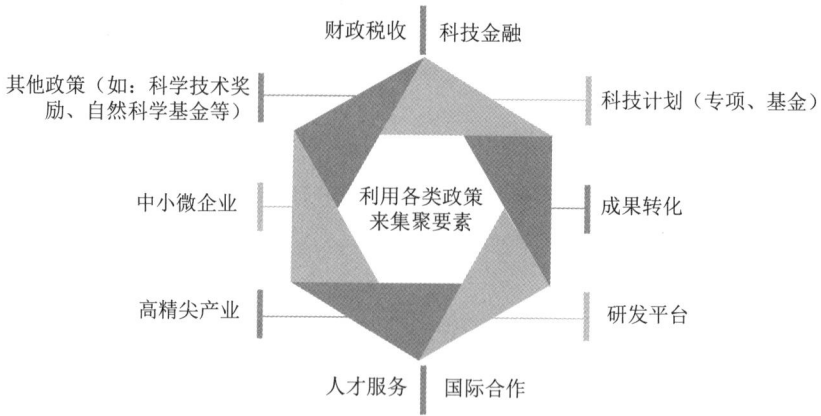

图 4　怀柔科学城利用各类政策来集聚要素

例如，大多数科学设施平台处于建设期，在科技创新生态中发挥的作用缺乏验证；创新资源比较缺乏，创新主体和创新要素的数量有限，尚未形成集聚效应；创新主体之间缺乏交流互动，跨学科跨主体跨领域的合作较少；缺乏头部企业和产业链配套企业，对构建科技创新生态发挥的作用有限；缺乏科技服务机构和科技服务团队，缺乏链接创新主体和创新要素的资源能力；缺乏科研成果的应用场景，用户对于科技创新生态的拉动作用不明显，等等；因此，怀柔科学城构建科技创新生态的关键路径是：

第一，加快科学设施平台的建设、运行和使用，与企业共建联合实验室和应用技术研究机构。

第二，吸引科学仪器、新材料、新能源、生命与医药、空间地球探测等领域的头部企业，建设以企业为主体、产学研结合的研发平台和研发中心。

第三，吸引和集聚新型研发机构和研究院，引导和支持入驻科学城的科学设施平台、高校院所、新型研发机构和研究院、创新型企业之间的交流合作。

第四，培育和引进研发设计、分析检测认证、技术转移、创业孵化、成果转化、知识产权等科技服务机构，培育与大科学装置和科技研发平台紧密相关的科技服务业态。

第五，引导和支持科技创新基金、投资基金、产业发展基金参与，促进科技金融结合。

第六，研究推出一批新成果新技术新产品的应用场景项目，从需求端、用户端、市场端拉动科研成果的转化应用。

第七，争取开展全面创新改革试验，探索在科学设施平台立项审批和建设投入机制、平台运行管理和开放共享机制、科研机构管理评价、科技成果转化、激发人才创新活力等方面进行改革突破和政策创新，营造制度创新高地，打造全面创新改革的示范之城。

作者：伍建民，北京怀柔科学城管理委员会副主任。

张江打造国际一流科学城
发展路径研究

一、张江科学城发展现状

张江科学城的前身是张江高科技园区。1992 年 7 月，国务院批准建立国家级高新区——张江高科技园区，面积约 17 平方公里；2017 年 7 月，上海市政府正式批复原则同意《张江科学城建设规划》（简称《规划》），总面积约 95 平方公里。按照《规划》要求，张江科学城的空间格局是："一心一核、多圈多点、森林绕城。"依托国家实验室，集聚科创设施，提升城市公共服务功能和科技金融等生产性服务，设置各种众创空间，提供创新创业的良好环境；发展公共交通，提供更好的人居环境。目前，张江科学城正全力推进两轮"五个一批"建设，即"一批大科学设施、一批创新转化平台、一批城市功能项目、一批设施生态项目、一批产业提升项目"，总投资额约 2600 亿元。目前，首轮 73 个项目中，54 个项目已完工。新一轮 82 个重点项目中，56 个项目已开工建设。今年一季度，张江科学城实现工业总产值 662 亿元，税收收入 106.5 亿元，固定资产投资 66.8 亿元，实到外资 8 亿美元，实现同比增长。

（一）形成了独具特色的三大主导产业

目前，张江科学城初步形成了以集成电路、人工智能、生物医药为重点的三大主导产业，聚集了一大批国际知名企业。

1. 集成电路产业

在全国居于领先地位，目前已形成千亿级的产业集群。集中了全国集成电路领域 40% 以上的企业，集成电路产业产值约占全国 1/3，封装测试占 40% 左右，形成了国内最为完善、技术水平最高的、包括集成电路设计、制造、封装、测试、设备材料在内的完整产业链。张江科学城共有 307 家相关企业，云集了一批国际知名集成电路企业。全球芯片设计 10 强中有 6 家在张江设立了区域总部、研发中心，它们是：高通、博通、英伟达、超微、马威尔和展讯；全国芯片设计 10 强中有 3 家总部位于张江，它们是：展讯、华大半导体和格科微。芯片生产的国际地位不断上升，对全球芯片价格形成有着重要的影响，与国际一流的芯片技术水平差距也在日益缩小。

2. 人工智能产业

张江科学城人工智能岛于 2018 年 4 月 17 日启动。集聚 IBM 研发总部、英飞凌大中华区总部、微软 AI&IoT Insider 实验室、ADA Health 等跨国企业巨头，同济大学无人系统研究院等科研院所，以及云从科技、小蚁科技、汇纳信息、黑瞳科技等"独角兽"企业。未来将以人工智能岛为主轴，使人工智能、大数据、云计算、区块链、VR/AR 等数字产业项目加快在张江中区集聚，并将技术和应用扩散至整个科学城，与其他产业交叉融合。

3. 生物医药产业

目前的张江科学城，拥有生物技术和医药产业领域创新企业 600 多家，从业人员超过 4 万人，正在研发的药物品种 300 多个。已经形成了药物筛选、新药研发、注册认证、中试放大、临床研究、量产上市的完备创新链。园区企业已申报药品注册 400 多件，已形成新药产品 260 余个；国家食药监总局每批准 3 个 I 类新药，就有 1 个来自张江科学城；张江科学城在国家新药创制重大专项的立项数占全国 1/3；企业临床申请获批率是全国平均水平的 3 倍。在基因治疗、CAR-T、抗体等肿瘤精准治疗细分领域涌现了一批创新企业，如复星凯特、复宏汉霖等；一批创新型企业已有多个自主研发的创新药获批上市；张江科学城已成为上海市最重要的高端医疗器械制造基地之一，以微创、西门子、德尔格为龙头，创新成果不断涌现。

（二）拥有良好的创新生态

建立了以企业为主体、市场为导向、产学研深度融合的技术创新体系，加强对中小企业创新的支持，促进科技成果转化。

1. 创新资源持续汇聚

张江科学城现有各级研发机构 440 家，其中国家、上海市级研究机构 70 家；外资研发机构 171 家，其中有美国通用电气、诺华医药研发中心、罗氏研发中心、IBM 研发中心、Honeywell 研发中心等；跨国公司地区总部 59 家，上海市科技公共服务平台 36 家，如中科院上海药物研究所、中国商飞设计研发中心、国家新药筛选中心、上海集成电路研发中心、基因芯片技术平台等；上海市重大功能性平台 2 家；在建创新转化平台有上海集成电路产业创新服务平台、生物医药产业技术平台、罗氏上海创新中心等，旨在促进重大科技成果转化。

2. 高层次人才加快集聚

张江科学城现有从业人员 38 万，其中博士 6200 余人、硕士 5 万余人、本科生 13.5 万余人、在园区工作的两院院士 20 人、入选中央"千人计划"人才 109 人、归国留学 7500 余人、境外 4300 余人，引进各类高端人才 450 余人。园区内还有上海科技大学、中医药大学、上海交大张江科学园、复旦张江国际创新中心等高校，为企业发展提供技术支撑和人才输送。上海科技大学、上海中医药大学、中科院上海高等研究院、张江复旦国际创新中心、上海交通大学张江科学园、中科大上海研究院、李政道研究所等近 20 家高校和科研院所落地张江。

（三）创新成果不断涌现

经过多年的建设，近年来张江科学城创新成果不断涌现，产业发展日新月异。新业态、新模式等不断涌现，创新活力显著增强。尤其是部分重点领域的创新链条不断完善，在全国乃至全球具有一定的创新影响力。上海浦东软件园已经成为全国最大的软件产业基地之一，软件的设计水平稳步提升。新能源汽车、新材料、海洋工程、航空航天等一批战略性新兴产业也初具规模，具有核心技术的重大产品也正在走向市场。

二、张江科学城发展的路径

（一）实施开放式创新策略

张江科学城从它的前身——张江高科技园区开始就肩负提升浦东新区自主创新能力的重任。立足开放的策略，在引进消化吸收的过程中，张江高科技园区把吸引海外高新技术企业作为经济发展和技术创新的重点任务。到今天为止，张江科学城所在区域的重点特色之一，就是外资高新技术企业汇聚，海归人才高度集聚，与中关村等国内其他高新技术高地相比，在外资高技术企业集聚度、海外人才集聚总量、企业进出口指标等方面，张江科学城都是首屈一指的。在当前我国实施创新驱动的战略下，张江科学城是上海具有国际影响力科技创新中心的承载地，仍然以开放式创新作为发展路径，其主要特点是充分发挥已有优势，加快突破创新体制机制瓶颈障碍，完善创新机制。坚持全球视野下的开放式自主创新和国际化策略，充分利用国际化的市场、人才、资本、技术等要素资源，积极参与全球产业分工，尤其是全球研发外包体系，促进跨国公司研发中心本地化发展，加快形成技术溢出效应。

（二）积极发挥政府多种手段的创新引导作用

一般观点认为实现自主创新要充分发挥市场经济体制的资源配置

作用，发挥企业自主创新主体的作用，但是从张江科学城建设的实践来看，政府在区域自主创新中的作用是不可替代的，甚至是具有一定的决定性作用的。

首先，政府对张江科学城技术创新公共产品的巨大投入，推动了市场配置创新资源的能力。张江高科技园区设立以来，政府就在基础设施建设与环境建设上进行了巨大投入。虽然无法直接统计这方面的投入，仅根据当初公布的《张江科学城实施方案》，投资项目除了产业投资项目以外，将建设 6 个重大科学设施项目、20 个创新转化平台项目、14 个提升科学城城市功能项目、21 个改善区域生态环境的基础设施项目，这些项目相当部分是政府投资或者政府主导型的投资项目，对科学城生产、生活功能有着强大基础作用。

其次，政府对重大技术创新平台或者创新装置的大量投入。这些科技创新平台或者设备对一些领域的科学研究与试验具有关键性溢出作用，政府直接投资是较为合理的方式。张江科学城是全市乃至全国科技孵化器最集聚的区域之一，当初共有经认定的孵化器 24 家（国家级 8 家），孵化面积超过 40 万平方米，在孵企业近 1000 家。这些孵化器中，综合型的有 4 家、专业孵化器 20 家，涉及信息技术、文化创意、生物医药、低碳环保等多个领域。其中，国资占主导地位或者国资参股的 15 家，孵化面积超过 80%，民营的仅 9 家（含 2 家外资控股）。这些孵化器发展成效显著，对促进创新创业、推进科技成果产业化、构建区域自主创新体系起到了积极作用。

（三）密切对接国家创新战略与意志

国家意志在自主创新中的作用在国外既有成功的经验，也有理论验证。发挥国家意志、国家能力在自主创新中的作用在我国体现得最为充分，其中"两弹一星"就是国家意志在自主创新中作用的显著体现。随着我国实施创新驱动战略以来，提升自主创新能力是我国经济发展的现实必要需求，国家对自主创新的意志日益强烈，并在战略上与政策上加快实施。党的十八届四中全会提出了"创新、协调、绿色、开放、共享"五大新的发展理念。其中,"必须把创新摆在国家发展全局的核心位置","让创新贯穿党和国家一切工作,让创新在全社会蔚然成风"等论断为国家实施创新驱动战略措施奠定了思想基础。由此,国家有关创新的政策力度不断加大,资金投入不断增长。张江科学城对接国家创新战略也充分得到体现。

首先,张江自主创新的方向与《中国制造2025》密切对接,张江科学城的主导产业选择了战略新兴产业为国家重点发展的领域,加强创新的突破。

其次,中央政府加大了对张江科学城的资金投入,并且利用国家手段组织相关力量支援张江的自主创新。最重要的表现为张江国家科创中心布局,以及一大批具有国际前沿的重大基础性科研平台建设。上海市政府与浦东新区政府一直强调张江科学城体现国家的自主创新、和谐发展、循环经济发展战略要求,作为上海市加快实现"四个率先"的重要引擎,在保持自身合理经济规模基础上,强调对长三角和全国的示范、引导、辐射作用,探索中国科技体制改革、区域治理改革的成功之路,作为中国参与全球高科技竞争与合作的先锋力量,依托国家重点实验室和中科院浦东科技院等,积极承担国家重大前沿科技项目、重大国际科技合作项目,成为积极推广新型高科技成果的应用示范。

(四)科技体制改革引领创新活动

张江科学城自张江高科技园区诞生之日起,就与国家改革开放的先试先行的有关政策相伴而行。最初浦东新区利用土地市场化进行园区开发的政策就包括张江高科技园区,通过土地率先的市场化开发,园区早期的基础设施获得了快速发展。张江国家自主创新示范区获批以来,一系列创新创业先试先行的政策在张江自主创新示范区铺陈开来,使得张江园区自主创新企业获取了政策制度创新的红利,促进了区域创新能力的提高。2013 年上海浦东自由贸易试验区作为国家第一个自由贸易试验区获批以来，张江自主示范区更是叠加了自由贸易试验区的政策，而自由贸易试验区政策叠加自主创新示范区的政策，在全国具有独一无二的政策优势。目前张江科学城创新创业政策涵盖了国家科技重大设施的政策、国家人才特区的政策体系、自主创新的财税支持体系、股权激励试点政策体系、科技金融体制创新的政策体系。这一系列的政策体系的形成，有力地从多个方面、多个维度对创新创业企业进行全生命周期的激励，产生了良好的效果。

三、张江科学城持续发展存在的问题分析

（一）人才制约成为重要的瓶颈

习近平总书记提出："人才资源是第一资源。"人才因素是创新企业最关注的核心要素，而人才的政策涉及十分广泛，就业、医疗、子女入学、出入境、财政税收等都与人才活动紧密相关。上海市的土地资源以及空间资源约束十分紧缺，上海市的新一轮土地规划明确实施减量化策略，即土地和人口规模将受到红线的约束，因此在人口总量的约束下，人才的各方面政策同国内其他城市相比相对趋紧，人才的引进就受到土地空间资源的总量限制。对国外人才来说，人才的职业资格认证、出入境手续、就业范围等限制的改革任务难度较大。因此，张江科学城已经建成了国内人才的高地，但是人才总量与质量还不能适应创新发展的需求，特别是高层次人才缺乏。根据《浦东新区 2018 年人才紧缺指数报告》显示，与张江科学城相关的生物医药、文化创意和信息服务业连续两年呈现紧缺状态。

（二）技术研发与产业化的融资渠道还不够充分

自从张江科学城开发建设以来，如何对科研成果进行产业化的融

资制度建设一直是政府和企业努力的重点之一，例如，大力发展和引进各类风险投资基金，政府发展各类高科技产业化的引导资金，发展了多种股票融资市场（例如，最近的科创板的推出），等等，高科技产业的融资便捷程度大大提升，张江科学城已经成为全国风险投资的集中地。融资成本高，对规模较小的高成长性企业而言，适用于抵押的资产少且变现难，加剧了融资的困难程度。尤其 2019 年下半年以来，投资机构募资困难加剧，市场资金更显紧张，企业融资需求强烈而融资难度加大，已经对高成长性企业，尤其是生产周期长、前期研发投入大的生物医药行业发展产生负面影响。

（三）政府体制改革与政务服务手段还需进一步提高

政府体制改革一直是浦东新区政府努力的重点之一，浦东新区成立之初就把建设服务型政府作为改革的目标重点之一，特别是自由贸易试验区以来，通过浦东新区政府与自由贸易试验区合一办公的办法，以开放促改革的路径推动政府管理体制改革与政府职能的转变，应该说浦东新区政府体制改革走在全国的前列，特别是传统的管制型政府已彻底打破，事中事后监管体系已经初步建立起来，但是政府服务的精准性、及时性还需提高。其中一些企业还不能享受到政府多种多样的服务，特别是一些企业对政府服务政策不够了解（见表1）。

表 1　企业对浦东新区政府扶持企业政策的了解渠道

选项	回复情况	占比（%）
政府部门发布	330	82.71
报刊电视介绍	129	32.33
从政府网站查询	241	60.40
从其他企业了解	126	31.58
其他，请列明	35	8.77
回答人数	399	100.00

资料来源：问卷调查所得。

（四）创业整体环境还存在一些问题

在张江科学城的建设过程中，针对中小企业创新创业环境的一些问题，作者进行了系统的问卷调查，发现了一些问题（见表2）。

1. 发展空间不足

由于受到土地空间资源的制约，许多企业反映发展空间不足，因此一些企业研发的科技成果只能去江浙等地寻找产业化的生产空间。这也是浦东新区政府感到头疼的难点之一，许多科技型企业也很想就地研发，就地制造，实现研发、生产、销售一体化。但是新区的土地空间与土地成本是让企业扩散生产空间的主要因素。

2. 资金成本高

以张江科学城高成长性企业中占比较高且最具发展优势的生物制药、芯片研发为例，大都须从国外引进技术，加上税费等费用，研发成本远高于国外。一旦核心技术难以引进时，企业内部研发周期长、不确定性大，更加剧了资金压力。

3. 土地、劳动力、经营场所等要素成本的价格较高

高技术人才成本的持续增长给企业带来了不小压力。如2017年新区高级软件人才（主要集中于张江）平均年薪达58.84万元，远远高于全国同行业平均水平，但在张江科学城高成长性企业中，集成电路芯片设计、文化创意产业等方面人才，与北京、杭州、深圳等没有比较优势。

表2　影响企业的生产空间与办公安排的因素（填写最重要三项）

选项	回复情况	占比（%）
发展空间不足	180	45.11
资金成本太高	313	78.45
注册地太远不方便	145	36.34
员工上班不方便	195	48.87
土地减量化	65	16.29

选项	回复情况	占比（%）
产业导向不明	65	16.29
企业高管落户困难	75	18.80
员工宿舍不足	62	15.54
员工子女就学不便	90	22.56
其他，请列明	7	1.75
回答人数	399	100.00

资料来源：问卷调查所得。

四、进一步推动张江科学城建设路径研究

（一）继续完善科技与产业规划

张江科学城提出来以后，政府部门进行了新的规划与布局，使得产业基地、生活配套设施、科技重大基础设施相继落地，区域的整体布局框架已经基本形成。在未来发展规划中，要以先进的生态文明理念为指导，围绕创建一流国际创新策源地为目标，进一步完善重点园区、重大科学装置、主要创新中心的详细规划，发挥区域多种要素的组合优势。以芯片和网络为承载基础，以数字化的知识和信息（数据）为关键生产要素，以智能算法为核心驱动力，涵盖物联网、大数据、云计算、人工智能等新兴数字信息产业是一个战略性聚焦方向。在新兴数字信息产业的战略选择上，既要考虑产业基础，又要充分考虑未来的发展空间以及产业特点。在生物医药领域，要充分发挥张江科学城生物医药产业原有优势，强化四产业集群创新优势、制度创新系统优势，提高国际国内的吸引力、竞争力和影响力，促进张江科学城生物医药产业成为中国生物医药创新驱动的标杆，从而推动中国生物医药从跟跑、并跑到领跑的跨越式发展。

（二）深化开放式创新模式

上海科创中心建设的定位是全球有影响力的科技创新中心，首先，必须立足全球资源、全球创新人才，实施开放式创新战略。为此要转变观念，不能只盯着浦东与国内创新资源，要放眼于全球，放眼于未来，加快制定浦东开放式创新的战略规划与政策体系实施开放式创新模式。着力构建全球开放式创新的网络，加强与国外合作研究开发、知识产权管理、公共基础知识库等，并继续推进国内外人才流动，制定相关的财政税收与金融创新等政策体系。其次，要充分发挥上海光源、超强超短激光平台、活细胞成像平台等世界一流科技硬件优势，打造依托重大科技设备的创新集群。依托上述重大科技设备，吸引国内外有关行业的创业公司到浦东开发相关的开放式创新中心，带动大批创新公司和创客集聚，形成依托重大科技设备的创新集群。再次，鼓励浦东开展各类公益讲坛、创业论坛、创业培训等活动。支持各类创业创新大赛、创业论坛等开放性活动，搭建创业公司与人才的交流平台。最后，加快浦东开发公司的战略转型。促进浦东几大开发公司从土地开发、资本运作向服务创新载体转变，深入研究开放式创新企业的政策需要与服务需求，建立全方位的、高效的政府服务体系。

（三）加强创新链条的建设与治理

结合产业特点，张江科学城更适合围绕底层技术、优势产业，打造更高层次自下而上、协同发展的多样性垂直产业生态，促进产业、人才、资本、创新深度融合，建立开放并充满活力的产业体系。如在集成电路产业上，张江科学城设计企业和芯片制造企业间尚未形成紧密的互动，可依托华虹、中芯国际等龙头企业，吸引 ARM、RISC－V 相关的 IP 生态，构建物联网相关芯片上游的 IP、制造等生态聚集，高成长性企业也可在其中受益，得以依托发展。在生物医药领域，精准医学、创新医药、智能医械、高端医疗要加强产学研医的联动融合，打通和拉长产业链，形成集群融合效应。充分利用自贸区政府管理体制创新的机遇，顺应开放式创新的要求，彻底打破并改变多部门分散管理科技创新政策与资源的局面，推进"科技创新管理"向"科技创新治理"的改革，建设由政府、企业、科研院所、大学、社会组织、公众等共同参与的创新治理体系。

（四）建设全球重点创新要素集聚中心

浦东全球创新中心核心区的建设，不仅要建设创新创业中心，而且要发挥"五个中心"核心功能区的联动作用，实现科技创新中心与金融中心、贸易中心、航运中心的良性互动关系。着眼于全球创新资源，要大力破除阻碍创新人才、资本、知识等要素跨区流动的壁垒，促进浦东尽快形成全球创新要素集聚中心。建设全球人才高原高峰。瞄准世界尖端人才，大力畅通国外人才的出入、居留、创业制度建设，推进外籍人才创业、就业与居留制度改革，加快全球高端人才的集聚与居留。继续加快全球创业资本集聚的步伐。利用浦东资本市场齐全，科创板推出的机遇，继续提升科技金融的市场化水平，推动"科创板"与"战略新兴板"的转板对接，进一步完善多层次、体系化的创新资本市场，形成全球科技金融中心。加快知识产权制度与交易市场建设，建设全球知识产权交易中心。以国际高标准的知识产权制度为参照，大力推进知识产权保护、开发的体制机制建设，发展知识产权交易市场，打造全球有影响力的知识产权交易中心。

（五）打造一流政务服务体系

在创新的社会与国际化水平日益提高的情况下，政务服务的水平与质量对区域创新的水平的影响越来越重要，新区区委、区政府已经意识到这点，提出了政务服务要跑出"加速度"的任务。今后，政府部门和有关政务服务的代理者要从过去的建设及运营商向打造产业生态的产业服务商转型，做产业生态优化的推手，探索面向新产业的企业服务新机制；提升对企业、产业需求敏感度，加强产业企业需求的预判，提高对高成长性企业政策针对性，提升服务科技创新的能力，让企业更有获得感；大力营造产业生态，要对接产业资源，为企业寻找落地的应用场景，帮助高成长性企业开拓市场；针对企业提到的高房租带来的通勤时间长、居住落户难等导致初级人才流失率较高问题，加速推动土地使用规划，精准扶持紧缺人才的购（建、租）房，扩大人才公寓规模，解决高成长性企业初级人才居住问题。深化现有的药品上市许可持有人制度、医疗器械注册人制度、生物医药保税研发、新药审批改革等"双自联动"的制度创新。整合财政、科技、人才、土地、环评、排污、审改、投融资、便捷通关等政策，增强政策的协同效应，打造全球一流的生命科学创新和生物医药产业链。

张江科学城正全面贯彻落实习近平总书记 2019 年在上海视察时的重要讲话精神，围绕强化科技创新策源功能，努力实现科学新发现、技术新发明、产业新方向、发展新理念，朝着建设世界一流科学城的目标稳步迈进。

作者：熊玉清，中共上海市浦东新区区委党校副教授。

浦东新区企业技术创新现状与思考

近年来，浦东新区坚决贯彻落实创新驱动发展战略，推动创新要素资源加快集聚、科创中心建设的集中度和显示度进一步提升。浦东着力于积极实施创新驱动发展、科教兴区和人才强区战略，不断完善以企业为主体、市场为导向、产学研结合的科技创新体系，优化创新环境，着重人才引进，健全协同创新机制，企业核心竞争力持续增强。浦东确定技术创新目标，就是加大政府部门对高新技术产业支持的力度，进一步营造优良的技术创新环境，基本形成以企业技术创新为动力的高新技术产业群，初步将浦东建成国际性的区域技术开发中心。

一、浦东新区企业技术创新现状

为推进实施创新驱动发展战略，加快建设具有全球影响力的科技创新中心，加大对本区初创期及小微科技企业的扶持，营造"大众创业、万众创新"的创新生态环境，根据《上海市科技创新"十三五"规划》，上海市科学技术委员会特发布《2019年度科技型中小企业技术创新资金项目指南》。重点支持新一代信息技术、高端装备制造、生物产业、新能源、新材料、节能环保、新能源汽车等战略性新兴产业以及科技服务业领域的科技型中小企业。其中，科技服务业重点支持技术转移、科技新媒体等专业科技服务。

（一）创新政策环境持续优化

近年来，浦东新区以建设高层次人才集聚区、产学研结合密集区、科技成果转化汇集区为目标，出台了《关于加快创新型城区建设的意见》等政策文件，促进了以科技创新为核心的全面创新，推动工业企业走上了创新驱动、内生增长的轨道。2020年初，浦东新区经认定的企业研发机构850家。2020年初新区经认定的高新技术企业2100多家，新区全社会研发（R&D）经费支出占GDP比例为4.05％以上，新区每万人发明专利拥有量达到55.3件。2019年新区技术交易合同成交金额345.97亿元。2019年，浦东新区张江园科技城区域每万从业人员中研发人员数为1100多人；万名从业人员累计拥有有效发明专利数为600余件。经认定的众创空间和孵化器数截至2020年初，浦东新区经认定的众创空间和孵化器达到164家，2019年4月，浦东新区经试成监管局登记的创投机构累计达到5068多家。2018年5月以来，新区累计境内外上市企业148家，新三板挂牌企业208家，股交中心挂牌企业175家，已经提前完成"十三五"规划目标。

（二）技术创新体系更加健全

以搭建技术创新载体和公共技术服务平台建设为抓手，引导和支持企业创建自主研发载体，支持鼓励企业不断提升研发平台建设水平。形成以信息、生物医药、光机电一体化为主的先导技术创新发展层面；以汽车、石化、家用电器、船舶、冶金为重点的传统支柱产业技术和再创新层面；以农业生物技术应用和设施化农业技术为特色的现代化农业技术层面。其中第三代移动通信设备、集成电器设计和芯片集成系统、网络技术和应用软件、光电子材料和元器件、基因工程和生物技术、天然药物新药、新材料技术和设施农业技术等在新区有较好发展基础和条件的技术创新，将尽快达到国内领先的地位。

（三）协同创新机制向纵深推进

一方面，浦东新区先后与中国科学院、中国物理工程研究院、复旦大学、清华大学等300家重点院校结成了相互支持、互利共赢的稳定合作关系，成立了近千家产业技术创新战略联盟，集中高校院所的智力资源，破解了制约产业发展的多项关键共性技术，形成了"政、产、学、研、用、金"密切结合、协同创新的格局。据不完全统计，浦东新区到2020年主要劳动年龄人口受过高等教育的比例达40%以上，中央和上海"千人计划"、浦东"百人计划"专家数达到600人以上。2020年，已建和在建的大科学设施数量为10个；自贸区科技专业服务业企业数达到850家以上，国家和市级、区级公共服务平台数为150家以上，临港自贸区地区工业产值达到2000亿元以上。

另一方面，浦东新区保持"三个领先"与"三个保障"。企业自主创新领先，二次创新和自主研发占企业技术开发的主导地位；高新技术产业产值增长领先于传统工业的增长速度，近年来，高新技术产业产值占浦东工业总产值的比重达到50%以上，科技进步对经济增长的贡献率达到60%左右；高新技术产品推向市场领先，新产品产值年均递增30%以上，高新技术产品出口年均递增50%以上。同时，实现了机制、政策和基地保障。其中基地保障将集中力量加快张江高科园区建设，推动金桥、外高桥、临港的技术创新基地特色功能的形成和集聚，加大对基地的交通通信、生活配套、教育培训、资料检索以及其他公共技术服务设施的建设，创建优良的技术创新和投资环境。

二、浦东新区企业技术创新存在主要问题

（一）创新意识和服务平台急待提高

从调研的实际情况看，部分企业科技创新意识还不强，在科研平

台建设、专利申报上投入不大，存在重生产经营、轻科技创新的现象，自建的研发平台也只是简单的化验或检测产品质量，离科研开发还有较大距离，导致企业缺乏长远竞争力。从全社会研发经费支出看，2017年，浦东全社会研发（R&D）经费支出占GDP比重为4.05%，远低于北京海淀区9.81%和深圳南山区4.82%的水平。

从科技成果转化来看，由于受制于园区土地和区域环评等限制条件，以生物医药为代表的制造业企业在研发成果产业化过程中难以获得生产用地，只能将生产环节转移到外区和外地。

从技术交易合同成交金额看，2017年浦东成交金额为345.97亿元，占上海（867.53亿元）39.9%；北京海淀区（1620亿元）约为浦东的4.7倍，深圳（555亿元）约为浦东的1.6倍。

（二）缺乏高层次科技人才，创新创业环境急待优化，直接制约了企业创新能力的提升

近年来，虽然部分企业加强了高技术人才引进工作，但由于区位优势不明显、待遇条件跟不上，人才引进后又流失的情况时有发生。从中央"千人计划"数量看，截至2018年初，浦东已累计引进219人，占上海市引进总数（1011人）的21.7%，约为北京海淀区927人（2016年数据）的1/5，且低于江苏南京的294人（2016年数据）和浙江杭州的288人。从企业孵化机构看，截至2017年底，浦东累计拥有国家级科技企业孵化器12家，国家级众创空间19家。但与国内科技创新典型地区相比差距较大，其中国家级众创空间数量不到北京海淀区105家的1/5，约为广东深圳69家的（2016年数据）的1/4，约为浙江杭州55家的1/3，江苏南京32家的3/5。

从公共服务平台看，浦东新区现有各类技术公共研发平台80多家。但大多数研发平台建成于十几年前，且大多依靠政府财力维持，没有自我更新和发展的能力，设备状态和技术层级已显落后，创新能级低，很难发挥平台的基本作用，无法满足企业的创新需求。浦东是

很多人才青年人向往的实现梦想之地，科创中心建设也是很多青年人愿意献计献策的舞台。据几家知名企业如中国商飞、华虹集团以及联影医疗的高管反映，近年来，浦东吸引了一批年轻的海归人才，但具体到住房、生活、小孩教育、医疗环境等就出现了人心不稳、跳槽、离职、很难留得住的问题。

（三）产业自主创新能力不强

尽管浦东新区技术水平和自主创新能力有了一定程度的提高，个别产业在国际上具备了一定的竞争力，但总体来看，产业自主创新能力仍然较弱，技术水平、劳动生产率和工业增加值率都还比较低，产品附加值也不高。从专利看，截至 2017 年底，浦东每万人发明专利拥有量为 55.3 件，上海为 41.5 件，广东深圳为 89.78 件，北京海淀区为 272 件，江苏南京为 49.7 件。从海外专利申请来看，2017 年浦东 PCT 国际专利申请量为 800 件，占上海的 38.1%；而北京 PCT 申请量有 5100 件，深圳 PCT 申请量超 2 万件，占全国四成以上。在世界知识产权组织（WIPO）发布的 2017 年 PCT 国际专利前十申请者中，华为、中兴通讯分别以 4024 件和 2965 件位列前两名，北京京东方以 1818 件位居第七。

从国家级科技成果奖励看，2018 年初浦东仅获得 12 项国家级科技成果奖，占上海（58 项）的 20.7%，北京海淀区为 51 项、广东深圳为 15 项、浙江杭州为 10 项。

三、浦东新区企业技术创新工作的思考

（一）加强浦东南北科技创新走廊建设，构建科技成果转化区域发展和利益共同体

一方面，要加大对科技创新的投入力度，切实提高全社会研发经费投入强度；另一方面，探索南北科技创新走廊协同发展、务实对接

的常态化、长效性合作机制，调动相关各方的积极性，在跨地域经营企业的利益分享和政策享受、招商项目联动、科技金融等方面形成联动和共享，构建区域发展和利益共同体。深化混合用地改革试点，打通工业用地、研发用地通道，突破现有用地制度对产业发展的制约瓶颈，促进土地集约节约利用，解决产业化空间不足的问题。

（二）要推动创新创业的众创环境空间、孵化器和公共服务平台功能升级

一是通过引进或共建的方式，打造一批国家级、省（市）级科技创新平台，积极探索共建模式，加快综合创新平台建设步伐，充分利用国家级平台的技术优势，推进平台资源共享，联合开展项目申报和科研攻关，完善创新产业链条，促使更多技术成果实现就地转化和产业化支持符合条件的研发机构创建国家级、省（市）级创新平台，对新认定的国家级、市级创新平台，给予资金扶持。

二是支持行业龙头企业、跨国企业、创投机构、著名天使投资人等按市场化机制创办并运营专业化、品牌化、国际化众创空间和孵化器。推进建设一批成本适宜、功能齐全的企业总部型、技术中试型、专业生产型、投资服务型等多种类型科技企业加速器建设，发挥加速器落实产业政策的重要平台作用。建立全产业链科技公共服务平台体系，建设一批功能型平台，加强前瞻技术研发、共性技术攻关和成果推广产业化。创新科技公共服务平台建设和服务机制，探索引导社会资源参与公共服务平台建设模式，增强现有科技公共服务平台的市场化运营能力，鼓励企业研发机构探索开放式服务。

（三）实行积极人才引进推进政策，要着力打造更具影响力的全球创新人才高地高峰

一要聚焦浦东新区高端产业发展，关注引领性人才、支撑性人才队伍，系统推进高端、高素质人才资源的集聚培育和激励保障，同时也要解决只重视高端而忽视多层次人才队伍建设问题。认真落实人才高峰工程行动方案，设立"一事一议、按需支持"机制。实施国家实验室人才服务工程，支持国家实验室和企业在人才联合培养、科研成果转化等方面开展产学研合作，并为科学家等高端人才提供生活配套保障。实施独角兽人才培育工程，生物医药、集成电路、脑科学与人工智能、高端装备、大数据和文化创意等领域的独角兽创业团队，按照政策享受浦东新区"百人计划"待遇及定制化支持方案。

二要深入实施"英才计划"，主动推进海外引才工作站建设，建立与大批驻浦东的高校引进人才联动机制，集聚一批首席科学家、行业领军人才、科技创新人才和高技能人才。推进落实重点产业紧缺人才引进计划、企业博士聚集计划等，对引进的创新人才，解决配偶就业或给予生活补贴，优先安排子女入学。同时，浦东新区需不断深化科技体制改革，逐步建立了开放、流动、竞争、协作的科研新体制和人才使用新机制，激发科技人员的创造性和工作积极性。有了这种新机制，充分发挥每个科技人员的专业特长，调动他们的工作热情，既拓宽了科技开发渠道，创造了经济效益，又锻炼出一批懂经营、会管理、善开拓的复合型人才。

（四）优化企业发展政策环境，推进和实施政策措施

全面落实深入推进科技创新发展的实施意见等政策措施，整合利用好各类创新扶持和奖励资金，发挥财政资金的杠杆作用，为企业自主创新提供多元化的资金保障。引导企业进一步加大研发投入，推动企业发展转向创新驱动、内生增长的轨道。在确保财政科技投入达标的基础上，建立健全科技与金融合作协调机制，发挥好小微企业贷款风险补偿基金、创新投资引导资金、科技型中小企业贷款贴息资金等专项资金的作用，加快形成高效便捷的创新创业融资服务体系。

浦东新区未来要依靠科技创新提高创新发展能力、发展生产力，瞄准世界科技前沿，集中力量建设好张江综合性国家科学中心。同时，

紧紧抓住人才第一资源，培育集聚全球优秀创新人才的平台，通过提升面向全球的创新要素集聚功能、创新成果的生产力转化功能以及区域创新体系建设的先行先试功能，体现科技创新核心功能区的辐射带动服务功能的溢出效应。

作者：于志明，中共上海市浦东新区区委党校区情教研室主任、副教授。

改革开放 40 年上海高端人才集聚政策研究

——政策演进、现状评估与未来走向

在新中国成立 70 周年之际，回顾上海市高端人才聚集政策的发展历史，分析目前上海高端人才聚集的现状及问题，并对未来上海高端人才政策进行预测，既是对上海高端人才工作的系统总结和梳理，也是对未来开展好上海人才工作的理性思考，希望能为上海乃至全国其他地区人才政策的制定、实践与人才政策研究提供参考。

一、40 年来上海高端人才聚集政策的发展历程

改革开放以前，与全国其他地方相似，上海的人才资源配置主要依赖于统包统配、固定用工、统一管理的人才管理制度，即计划控制型人才聚集模式。改革开放后，上海市率先提出了社会主义人才市场化的改革方向，加快全国各地高端人才向上海流动。人才的聚集模式从传统的计划控制型逐步转向政府扶持型和市场主导型方向迈进（见图 1），高端人才集聚主要依靠上海自身产业优势、创新环境、生活环境等自下而上产生，人才招聘主体转向用人单位，政府更多发挥辅助作用。从整个发展历程来看，上海高端人才聚集政策大致经历了试探摸索阶段、发展过渡阶段、国内人才高地建设阶段、国际人才高地建

设阶段、人才体制全面深化改革阶段，并逐渐形成了独特的高端人才聚集模式。

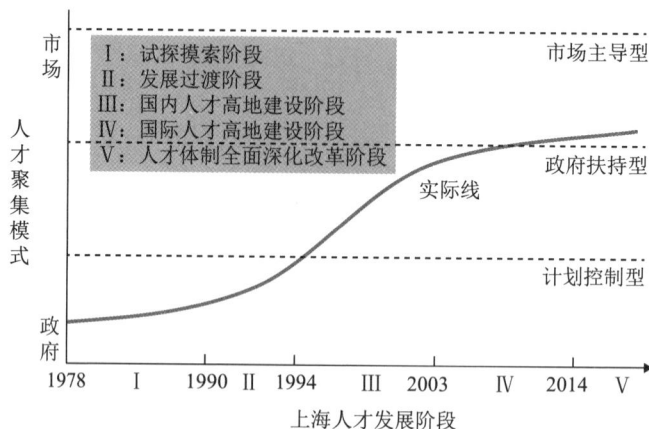

图1　改革开放以来上海高端人才聚集模式的变化模型

1. 试探摸索阶段（1978—1990 年）

这一时期的人才聚集模式改革依然在传统计划管理体制框架中进行，在主动探索发挥市场作用的同时，政府依然起到了主导作用。首先，针对经济社会发展过程中（特别是重大项目建设）所需要的紧缺专业技术人才在上海本地范围内难以调配的问题，主动探索从全国范围内以及海外小规模引进。1994 年，上海市出台《关于本市从外地调入专业技术干部的暂行办法》，从政策层面率先突破了人才跨地域流动的可能。但是，这种高端人才引进需要经过政府主管部门批准，具有典型的计划性。其次，全国率先探索建立人才交流市场，发挥用人单位在人才选配中的主体作用。为贯彻落实国务院印发的《关于科技人员合理流动的若干规定》，1983 年，上海市率先成立科技人员交流服务部，并于 1984 年 7 月在市人事局下成立人才交流服务处。1985 年 5 月，上海率先在全国举办人才交流洽谈会，开启了全国人才市场的先河。1986 年 4 月，上海市专门开展"上海专业技术人才使用现状及其战略对策研究"，提出了开放人才市场、改革专业技术人员管理体制，并出台了《上海市专业技术人员聘用合同制暂行办法》《关于建立上海

市人才开发调节中心的几点意见》等 7 个配套文件，赋予科教文卫等
事业单位的人事管理自主权，纠正以前使用干部管理方式来管理专业
技术人员的传统做法。1989 年，上海成立人才开发调节中心（现为上
海人才交流服务中心），并在各区县相继成立区县人才开发调节中心，
逐步形成了人才交流网络。

2. 发展过渡阶段（1990—1994 年）

这一阶段的起点是浦东开发开放，1990 年中共中央决定开发开放
浦东，这一国家战略将上海经济社会发展引向了高潮，也为上海人才
市场开放注入强心剂。由于开发开放初期，浦东新区人才极度匮乏，
需要从全国各地引进专业技术人才和管理人才。1992 年，上海市出台
《上海市促进专业技术人员和管理人员流动的暂行规定》，为跨地域、
跨行业人才流动扫清了制度障碍。同时，由于户籍制度限制，上海又
出台了《上海市引进人才实行工作寄住证的暂行办法》，提出来上海工
作的技术人员和管理人员可以不办户口，办理《工作寄住证》，但寄住
证只享受在上海工作的权利，不能享受社会保障、子女教育等政策。
1993 年，浦东新区就率先打破地域和行业限制，在全国选聘 40 名机
关干部。为满足浦东对国际人才的需求，上海先后制定了《上海市鼓
励出国留学人员来上海工作的若干规定》和《关于出国留学人员来上
海投资兴办企业的有关规定》，鼓励留学归国人员来上海就业和创业。
而同年正式运转的浦东人才交流服务中心，开始为落户浦东的各类企
业提供人事代理服务，这在一定程度上促进了全国人才跨地域流动机
制的形成。

3. 国内人才高地建设阶段（1994—2003 年）

这一阶段是以时任上海市委书记黄菊同志在市长国际企业家咨询
会议上提出"构筑上海人才高地"的战略构想为起点，拉开了上海人
才高地建设序幕。这一时期高端人才聚集的市场化氛围更浓、力度更
大、制度更活，并且开始探索人才法制化建设。在人才市场机制建设
上，1994 年上海率先开张中国上海人才市场，推动了人才在不同行业

和企业主体自由流动。1996 年，上海通过了《上海市人才流动条例》，以地方性法规形式进一步确定了用工主体用人自主权与人才择业自主权，打破了传统统包统配、固定用工的计划用工体制。2002 年，上海又率先对人才市场改制，允许社会主体开办人才中介服务机构，并与同年成立人才服务行业协会，加强对人才中介服务机构的行业监管。在国内外人才引进上，上海分别于 1994 年发布《关于进一步做好本市从外省市调入专业技术人员和管理人员工作的意见》和 1999 年发布《上海市吸引国内优秀人才来沪工作实施办法》，吸引国内优秀人才来上海工作。同时，由于户籍制度限制，对来沪工作的优秀人才推行柔性流动工作机制，2000 年推出《上海市引进工作证实施办法》，2002 年在全国率先推出《引进人才实行〈上海市居住证〉制度暂行规定》，规定来沪优秀人才虽然没有户口，但同时享受上海市民所享有的权利，包括工作就业、子女教育、购买住房、社会保障等。在海外人才引进上，上海先后出台《上海市引进海外高层次留学人员的若干规定》、《上海市海外留学人员专项资金管理办法》以及《上海市海外留学人员来沪创办软件和集成电路设计企业创业资助专项资金管理暂行办法》等。这不仅对引进海外留学归国人员的层级以及享有的待遇进行规定，同时还设定专项资金进行资助。这些政策促动了海内外高端人才向上海集聚，推动了上海人才高地的成长。

4. 国际人才高地建设阶段（2003—2014 年）

2003 年，上海市明确提出要加强人才国际化，并于同年 3 月启动了"万名海外人才集聚工程"，2010 年又明确提出要建设国际人才高地，成为这一阶段人才集聚的重点方向。在人才集聚模式上，这一时期更加注重人才市场产业化、高端人才聚集工程实施和制定人才长远规划。在人才市场产业化上，2004 年，人事部出台了《关于加快上海人才市场发展的意见》，将上海人才市场推向专业化、信息化、产业化和国际化；2006 年，上海率先探索中外合资控股建设人才中介机构，其中外资控股比例最多可达 70%；2010 年，上海率先组建了并正式运营了全国第一个国家级人力资源产业园区，这些举措加快推动了高端人才资源的市场化配置进程。在海外人才聚集工程上，上海先后于2003年、2005年、2007年掀起了三轮"万名海外人才集聚工程"、发动了"千名香港专才计划"，2005年创设"浦江人才计划"、2007年实施"东方学者计划"落实国家"千人计划"、2010年实施"上海千人计划"，在高端人才引进计划下开展各种人才活动，如"3100工程""雏鹰归巢计划""归谷工程"等。同时，为解决海外人才回归的养老、医疗、创办企业、外汇兑换、子女就读等问题，于2006年出台《鼓励留学人员来上海工作和创业的若干规定》，并于2010年实施《上海市实施海外高层次人才引进计划的意见》和《上海市海外人才居住证管理办法》，延长海外人才在沪居留许可时间，为海外人才在上海安居乐业和便利流动提供政策支持。在人才规划方案上，2004年上海市制定《上海实施人才强市战略行动纲要》，2010年制定《上海市人才发展中长期规划纲要（2010—2020)》，为上海中长期人才发展提供蓝图。

5. 人才体制全面深化改革阶段（2014年至今）

2014年5月，中共中央总书记习近平在上海考察时，要求上海建设具有全球影响力的科技创新中心，集聚全球科技创新人才，把新时期上海人才工作推向新的高潮。这一时期高端人才集聚主要是以人才体制全面深化改革为重点，优化人才生活工作环境、继续深入实施人才聚集工程，提升高端人才集聚度。2015年6月，上海市出台了《关于深化人才工作体制机制改革促进人才创新创业的实施意见》，2016年9月，又出台了《关于进一步深化人才发展体制机制改革加快推进具有全球影响力的科技创新中心建设的实施意见》，这两项政策在推动海外人才永久居留、签证制度、出入境制度、外国留学生就业制度、人才评价制度、职称制度、人才流动制度等方面都进行了全面深入的改革创新。2019年3月上海又出台《关于进一步深化科技体制机制改革增强科技创新中心策源能力的意见》，为科技人才进一步松绑，提升科技人才的创新动力和活力。在人才聚集工程上，上海继续深入实施前一阶段的人才引进工程，并于 2018 年 3 月出台了《上海加快实施人才高峰工程行动方案》，为上海重点领域聚集高峰人才。同时，上海还大力加强众创空间建设、完善创业融资机制、提升人才生活保障环境等，用更加便利化、国际化、法治化的生活工作环境，用更好的事业发展平台聚集人才。

二、上海高端人才聚集的现状评估

（一）上海人才的总体概况分析

根据 2007—2017 年上海市公开发布的上海人才资源报告，我们分析发现，这 14 年期间上海市的人才总量呈现出以下几个特征：

第一，人才总量呈稳步增加态势且增长速度快于人才资源增长速度。从人才资源总量来看，2004 年上海人才资源总量为 250.3 万人，到 2017 年增长至 488.39 万人，绝对增长量为 238.09 万人，这期间增长了近 2 倍，年均增长率为 5.28%。与其相伴生的是，人才总量也呈现稳步增加趋势，2004 年上海市人才总量为 161.19 万人，到 2017 年增长至 368.62 万人，期间增长了 2.29 倍，年均增长率为 6.57%，总体增长速度快于人才资源增长速度。这能够表明，上海市在人才资源聚集过程中，更加重视了对人才的引进和聚集。

第二，人才率为达到七成左右，且逐年缓慢增长。人才率是衡量人才资源量中具有大专及以上或中级职称以上人才的比重。2010 年之前，上海人才率先呈现先降低后增加再降低的倒"N"形趋势，在 2007 年，人才比重增长至这段时间的最高值，为 70.74%，之后逐年降低，到 2010 年降至 63.42%，几乎与 2005 年水平相当（62.46%）。这是由于 2010 年之前，上海市外来人口增量较多，外来人口中人才比重带来的波动。但到 2010 年之后，外来人口增量不断下降，并且上海对来沪人员的素质要求越来越高，人才率比重呈现逐年增加，到 2017

年，上海人才资源中的人才率达到 75.48%。

第三，地区人才密度呈现不断稳步增加趋势。在人才学中，人才密度常用来衡量地区人才指数的重要指标，其中包括人才人口密度和人才区域密度，前者是指在所有常住人口中中专及以上或中级职称以上人口的比重，后者是指区域内每平方公里中专及以上或中级职称以上人口的比重。无论是人才人口密度还是人才区域密度，上海人才密度都呈现稳步增加趋势。从人口人才密度来看，2004 年上海每百名常住人口中人才量为 25.42，到 2017 年增长至 58.14，13 年间增长了 2.3 倍，年均增长速度为 6.57%。从人才区域密度来看，2004 年上海每平方公里土地上人才覆盖量为 8.78，到 2017 年增长至 15.24，增长了 1.73 倍，年均增长速度为 4.33%，略低于人口人才量。这可表明，上海的人才增长速度整体快于常住人口增长速度，常住人口的文化素质在不断增加，这与我国人口文化素质的整体提升及上海重视人才工作密不可分。

（二）高端人才空间集聚状况分析

由于高端人才具有"领头羊"作用，能够吸引一批优秀的人才聚集，把握了高端人才也就把握了人才的关键。根据对 2010 年以来上海市高端人才聚集情况分析发现，主要呈现出以下几个特点：

第一，高端人才规模不断增大，其中入选中央"千人计划"增速最快。2010 年以来，上海市各类高端人才规模都呈现增长，到 2017 年，中国科学院与中国工程院院士人数达到 182 人、中央"千人计划"入选者达 1011 人、外籍专家 29 人、文化名家暨"四个一批"人才 60 人、市领军人才 1398 人、市"千人计划"人才 798 人、首席技师人才 1217 人。从增长速度来看，中央"千人计划"入选者年均增长速度最快，为 27.66%，文化名家暨"四个一批"人才以及市级人才计划入选者增速都超过 10%，政策性人才聚集效果明显，但是由于中国科学院与中国工程院院士工作地点相对稳定，政策集聚效果不明显、增长速度也最慢。

第二，上海更多高端人才进入专业领域而非党政机关。从主要人才类型来看，2007年以来党政人才、企业经营管理人才与专业技术人才中研究生及以上学历规模也不断增加。2007年，党政人才、企业经营管理人才与专业技术人才中研究生及以上学历数量分别为0.67万人、6.35万人和12.18万人，到2017年，这三种人才类型中研究生及以上学历数量分别增加至1.82万人、20.76万人和37.93万人，其中年均增长速度分别为10.51%、12.58%和12.03%。由此可见，这10年期间三种类型高端人才增长速度都超多10%，而且企业经营管理人才增长速度最快、专业技术人才次之，党政人才速度最慢，更多高学历的、优秀的专业化人才进入专业领域而非党政机关单位。

第三，与其他人才队伍相比，进入党政人才中高学历人才比重偏高。在人才研究中，学历结构是衡量人才素质的重要指标，其中拥有研究生以上学历人才比重是常用指标。在四种主要人才类型中，高端人才比重都呈现不断上升趋势，2007年，党政人才、企业经营管理人才与专业技术人才中研究生及以上学历占比分别为5.2%、4.2%和12.18%，高技能人才占劳动者比重为19.04%，到2017年，这三个指标分别上升至12.9%、8.4%和13.1%，高技能人才占比为32.08%，四者年均增长速度分别为9.51%、7.18%、0.73%、5.36%。这可以看出，近10年进入党政人才队伍中的高学历人才比重最高，这也是公务员队伍进入门槛越来越高所致；相对来说，进入专业技术人才队伍的门槛较低，越来越多人才选择进入专业技术人才行列，在一定程度上拉低了高学历人才占比。但是，这并不妨碍越来越多的高学历人才进入到企业经营管理和专业技术队伍。

第四，近七成专业技术人才多分布在第三产业，且行业分布主要集中在制造业、批发和零售业、教育等。2010年上海专业技术人才中从事第三产业比重达到64.8%，到2017年增至70.47%，之后基本稳固在69%～70%之间；从事第二产业的专业技术人才从2010年的

34.89％降至 30％左右，且在 2014～2017 年基本稳定在这一水平；相对而言，专业技术人员从事第一产业相对偏少，基本都在 0.5％以下，且出现了先增加后降低的倒"U"形变化态势。

从行业来看，2010 年上海专业技术人才集中行业排名前五位的分别是制造业、批发和零售业、建筑业、教育、金融业，到 2017 年，排名前五位的依次为制造业，批发和零售业，教育，租赁和商务服务业，信息传输、计算机服务和软件业。可以发现，虽然制造业、批发和零售业这两个行业专业技术人才分布依然排前二位，但专业技术人才所占比重均出现下降，在 2010 年排名第三的建筑业下降较快，从 2010 年的 9.86％下降至 6.66％，同比下降了 32.5％；从事金融业的专业技术人才比重虽有提升，从 2010 年的 7.03％升至 2017 年的 7.87％，但仍不及租赁和商务服务业，信息传输、计算机服务和软件业，这两个行业分别从 2010 年的 6.35％、4.92％上升至 2017 年的 8.79％和 8.87％，后者在 7 年间增长了近一倍（80.3％）。

（三）高端人才聚集的空间分布

第一，高端人才主要聚集在中心城区，且呈现逐步向外围扩散。高端人才人口密度是指在某一区域内每千名 15 岁及以上人口中拥有高端人才数量所占比重，用以衡量某一区域高端人才比重。由于高端人才数据缺乏，本研究使用了高学历人口替代高端人才。计算公式为：高端人才密度＝硕士及以上学历人口数/15 岁及以上人口数×1000，即表示每千名 15 岁及以上人口中硕士及以上学历人口数量。通过 GIS 制图软件可以清晰地呈现出上海各区高端人才密度分布情况，2000 年上海高端人才聚集区主要是中心城区，排名前五位的区分别是徐汇、杨浦、长宁、静安和卢湾区；2005 年排名前五位的分别为徐汇、静安、普陀、浦东新区和长宁区；2010 年为徐汇、长宁、杨浦、静安和卢湾；2015 年分别为徐汇、静安、长宁、虹口和杨浦。由此可以发现，2000 年以来，上海市高端人才聚集区基本都位于中心城区，仅有

2005年，浦东新区高端人才密度居上海市第四位，这是由于1990年开发开放以来浦东新区迅速聚集高端人才，但是在2009年，浦东新区与原南汇区合并为新浦东新区，在一定程度上稀释了原浦东高端人才密度。

从人才密度薄弱区来看，2000年上海市高端人才密度排名后五位的分别是崇明、南汇、奉贤、松江、青浦区；2005年分别为崇明、奉贤、金山、青浦、南汇区；2010—2015年均为崇明、奉贤、青浦、金山、嘉定区。由此可发现，高端人才密度最低的区域都分布在上海郊区。2000年以来，中心城区高端人才密度都处于最高水平，浦东新区次之，近郊区和远郊区人才密度最低。

第二，上海远郊地区人才密度增速远超中心城区的增速。2000年以来上海市高端人才密度年均增长速度中，增速最快的区前五位分别是南汇、松江、奉贤、崇明和青浦区，基本都位于上海远郊地区；而增长速度最慢的区分别为虹口、普陀、卢湾、徐汇和杨浦区，基本位于上海中心城区。其中南汇地区高端人才密度增长速度较快主要得益于与原浦东新区合并后，在一定程度上拉高了地区人才密度；与此同时，原南汇区与原浦东新区合并后，南汇发展进入快速轨道，特别是临港新城的开发建设，高端人才逐渐向原南汇偏移。根据计算主要区域年均高端人才密度来看，在过去15年，上海远郊地区高端人才密度年均增长速度为24.39％，浦东新区为18.23％，近郊地区为14.18％，中心城区为11.05％，其中远郊地区增长速度是中心城区的2.2倍。

（四）高端人才聚集政策效应分析

1. 海外人才政策对人才的聚集效应显著

"政策效应"是指国家或地方政策带来的作用或效果。从人才规模来看，2010年上海市引进的海外人才数量为9165人，到2016年为20741人，年均增长率为14.58％，其中留学人才增长最为迅速，由2010年的3387人升至2017年的13744人，年均增速为22.15％。其次是外国专家，年均增速为 16.1％，港澳台专才增长速度为 10.53％。但是，在 2010—2017 年期间，海外人才增速并不是一致。在留学人员方面，2010—2012 年间回国人数增加了 2659 人，到 2012—2014 年间增长了 7358 人，2015—2017 年间增加了 2638 人，这三个时间段年均增速分别为 33.61％、48.90％和 11.24％。可以看出，2012—2014 年留学回国人员最多，这或许与 2014 年习近平总书记明确要求上海建设具有全球影响力科技创新中心的要求有很大关系，但由于缺少 2013 年数据，并不能明确证实 2013—2014 年回国人员的增速，但是由于上海出台的人才政策对留学人员吸引力强度不够，2015—2017 年回沪人员增速明显放缓。但在外国专家方面则有所不同，2010—2012 年间外国专家人数增加了 1079 人，到 2012—2014 年间增长了 1831 人，2015—2017 年间增加了 7054 人，这三个时间段年均增速分别为 9.30％、12.98％和 34.51％。

2. 国内人才引进受户籍政策、流动人口政策等影响较大

首先，在户籍人才引进上，2007 年之前波动较大，之后呈现平稳增长趋势。2004 年上海市户籍人才引进数量为 11228 人，但之后逐年下降，到 2007 年下降至低点，为 2563 人，到 2008 年增长了一倍多，为 5245 人，之后出现平稳增长趋势，到 2017 年上海市引进户籍人才为 6529 人。其次，居住证人才呈现波动上升趋势，并与户籍人才引进出现互补效应。2004—2007 年，虽然上海市户籍人才引进一直呈下降趋势，但是居住证人才已经却明显上升；在 2008—2009 年，户籍人才引进与居住证人才引进却呈现相反趋势，即户籍人才引进数量升上、居住证人才引进数量下降；2009—2014 年呈现了先增加后降低，之后呈现逐年递增趋势。这表明，影响国内人才引进最大的是户籍政策，但同时由于城市发展需要，居住证人才引进对户籍人才引进制度具有调节作用，即，由于城市发展需要人才具有相对稳定性，当户籍人才引进数量较多时，居住证人才引进就相对较少；户籍人才引进数量较少时，居住证人才引进就相对增多。

3. 户籍人才引进偏好高学历、高新科学技术行业人才

2012 年以来上海市户籍人才引进中 97％都是大专以上学历人才，之后这一水平基本维持在 99％以上，而研究生及以上学历人才则由 2010 年的 26.3％上升至 37.31％，这可以表明，学历是上海市引进户籍人才的非常重要的参考条件，其中尤其喜好高学历人才，2017 年近四成落户上海的人才都是研究生及以上学历。在专业职称上，2010 年以来，户籍人才引进过程中副高及以上职称占比基本都维持在 10％以上水准。在行业分布上，上海户籍人才中近一半都在高新技术行业和科技行业，2010 年二者占总人数的 45.47％；到 2017 年，二者占到 48.41％，而工业行业、交通建设则一直处于下降态势，特别是交通建设行业下降最快，由 2010 年的 17.38％下降到 8.19％，7 年间下降了近 50％。

三、上海高端人才聚集的问题诊断

（一）高端人才集聚厚度不够

第一，高端人才数量和能级均需提高。由前面分析可看出，上海高端人才集聚程度在全国始终位居前列，2015 年高端人才占有量居全国第三位，仅次于北京与江苏；每千名 15 岁以上人口中高端人才比重居全国第二位，仅次于北京。但从数据分析来看，上海高端人才的密度与北京有一定差距，2015 年，北京每千名 15 岁以上人口中高端人才占比为 70.22，约是上海（28.52）的 2.5 倍。作为中国科学人才序列的最高能级，截至 2018 年底，全国科学院院士共有 780 人，其中北京为 406 人，上海为 101 人。2018 年科睿唯安公布的全球高被引科学家名单中，中国大陆共有 482 人次，其中上海科研机构有 39 名，占比为 8.09％。这些数据都表明，上海高端人才聚集的未来空间还很大。

第二，海外人才吸引力呈下降趋势。随着中国各省市对人才工作

的重视，很多地区都制定了强有力的人才政策吸引海外高端人才集聚。与之前相比，上海在人才政策上并没有之前的相对优势，同时由于上海高昂的商务成本和生活成本，出现了"挤出效应"，很多海外人才开始流向其他人才优惠政策力度大、生活工作压力小的城市。而且，在现代通信技术、交通条件发达的今天，"同城效应"也影响着上海对海外人才的吸引力。虽然上海在连续多届海外人才评选中都当选为最受欢迎城市，但BOSS直聘研究院研究发现，2018年应届海归工作城市选择中，北京人数占比（24.84%）依然稍高于上海（23.04%），同时相较于2017年，北京和上海都呈下降趋势，增长最快的是杭州、成都、南京和深圳。

第三，人才结构布局呈现非均衡性。上海高端人才总体呈现出非均衡特点，主要表现在：一是基础型人才多、领军型人才少。以每千人硕士以上学历人才占比，上海已经稳居全国第二位，具有丰富的基础性人才，但是在信息技术、航天航空、新材料等专业领域掌握核心关键技术的专家严重缺乏。据不完全统计，这类人才上海仅占0.51%，为日本的1/10，新加坡的1/3。二是创新人才多、企业家人才少。这是全国普遍性问题，但是在上海特别突出。每年入选"千人计划"的仅90%以上都是科学研究人才，并且以高校、科研院所以及国企居多，体制外的企业人才偏少，缺乏既精通经验管理又精通专业技术的企业家，特别缺乏大企业家、"领袖级"的企业领军人物。三是国内人才多、国际专业人才少。虽然笔者不赞同利用国际人才占比来衡量中国人才的国际情况，但是截至2018年底，上海外国人才数量为22万，占上海常住人口比重不足1%，这一比例还是太低。在上海建设全球科创中心过程中，最为缺乏的是既懂国际规则惯例又熟悉中国实际的专业高级人才，如金融科技人才、法律人才、商务谈判以及其他科技服务类专业人才。四是中心城区人才多、边远郊区人才少。1990年，中心城区高端人才密度是边远郊区的33倍，到2015年，中心城区和边远郊区高端人才密度缩小，但前者依然是后者的6倍，地区发展不平衡依然突出。而且，作为具有全球影响力科技创新核心功能区，浦东高端密度比中心城区低不少，其中二者在每千人 15 岁以上常住人口中高端人才比重相差 11.22。

（二）高端人才聚集政策力度不足

第一，人才政策细碎化且能级需提升。与国外发达国家相比，我国地方人才政策多为地方性单项政策，并没有形成稳定性的政策体系，这种政策工具效应的优点在于短期政策效应较好、能够随外在条件变化及时调整，但缺点是体系性和稳定性较差、政策整体效应和长期效应不稳定、人才了解政策的难度高、可预期性差。在"抢人战争"热潮中，各地区往往有政策奖励、扶持力度等优惠政策，从而陷入单项政策的"囚徒困境"。这一问题在上海人才政策中也暴露出来，上海从"人才政策 20 条"到"人才政策 30 条"，前后相隔仅 1 年时间，同时上海还出台了很多人才政策细则，这种交错复杂的政策文本看上去体系完善，实则并不利于政策的执行和宣传。在国内，深圳就为避免这一问题，通过重构优化，形成位阶高低有序、效力统一协调的人才政策法规体系，并制定《深圳市 2018 年版人才政策》。在政策能级上，既有地方性人才政策法规和党内政策，即《关于加强党对新时代人才工作全面领导进一步落实党管人才原则的意见》和《深圳经济特区人才工作条例》；同时还有综合政策措施，即聚焦人才培养、激励、服务和体制机制改革的"鹏城英才计划"和聚焦海内外引才的"鹏城孔雀计划"；最后是配套实施办法，包括加强柔性引才用才、促进金融人才优先发展等政策措施。具体操作规程包括高层次人才管理办法、产业发展与创新人才奖实施办法、人才伯乐奖实施办法等。

第二，海外人才制度突破需持续强化。根据走访调查，上海在海外人才政策方面存在的问题主要有：一是在吸引力度上，缺少海外引才专项资金，海外布点还不深入，主动"走出去"力度还不足，依托跨国公司、高校、科研院所、人力资源服务机构、海外站点等境外机构，开展国际化、市场化、社会化、专业化引才机制还不健全，利用重大活动、展览、创新创业大赛开展多种形式的招才引智活动还不够，对企事业单位、人才中介组织等引才荐才的激励奖励力度还不够。二是在认定机制上，一方面，缺少基于国家战略、城市发展海外引才目录清单，对战略前沿、优势领域、特殊行业（岗位）缺少整体性、系统性认定机制、制度安排；另一方面，海外人才年工资、个税认定标准门槛较北京、广东偏高。三是人才使用上，在国有企事业单位特聘高端岗位、外籍人才担任包括新型科研机构法定代表、公共部门外籍雇员等方面，还待创新突破；外籍高层次人才领衔承担国家及本市科技计划及产业项目、参评政府科学技术奖还有待探索；持有海外执业资格的外籍专业人才在"双自范围"执业问题还需要争取国家层面支持开展先行先试。在创新创业扶持上，对日益增多的国际创客、新进应届外籍人才、在站外籍博士后研究人员等创新创业项目支持、生活及租房补贴缺少制度安排；缺少对创新创业大赛获奖项目在浦东落地转化的引导资金和资助；同时缺少专门的创业签证类别，仅在私人签证、学习签证后加注"创业"，缺少创业签证的申请标准、鼓励或禁止领域、待遇、相关配套政策的具体规定。

第三，人才全生命周期支持政策欠缺。当前，单项的扶持政策已经无法满足人才和企业需求，必须形成覆盖人才和企业发展全生命周期的政策体系。江苏通过产研院的模式，围绕人才引进、项目培育、技术突破、科研成果产业化的整个闭环，形成了一系列的创新创业扶持政策。中关村聚焦智能制造领域，打造了涵盖敏捷制造、工业设计、技术研发、检测认证、小批量试制、科技服务、市场推广7种服务的服务链条，提供了"一站式精准化服务"。相比之下，上海的人才扶持政策，缺少"引进＋发展""研发＋产业""无偿资助＋股权投资"等政策组合拳，在助推人才成长、企业发展壮大上还有不足。

（三）人才生态环境能度不强

1. 人力资本投入、科技投入力度需增强

在人力资本投入上，上海的教育支出占 GDP 比重基本维持在 4.3% 左右，这与世界平均水平 4.9% 和发达国家 5.1% 都存在明显差距，与欧美一些发达国家差距更大，如丹麦达 8.28%、瑞典为 6.97%。教育投入的不足影响到上海人才资源素质。上海高校数量为 64 所，与江苏 167 所、广东 151 所、北京 92 所差距明显；每十万人高等学校在校学生数上，上海为 3498 人，北京为 5300 人、天津为 4072 人、陕西为 3582 人。在科技投入上，2017 年上海 R&D 投入占 GDP 比重为 3.93%，北京为 5.64%。同时，上海 R&D 投入经费中，企业投入占比为 60%，而全国平均水平为 76%，深圳更是达到了 94%。由此可见，上海在科技投入特别是企业的科技研发投入上力度需要进一步增强。

2. 人才创新创业成本居高不下存隐忧

实地调研中，不少企业都反映创新创业综合成本高。这方面，上海已经做了不少工作，但还有较大提升空间。（1）研发创新成本。上海已通过创新券制度，每年拿出 1000 万元额度，资助科技型中小微企业采购研究开发、检验检测认证、科技咨询、技术转移服务 40% 的费用，但目前实际享受政策的企业并不多。（2）人才招聘成本。由于创业企业知名度、信誉度不高，招到合适的人才往往需要较长的时间，或者给出比大企业更高的薪酬。（3）同行交流成本。区块链、人工智能等新兴技术领域的创业企业普遍希望政府搭建行业集聚交流平台，促进思想碰撞、技术进步。（4）市场开拓成本。科技人才创业往往擅长技术开发，不善于开拓市场，迫切希望能通过政府采购来创造场景应用，展示创新成果，形成示范效应。而在深圳前海地区，由于"双 15%"的税收优惠政策，即在前海工作、符合前海优惠类产业方向的境外高端人才和紧缺人才，其在前海缴纳的工资薪金所得个人所得税

已纳税额超过工资薪金应纳税所得额的 15% 部分，由深圳市人民政府给予财政补贴，申请人取得的上述财政补贴免征个人所得税；对设在横琴新区、平潭综合实验区和前海深港现代服务业合作区的鼓励类产业企业按 15% 的税率征收企业所得税。这些政策使得上海在人才创新创业成本竞争中存在隐忧。

（四）人才治理体系精度不高

第一，政府管理的条块分割依然存在，人才中介机构参与度有待增强。在人才治理体系中，政府、市场和社会之间的关系始终是绕不开的话题，三者的角色和边界是确定现代人才治理体系的关键。目前来看，在上海人才工作中，在各个地区或城市的带动下，"政府焦虑"现象明显存在，相对来说，企业在人才引进过程中则相对理性得多。同时，由于人才管理分属不同部门，市组织部、人保局、公安局、市教委、卫生局等部门根据自己的职责制定和实施对人才的管理，这些机构之间都建立了自己的人才数据库但都不完整，相互之间信息不对称。相对来说，人才的各类中介组织、行业组织发展较为滞后，而这些组织在国际高端人才迁移过程中发挥着重要作用。最典型的事例在于，在上海人才引进政策中，很多强制性的人才政策如财政拨款、扶持优惠等居于主导地位，诸如市场类、信息传导类、自愿性社会政策在高端人才引进中发挥的作用有限。

第二，人力资源市场服务机构能力有待提升。发达的人力资源市场机构是人才资源合理配置的重要条件，其中主要是人才服务机构的数量和质量都要提升。上海人才政策，在出台税收优惠、金融扶持、租金减免、政府购买服务等政策和措施，支持人力资源服务产业园建设，导入新业态、高成长性的国内外人力资源服务机构入驻，建立人力资源服务业产业联盟，推动人力资源服务品牌发展，促进人力资源服务产业创新、项目创新、技术创新、模式创新等方面都取得了很好的效果，集聚了一批人力资源机构。但是与国内一些城市相比，上海对人才资源市场服务机构缺少激励性政策，而且在财政性人力资源服务业发展资金、奖励方面，与其他城市还有差距。

四、未来上海高端人才聚集政策的政策思考

第一，以提升集中度显示度为导向，构建层次清晰、门类完善的人才政策体系。面对国内外人才工作的新形势新要求，需要加强顶层设计，从系统继承层面探索建立上海人才政策和制度框架体系，增强政策的集成性、体系性、协同性，提升人才政策集中度和显示度。为此，建议上海要形成四个层次的政策框架：第一个层次是顶层综合文件，包括《关于进一步加强上海党管人才工作的实施意见》和上海带有地方性法规性质的人才政策文件，体现出人才政策的稳定性、长期性和科学性；第二个层次是综合政策措施，即聚焦人才引进、培养、激励、服务和体制机制改革的人才政策方案；第三个层次是配套实施办法，包括加强柔性引才用才、人才平台建设、促进金融人才优先发展等政策措施；第四个层次是具体操作规程，每一项人才政策需要设立对应的详细可操作性的实施办法。建议上海将人才政策进行梳理归类，制作成宣传册（纸质版、电子版）同步发布，通过打造并打响人才政策品牌，建设人才服务中心，提高政策体系的知晓度，提升政策信息获取的便利度，提高政策本身的透明度，使人才政策更有亲和力。

第二，深入推进新一轮自贸区建设，构建开放灵活科学的人才体制机制。自贸区与科技创新中心的叠加是上海建设具有全球影响力科技创新中心的优势，上海需要放大制度创新优势，积极争取国务院及各部位支持，持续加大力度建立开放灵活科学的人才体制机制。在评才、引才、用才过程中，科研院所、科技企业等才是的实际主体，引进人才主要是发挥市场的决定性作用。更好发挥政府作用，就是要把有限的政策资源向顶尖人才、领军人才聚焦，以高端高层次人才的引进，带动大批青年英才、基础人才的集聚。一是在人才评价体制上，

上海要更加注重把个体评价和团队评价相结合、把静态评价和动态评价相结合、坚持分类分级的人才评价体制机制，即，在人才评价过程中，要尊重和认可团队参与者的实际贡献，坚持发展型人才评价理念；建立起不同类型技术人才分类分级评价标准体系，打破学历、职称和资历限制。二是在海外人才出入境政策上，还需继续争取国家部门支持，获取更多先行先试的海外人才政策条件。建议参照北京、广东做法，建立海外人才积分评估机制，对创业团队外籍成员、企业选聘的外籍技术人才进行评分，达到一定分值以上的，可申请永久居留。三是在海外人才创业就业政策上，争取国家相关部门支持，探索顶尖人才团队短期兼职项目工作许可，对重点服务单位中顶尖专家的国外在读硕士、博士，发放短期兼职项目的工作许可；为外籍青年人才到"双自"地区进行实习活动提供签证便利；把上海外国留学生在"双自"地区直接就业政策覆盖到全国高等院校的外国留学生。四是创新创业人才激励政策上，进一步研究实施股权奖励递延纳税试点政策，对高新技术企业和科技型中小企业转移转化科技成果给予个人的股权奖励，递延至取得股权分红或者转让股权时纳税。对创业人才，依托高校、市场化投资机构、孵化器、行业协会等，定期举办全球前沿技术创新大赛、国际创业大赛，挖掘和筛选前沿性、颠覆性技术项目，对大赛获奖项目在上海转化的，给予"孵化空间＋股权投资＋无偿资助"的全周期创业支持政策。

第三，聚焦高端前沿优势引领，培育干事创业的人才平台体系。随着经济社会的发展，人才争夺的焦点已经从扶持资金、安家补贴转向人才综合发展环境的竞争，哪里能为人才创造更好的发展机遇、提供更广阔的发展舞台，哪里就能成为人才集聚的中心。建议立足上海优势，把助才平台体系打造成为高端人才政策和制度创新的特色亮点。一是打造世界一流的高端创新平台。聚焦张江大科学设施，吸引全国全球顶尖科学家来上海开展基础科学研究、前沿技术研究。积极承接科学中心溢出效应，主动搭建张江国家实验室，为科学家在职创业提供便利，推动最新科研成果在上海转化。二是打造政府主导的产业创新平台。借鉴浦东产业创新中心，建立上海产业创新中心，搭建需求引导、开放合作的新型"政产学研资"平台和构建"1＋X"产业创新网络格局，聚焦生命科学与生物医药、集成电路与计算科学、脑科学与人工智能、航空航天、量子科学、高端装备与智能制造、新能源、新材料、物联网、大数据、光子科学与技术等优势产业和新兴领域，支持具备较强产业技术创新能力的专业团队和领军人才的创新成果在上海落地转化。三是打造面向全国的市校合作平台，推动张江各园区根据重点产业领域，与全国高校院所建立对接机制，签订合作协议，为园区企业人才与高校优势院系、学科、重点实验室开展合作提供条件。四是打造联通全球的协同创新平台，鼓励龙头企业全球布局研发中心，支持企业走出去通过收购并购提升创新实力。支持在上海的科研院所和科技企业牵头组织或参与国际科技创新合作项目。建设用好"千人计划"联谊会等高端人才活动交流平台，支持海外高端人才调动国际资源开展全球协同创新。

第四，积极实施人才安居工程，营造公平法治便利的国际环境。政策引才，事业留才，服务安才。在统筹考虑公共服务和环境资源承载能力基础上，进一步创新机制，动员方方面面的力量优化人才服务，提升各类服务的便利度和可获得性，解除人才后顾之忧，使人才全身心投入创新创业。一是营造知识产权保护环境，积极营造廉洁从政、公正司法、严格执法、高效解决商事纠纷的良好法治环境，依靠法治软环境建设，吸引国际人才和国际资本。二是大力实施人才安居工程。按照深圳、杭州等城市的做法，按照"分层次、保无房"的原则，给予不同层次人才差异化住房待遇；参照深圳做法，探索境外人才住房公积金政策，对在本市工作外籍人才、获得境外永久（长期）居留权人才和港澳台人才，符合条件的，在缴存、提取住房公积金方面享受市民同等待遇；参照武汉"光谷青年食堂"经验，在人才集聚区给予经认定餐饮企业房租补贴。三是加强教育医疗等服务保障。加快国际学校和中外合作办学机构（项目）建设，推进教育国际化进程，更好满足高层次人才子女对国际化教育的需求；完善海外高层次人才医疗服务，开通三甲医院就医"绿色通道"，建立人才健康档案和补充医疗保险，适当提高诊疗待遇，探索外籍人才社保缴纳转移接续机制，推动外籍人才在长三角范围内实现社保对接，允许外籍人才在任职结束回国时按规定一次性提取个人账户中的资金，鼓励用人单位按国家规定为外籍高层次人才建立补充养老保险。

第五，利用互联网＋政务智能技术，搭建人才服务枢纽型平台。人才政策纷繁复杂，人才办事涉及多部门。建议参照企业服务中心、市民服务中心、党建服务中心模式，建立线上线下一体的人才服务中心，整合咨询、办事、交流等功能，推进"一窗受理""一网通办"，打造人才集中了解政策、集成享受服务的平台。探索市区共建的国际人才港，集合市区相关人才职能机构，整合集中外国人工作许可、签证、人才落户、公租房申请等人力资源相关事项，设立"单一窗口"，建立"容缺受理、快速通道、便捷服务"等机制，当好服务人才"店小二"，让人才和企业 HR 只进一扇门就能办好所有事，打造"最佳体验、最高效率、最优服务"的人才工作地标和人才服务枢纽。深化精品窗口服务功能，配置服务专员，为重点企业和重点人才提供足不出户、全程代办的优质服务。同时，以综合服务平台建设为基础，加快拓展国际人才港功能，集聚具有全球人力资源配置服务能力的市场机构和创新创业扶持类公共机构，搭建职业发展对接、创新成果展示和人才活动交流平台，促进人才资源合理有序流动，以优化人才发展环境为着力点，加快探索建设具有标志性、品牌辐射度的国际化科创人才服务集聚区，为建设科创中心、全面提升上海城市能级和核心竞争力打造人才服务的战略性网络枢纽。

第六，加快长三角人才政策体系融合，推动区域之间人才合理集聚和扩散。在长三角一体化上升为国家战略背景下，要积极借鉴京津冀人才政策联动、深港人才合作等先进做法，加快推进长三角人才政策合理集聚和扩散，在长三角职称互认、社保互转等方面积极实践。一是要发挥上海大型科研装置与重点产业优势，促进产三角人才共同研发与创新，推动联合攻关重大技术创新，积极参与"长三角科技发展战略研究联盟"建设。二是积极参与上海与长三角人才跨区域的人才市场建设。三是积极参与长三角人才中介联盟的建设，推动上海成为国内人才交流的门户建设。四是推动并积极参与长三角创新共同体建设。推进张江高科技园区与长三角其他高科技园区协同创新共同体建设，积极参与长三角人才一体化建设。五是积极探索上海非生产性人口户籍向长三角宜居小镇迁移的办法，为人才流入腾出户籍。全球性的国际大都市对人口的吸引力是毋庸置疑的，但是纽约等国际大都市在人口集聚压力下并没有形成灾难性的后果，究其原因是这些国际大都市形成了人口的流入与流出的"双高"现象，因此建议积极探索社会非生产性人口的户籍向长三角宜居小镇迁移的办法。

作者：张波，中共上海市浦东新区区委党校经济与社会教研部副教授。

强化知识产权保护
营建良好创新生态

加强知识产权保护，有助于促进区域经济发展、优化地方产业结构、形成"地区追赶效应"，对于创新驱动发展战略的重要作用不言而喻。

一、知识产权保护的地方实践现状

当前，地方实践重视知识产权保护工作，采取系列激励措施鼓励知识产权创造及应用，为促进科技创新生态的平衡性、包容性、可持续性发展提供了重要支持。

（一）知识产权管理部门职能优化

根据 2018 年 3 月公布的《深化党和国家机构改革方案》，国家知识产权局重新组建，将知识产权管理、商标管理和原产地地理标志管理三大体系整合，由国家市场监督管理总局管理。基于此，地方知识产权保护工作的管理职能进一步整合，以消除原来知识产权相关部门分头管理、难以协调的问题。各地知识产权局对外公布信息中将保护商标、专利、原产地地理标志、集成电路布图设计等知识产权管理职能进行统一规定，并对亟待关注的管理领域亦有回应，如北京、上海、合肥等市均规定了推动知识产权信息公共服务、建立健全风险预警应急机制等。此外，各地依据自身特点亦呈现出地方特色，如北京规定了推动知识产权军民融合、知识产权社会信用体系建设等，以契合当地实际需求。

（二）知识产权保护思维方式转变

我国知识产权保护制度创立之初主要是"被动移植"。历经多年发展，知识产权日益成为全球竞争的核心，全球以创新药、新通信技术、应对全球挑战的新方案为代表的创新与日俱增，知识产权保护不仅是一种国际经贸秩序的要求，更是社会经济发展进步的客观需要。各地知识产权保护的思维方式已从"被动接受"转向"主动保护"，不断加大创新和研发投入，加强知识产权保护，打造良好的营商环境。

（三）知识产权事业规模迅速发展

基于地方经济基础、产业结构、创新能力等方面存在的差异，我国各地知识产权事业发展亦存在一定的差距[1]，但总体而言，近年来我国知识产权事业取得了长足发展。从 2019 年全球各项知识产权提交数据来看，我国通过 PCT 申请国际专利、通过马德里体系申请国际商标的数量均处于全球前五位。2019 年，国家知识产权局核准注册地理标志商标 462 件，核准使用地理标志产品专用标志企业 301 家，集成电路布图设计登记申请 8319 件、发证 6614 件。[2] 从数量上来看，我国知识产权拥有量具有一定优势，也已成为知识产权大国。知识产权事业的迅速发展，是各级政府积极推动知识产权保护、各类主体持续提升知识产权保护意识的实践回馈。

---

[1] 依据各地知识产权局公布数据，如合肥 2019 年 1—11 月发明专利申请量为 22798 件；上海 2019 年发明专利申请量为 71398 件。

[2] 数据来源：国家知识产权局网站，http://www.cnipa.gov.cn/docs/202002031237542 49256.pdf.

表1　2019年全球各项知识产权排名前五国家汇总　　单位：件

提交途径	第一位	第二位	第三位	第四位	第五位
PCT （国际专利）	中国 58900	美国 57800	日本 52700	德国 19400	韩国 19100
马德里体系 （国际商标）	美国 10087	德国 7700	中国 6339	法国 4437	瑞士 3729
海牙体系 （外观设计）	德国 4487	韩国 2736	瑞士 2187	意大 1994	荷兰 1376

数据来源：国家知识产权局网站。

二、知识产权保护地方实践的难点问题

我国知识产权保护的地方实践工作取得了积极成效，但还存在规模大而不强、数量多而不优、侵权易发多发等问题，在地方实践中亟待研究解决。

第一，知识产权保护从数量提升向量质并行的转换尚有空间。尽管我国具有专利拥有量优势，专利利用率亦在不断提升，但是从相应的有效转化而言，我国知识产权保护的地方实践，尤其在核心技术领域的专利保护和运用上，仍有较大的进步空间。以我国专利授权为例，2019年我国发明专利申请140.1万件，发明专利授权45.3万件；实用新型专利申请226.8万件，实用新型专利授权158.2万件；外观设计专利有效量为179.0万件（见图1）。从上述数据分析，我国发明专利授权在所有专利授权中占比最少，而发明专利是最能体现自主创新能力的指标。此外，2019年我国有效专利实施率为55.4%，专利产业化率为38.6%[①]，且拥有核心技术专利的企业占比很低。知识产权保护规模大而不强、数量多而不优，反映出当前知识产权保护的实践中相对重视数量的价值选择问题，尤其是地方实践中，尚未形成保护知

[①]　数据来源：《2019年中国专利调查报告》。

识产权量质并行的共同理念。从长远发展来看，若是单一强调或考核知识产权的规模数量，会弱化自主创新的驱动能力。自主创新能力不足，保护知识产权实际上只是保护了外国（主要是发达国家）的知识产权，增加了本国创新的成本。

- 发明专利45.3万件
- 实用新型专利158.2万件
- 外观设计专利有效量179.0万件

图1 2019年我国专利授权数据统计

数据来源：国家知识产权局网站。

第二，知识产权保护从分头管理到整体布局的转换仍需协调。在地方实践中，基于原有知识产权相关职能部门的分头管理惯性，资源整合仍存在欠缺。一是职权重叠问题导致保护标准缺乏统一性。如在植物新品种保护上，我国农业部与林业局分别制定实施细则，相关新品种界定不尽相同，在地方实务中出现标准多样化问题。① 二是缺乏知识产权整合效应的价值理念，如各地建立的科技资源共享服务平台等服务载体，存在缺乏整体布局、重复建设、闲置浪费的问题；再如，《2019年中国专利调查报告》中指出希望政府提供知识产权专业从业人员培训需求高达68.1%，地方政府提供知识产权服务的供需尚要进一步平衡。三是行政与司法双重保护机制功能有待提升。如目前知识产权的司法程序主要启动民事程序，但有的也会涉及行政程序或刑事程序，相应的审判程序配置的效率性、专业性可以进一步提升。

第三，知识产权保护从制度建设到制度运用的转换尚需深化。自20世纪90年代以来，我国全面修订了《著作权法》《专利法》《商标法》《集成电路布图设计保护条例》等知识产权相关法律法规，加快与

---

① 吴汉东：《知识产权精要：制度创新与知识创新》，法律出版社2017年版，第388页。

国际基本规则对接，各地也在积极出台专门政策强化知识产权保护。从地方政策层面来看，我国知识产权保护的地方制度建设在积极推进，但相关制度的运用经验不足。国际知识产权协会主席、斯坦福大学教授约翰·巴顿（John Barton）曾说："发展中国家与发达国家在知识产权方面的差距，不在于制度的本身，而在于如何运作该制度。"[①] 如地方创新研究中心如何通过动态调整机制建立起有序退出机制，真正实现能进能出，以盘活整体资源。尽管很多地方创新研究中心在制度中有退出机制的规定，但具体操作中实效发挥不够。

第四，知识产权保护从被动接受到主动作为的转换还要强化。知识产权保护的社会意识相对淡漠。根据我国《公民知识产权意识调查报告》，近年来，"在公众尊重知识产权的行为规范的完善方面未收到明显成效"。即便是知识产权最重要的主体——企业，相应的知识产权保护意识亦是不容乐观，主要表现为：一是对专利权益的保障，尤其是海外权益的保障重视不足，从《2019 年中国专利调查报告》反映的数据来看，企业专利权人表明向境外提交申请（含 PCT）意愿的占比不足六成。二是对商标商誉的保护重视不足，商标是产品质量与信誉的体现，我国商标数量巨大但是知名品牌占比较低，一定程度上说明了商标权利主体对自身商誉的重视程度问题。如近期出现的"瑞幸"虚假信息导致投资市场索赔事件，其对民族品牌商誉造成的负面效果不容小觑。三是对他人知识产权尊重意识不足，关联企业之间对知识产权保护意识不高，尤其需关注上下游企业对知识产权的保护。

三、提升知识产权保护实效的具体建议

我国知识产权保护的地方实践，对经济社会发展的作用是明显的，但亦需解决当前存在的难点问题，提升保护实效。结合我国自身实践、

---

① 高兰英、宋志国：《后 WTO 时代的中国知识产权保护：成就、差距与对策》，《吉首大学学报（社会科学版）》2012 年第 3 期。

文化基础以及现阶段保护水平，笔者提出以下几点意见：

（一）注重量质齐升价值定位

对于知识产权保护的价值定位，是追求数据提升还是量质齐升，是追求短期效应还是良性循环，这是制定公共政策、出台具体举措时首先要考量的。若是偏离了正确的价值定位，地方公共政策就会被误读甚至滥用，因此，在地方实践中，对知识产权保护的价值选择就显得尤为重要。我国知识产权立法，具有保护私权和维护社会福祉的两元价值目标及价值体系。[①] 2015 年颁布的《国务院关于新形势下加快知识产权强国建设的若干意见》明确提出加快知识产权强国建设。从我国知识产权保护的顶层制度设计与政府工作目标定位来看，知识产权保护的初衷在于促进知识产权质量提升，引导经济结构优化，提升综合竞争实力。这一价值定位，亦是与国际基本秩序一致的，《与贸易有关的知识产权协定》规定了知识产权制度保护的目的，包括发展的目的与技术目标，明确知识产权的保护与实施，应有助于促进技术的革新、转让和传播，有助于社会和经济福祉的提高。在知识产权保护的价值选择上应避免单纯追求知识产权数量和规模的增加，而忽略对知识产权的有效保护与转化，这不仅不契合知识产权权益属性，而且与我国顶层布局相悖。

（二）推进职能部门协同机制

在我国知识产权保护的地方实践中，形成了司法保护与行政保护的双重机制，在此基础上，可以进一步统筹职能部门的协同机制。一是构建知识产权大司法体制。[②] 2019 年 1 月 1 日，最高人民法院知识产权法庭正式挂牌办公，除了最高人民法院的知识产权法庭，北京、

---

① 张广良：《知识产权价值分析：以社会公众为视角的私权审视》，《北京大学学报（哲学社会科学版）》2018 年第 6 期。

② 易继明：《构建知识产权大司法体制》，《中外法学》2018 年第 5 期。

上海、广州三地分别设有知识产权法院，南京、武汉、成都、杭州、合肥等 20 个城市设有知识产权法庭。知识产权专门法院为实行知识产权案件民事、行政、刑事"三合一"审判组织模式提供了基础条件，更进一步健全专家陪审、技术调查、实事多元查明等制度机制，是地方司法实践未来应深耕的重点。二是优化海关保护机制资源。日本知识产权学家荒井寿光将海关监管人员与专利申请审查人员、法院专业法官、企业知识产权管理者等并称为知识产权人才。[①] 中国外商投资企业协会优质品牌保护委员会将中国海关评为最有效率的知识产权行政执法机关。因此，在地方实践中，可以进一步发挥海关的优势资源，形成协作合力。三是提升部门之间、区域之间协调能力，如整合相关职能部门资源推动知识产权信用体系建设，建立守信激励与失信惩戒机制，营造尊重知识产权的营商环境；在京津冀地区、长三角地区、珠三角地区搭建跨区域知识产权保护协同机制。

（三）完善政府公共政策体系

对知识产权保护的制度选择，基本依据是社会经济发展状况，地方政府的公共政策体系，可以依据地方自身特点因地制宜，同时也要关注以下两点：一是发挥公共政策实效，不能仅依托于单一的知识产权专门制度规定，还要依托于文化教育政策、产业经济政策、科学技术政策、对外贸易政策等相关公共政策，通过统一协调政策内容，在文化、经济、社会政策中体现知识产权保护的导向作用；二是在政府公共政策体系中善于运用激励措施，将激励措施有效转化为自主创新的外在驱动，在知识产权创造上，侧重激励专利申请中的发明专利，发明专利中的高新技术领域，发挥公共政策实效。

（四）提升政府专业服务能力

知识产权保护具有专业性与复杂性，须综合运用法律、行政、经

---

① 〔日〕荒井寿光：《知识产权革命》，夏雨译，知识产权出版社 2017 年版，第 65 页。

济、技术、社会治理等多元手段，不断改革完善知识产权保护体系，以提升地方政府的保护能力。政府机关在知识产权保护的管理机制内进一步增加服务因素，建立集专利、商标、版权等信息和服务于一体的地方知识产权信息公共服务平台，推进知识产权信息和数据资源免费开放；建立知识产权预警应急机制，尤其关注海外知识产权风险预警体系的建设；发布本地区重点领域、重点产业的知识产权统计分析与发展态势报告，助力地方产业创新发展；深化政务便利化改革，推进预约办理、网络办理、由低级送等服务方式，节约行政人员成本，强化政府公共服务职能。

（五）加强知识产权文化建设

知识产权保护的有效运行，还需要依托社会保护意识整体提升、中介服务机构与专门人才不断增加的社会基础条件，建议地方实践中强化以下几点：一是组织开展知识产权的法律法规和公共政策的宣传普及工作，即通过加强知识产权文化建设，培育社会整体氛围；二是积极培育发展法律服务机构、中介服务机构等专业机构，搭建银行、基金、保险、评估等机构的知识产权金融平台，为科创型企业提供专业服务支持；三是推动知识产权进党校、进机关、进企业，开展知识产权实务型人才培养，形成阶梯式人才队伍培养计划，加强地方知识产权人才队伍建设，为地方知识产权保护走上正规化、专业化轨道提供坚实基础，促进地方健康有序发展。

科技创新是提高社会生产力和综合国力的战略支撑，知识产权保护为科技创新提供重要保障，地方实践中要契合自身地方特点，不断强化知识产权保护的专业化与规范化，促进智力劳动成果权益保障，推动当地经济持续健康发展，营建良好的科技创新生态。

作者：刘玉勉，中共合肥市委党校讲师。

建设合肥人才特区
激发科技创新生态活力

　　2017年1月10日，合肥综合性国家科学中心获国家发展改革委、科技部批复。根据国家科学中心的规划，重点项目建设是关键抓手，集聚人才是先决条件。党的十九大以后，我国更明确了要推进教育现代化，要建设人才强国和人力资源强国。2018年7月3日至4日，全国组织工作会议召开，习近平总书记出席会议并发表重要讲话，指出要着力完善人才发展机制。要用好用活人才，建立更为灵活的人才管理机制，打通人才流动、使用、发挥作用的体制机制障碍，最大限度支持和帮助科技人员创新创业。

　　合肥市政府早在2012年就颁布了《关于建设"合肥人才特区"的实施意见》，以此完善人才引、育、用、留的政策体系。虽然这些政策起到了一定效果，但是从现状和人才调查报告来看，还没有达成"合肥人才特区"的夙愿，人才支撑是建设综合性国家科学中心的重要环节，推进合肥人才特区进程，有利于加快综合性国家科学中心建设。

　　"人才特区"这一概念缘起于"经济特区"。2001年，作为"经济特区"的深圳率先提出了"人才特区"这一新理念。"人才特区"承继了"特区"之精髓，使得人才能在特定的地区享受到更多的政策保障、资金扶持、机制优势，不仅有利于政府的招贤纳士，更能让人才安居乐业，充分发挥自己在自身行业中的力量。

目前，学界对于"人才特区"这一概念还没有准确的界定，被引用较多的是江苏省在 2004 年为贯彻实施人才工作会议精神，提出的全力打造"人才特区"，把"人才特区"界定为在特定的区域或行业内，人才工作的政策保障、体制建设、机制运行、资金投入、环境营造和工作内容、工作模式等方面，与区域外相比，具有一定的优先性和特殊性。人才的核心是生命智慧对社会的效应，"人才特区"这一概念还可以延伸为通过政府引导、相关政策与资金扶持，在特定区域内充分发挥人才生命智慧潜能，既满足人才生命需求，实现人才生命价值，同时又能完善城市科技创新建设，转变经济增长方式，优化区域内产业结构调整。

一、合肥人才特区建设的实践需求

2012 年，合肥市政府为了提高城市整体的自主创新能力和竞争优势，实现科学发展"新跨越、进十强"和打造"大湖名城、创新高地"的发展目标，着手打造合肥"人才特区"。

（一）合肥"人才特区"建设背景

2012 年，安徽省政府在建设合芜蚌自主创新综合试验区时，就提出了要建立合芜蚌自主创新综合试验区人才特区的构想，在打造"大湖名城、创新高地"的发展目标和实现"新跨越、进十强"的发展动力的双驱动下，2012 年 11 月 4 日，合肥市人民政府颁发了《关于建设"合肥人才特区"的实施意见》，从"实施领军人才引进培育工程""实施创新创业平台提速工程""实施科技成果转化扶持工程""实施创新创业政策支撑工程""实施人才环境提升工程"五个维度为合肥人才特区建设提供了政策规定。

合肥虽然有一大批高校、科研院所，但是一直以来缺少人才服务平台，缺少孵化器，尤其在倡导"大众创业、万众创新"的今天，合肥作为长三角城市群副中心，机遇与挑战并存。中部崛起"闯新路"，合肥发展"排头兵"，打造"人才特区"，推出"人才一站式"服务，可以更好地发挥人才优势，加快合肥综合性国家科学中心的建设。

（二）现阶段合肥人才特区建设现状

合肥作为全国著名的科教文明城市，有不少建立人才特区的优势，加之政府与社会、高校科研院所等机构的重视，这八年多来取得了不少成绩。

其一是政府高度重视，健全政策保障体系。合肥市政府相继出台了一系列政策：《关于深入实施人才强市战略的意见》《合肥市推进企业股权分红激励试点工作暂行办法》《合肥高新区鼓励高层次人才创新创业若干政策措施》《合肥经济技术开发区加强多层次人才体系建设扶持政策修订》《合肥市扶持产业发展政策的若干规定》等。

其二是高校与科研院所深度合作，共建"政产学研资"协同创新平台。早在 2014 年就新组建机器人、智慧城市等产业技术创新战略联盟；重点培育公共安全、电子信息、新能源汽车等"十大产业技术研究院"；重点扶持企业研发机构。当前，合肥紧缺人才主要"分布"在新一代信息技术、新能源、智能制造、生物产业、节能环保、新材料、新能源汽车、数字创意八大战略性新兴产业和家用电器、装备制造、汽车及零部件产业、食品加工产业四大优势主导产业。仅 2019 年，合肥市政府就对 3835 名引进的产业紧缺人才发放生活补助，共计8335.3 万元。

其三是优化人才环境，完善金融支持。出台了《合肥市推进企业股权分红激励试点工作暂行办法》及 6 个配套文件，积极推进企业股权和分红激励试点工作。积极推进科技、人才与金融结合，出台了天使投资基金管理办法、政府创业引导基金管理办法，为科技人才创业提供金融支持。积极发展科技服务业，出台科技服务业扶持政策，不断优化创业环境。

（三）合肥人才特区建设存在的问题

科技创新依靠人才，人才是综合性国家科学中心的核心竞争力。当前合肥市努力加快综合性国家科学中心建设的步伐，对建设人才特区也提出了更高的要求。但目前，合肥人才特区建设仍存在三点问题：

一是配套政策保障有待完善。未来五年，合肥市将投入超过 20 亿元吸纳人才，打造国际一流的综合性国家科学中心。这些仅是经济层面的政策，重金只能把人才引进来，如何留住人才，防止人才回流，就必然需要其他配套政策支持。如：研发自主权、科研成果转化后的专利问题、人才继续深造的机会、国内外合作交流机会等。但在这些方面，合肥市配套政策涉及并不多，应为下一步政策制定的重点。

二是人才配置结构尚需调整。目前合肥市引进人才的结构是失衡的，无论是高层次人才数量还是人才质量仍存在一些差距，政府相关部门在人才引进上，比较重视研发型人才引进，对高级技能操作人才、经营管理型和创业服务型人才的引进则重视不够，一个好的创新型企业，不仅需要强大的科研团队，企业的管理与服务也关系整个团队的运作、关乎企业的成长。因此要优化人才种类，均衡配置。

三是人才素质要求亟须转变。一直以来，合肥市委市政府都比较重视具有科技成果先进性和产业发展有前景的项目，引进人才常常只注重人才的专业能力，而对人才综合素质的评判没有明确的界定。但优秀人才需要具有创新精神、创新思维、创新能力、创新品格，这些缺一不可。我们需要优化人才素质要求，跳出旧有的对人才素质的思维限定，重视人才素质。人才本身是生命体，生命智慧需要不断赋予养分，只重视眼前成绩，是不可持续的，也是留不住人才的。

二、合肥人才特区建设需要人才生态理论指导

如何更好地建设合肥人才特区，面对综合性国家科学中心对合肥

人才特区建设新要求，我们不仅要靠在实践中长经验，还需要找到切实可行的理论，以此为依据，指导我们建立合肥人才特区。人才特区是人才个体、人才种群、人才群落聚集的生态系统，是人才内生态和人才外生态相互作用的结果。用人才生态理论指导合肥人才特区的建设，可以达到事半功倍的效果。

（一）"人才生态理论"概念

"人才生态学"是综合了人才学和生态学而产生的一门新型学科，目前尚处于初建阶段。关于这个新领域的一系列基本概念范畴，尚需进一步探索。南通中国人才科技研究院院长沈邦仪是国内外研究人才生态学领域的第一人，他认为：人才生态是指人才的生命存在状态。首先，人才本身是一种生态，是一种生态的存在状态，是生态演化到一定历史阶段的产物。其次，人才本体是一种生命智慧，没有（或缺乏）生命智慧的人不称其为人才。最后，人才的生命智慧起源于地球生态，地球生态是人才生命的摇篮，是人才生态存在与发展的本源。[①]

所谓人才生态就是人才生命的存在状态。人才本身是人才之"人"、人才之"才"与人才之"心"的高度有机的整体，[②] 人才生态根据人才主体划分，可以分为人才内生态和人才外生态（见图1）。

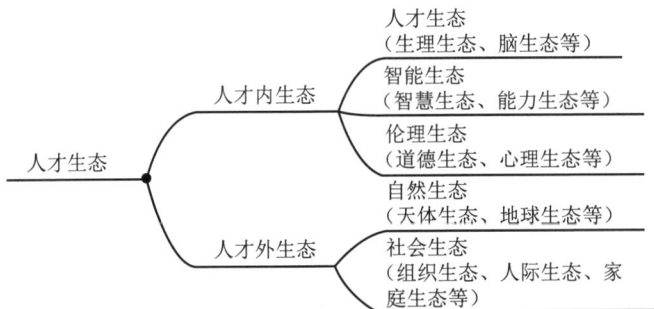

图1　人才生态分类

---

① 沈邦仪：《关于人才生态学的几个基本概念》，《人才开发》2003 年第 12 期。
② 沈邦仪：《关于人才生态学的几个基本概念》，《人才开发》2003 年第 12 期。

结合时代背景、研究对象、性质、内容与体系，人才生态学探讨了人才生态运动的基本规律与节奏旋律，对进一步研究人才生态工程与人才生态管理的模式、原理与技术很有帮助。从生态学的视野研究人才与人才资源的开发问题，从一个新领域、新学科的一系列基本概念范畴出发，对合肥人才特区建设会有一些新启发。

（二）人才生态理论视域下的合肥人才特区建设原则

针对合肥人才特区现状建设的不足以及加速综合性国家科学中心建设的新要求，我们总结出三点建设原则。

第一，优化合肥人才生态链原则。人才生态链是指在人才生态系统中，模仿自然生态系统中的生产者、消费者和分解者，以人才价值（知识、技能、劳动成果、经验教训等）为纽带形成的具有工作衔接关系的人才梯队。人才生态系统要想良性运作，除了高端人才不可缺少外，人才生态链中端甚至低端的行业精英也不可缺少，否则整个人才生态链就会处于失衡状态。因此，要推进合肥人才特区建设，不仅需要研发型人才，还需要高级技能操作人才、经营管理型和创业服务型人才。优化人才生态链内部结构，进而增加合肥人才的竞争实力。

第二，多元化人才生态环境原则。人才生态环境包括：自然环境、人文环境、社会环境、硬件环境（政策、资金、设备）等供人才可持续发展的环境条件。针对生态链顶端人才，可为他们提供"一站式"创新、创业服务，发挥多元环境共同作用，提供"绿色通道"，简化手续流程，提供有效金融支持，有效项目多予补贴，从大环境吸引人才。通过全方位打造多元化的人才生态环境，推进重点产业、重点科研建设，提高城市创新力，进而打造配套的引入环境、科技研发环境和升级留人环境。

第三，高效人才生态管理原则。按照沈邦仪的观点：所谓人才生态管理，就是按照人才生态原则，采取以感化、内化等手段进行管理，目的是为人才营造和保持一种良好的人才生态环境。人才生态管理可分为人才内生态管理和人才外生态管理。人才内生态管理属于人才自身生命活动的管理；人才外生态管理属于人才自身以外的环境管理。人才生态管理的根本目的和任务，就是要遵循人才生态规律，努力创设和营造一个人尽其才、才尽其用、各得其所的人才生态乐园。高效人才生态管理，一方面提高人才的创新思维、创新能力、创新品格、创新精神；另一方面，推进人才制度创新，搭建更多辅助平台，为人才提供有效的管理服务，可以让人才集中全力搞科研管理和服务，节约时间、资金成本。

三、合肥人才特区建设对策建议

针对近年来合肥人才特区发展的现状，结合当前加速综合性国家科学中心建设的时代背景以及人才生态理论的指导，我们对合肥人才特区建设提出了五点对策建议。

一是要科学制定人才特区配套政策。健全人才法治政策，为来合肥的人才提供人才流动保障制度，打破地域、国籍、身份限制，对其落户、配偶就业、子女上学都提供扶持帮助，扩大配套政策的覆盖面，增加关于人才研发自主权、科研成果转化后的专利问题、人才继续深造的机会、国内外合作交流机会等配套政策研究。

二是要拓宽渠道培养创新型人才。人才一方面靠"引进来"，同时也可以拓宽渠道对合肥本地人才进一步培养，为我所用。合肥有中国科技大学、合肥工业大学等重点高校，我们可以每年选拔一批具有科研潜力的高校毕业生进行再教育培训；也可以选拔企业中具有科研潜力的职工，鼓励企业培养人才，由政府搭建平台，将职业教育常态化；还可以运用互联网教育模式，推广远程科研教育，但凡对科研有兴趣的人都可以在线学习，共享资源。自学通过科研考试者，可去定点高校科研院所见习。有创新项目者，可申报天使基金。

三是要更新人才选用与评价标准。改变当前"唯学历、职称论英雄"的选用标准，改变"只拿科研成绩说话"的评价方式。在人才的选用和提升上要拥有转换模式。建立以市场为导向的人才选用标准，市场需要什么能力的人，就选用这样能力的人才，不看履历，只讲能力。在评价人才上要减少功利心，科研成果不是一蹴而就的事情，有时需要"天时地利人和"。评价人才要关注他自身的综合素质，要关注他的创新思维、创新能力、创新品格、创新精神。

四是要优化人才发展环境。打造宜人的人才生活环境、人文环境、便利的交通环境、和谐的工作环境、包容失败的科研环境。鼓励开发高品质的人才公寓，对有卓越贡献的专家、学者适度给予住房补贴，让其能在合肥安居乐业，舒心搞科研。同时打造良好的创业环境，深化政府与企业、高校科研院所的合作，加大资金投入力度，联合各单位智库，构建人才数据库平台，共享人才信息资源，增加创业合作机会。

五是提升人才管理模式。深入推进人才管理的市场化改革，可实行人才积分制管理模式，制定科学合理的人才积分标准，平衡人才内生态管理和人才外生态管理。人才积分制管理模式要严格依据市场规则、按照市场价格参与市场竞争，实现效益最大化和效率最优化。以市场价值回报人才价值，以财富效应激发聪明才智，让科技人员和创新人才通过创新创造价值，实现财富和事业双丰收。

作者：孙维红，中共合肥市委党校哲学教研部讲师。

借鉴韩国科技创新经验
改善我国科技创新生态

创新是引领发展的第一动力，是建设现代化经济体系的战略支撑。习近平总书记在中国科学院第十九次院士大会上明确指出，要"强化科技创新体系能力，加快构筑支撑高端引领的先发优势"。我国设立四大综合性国家科学中心，就是要通过为国家创新体系建设搭建平台，形成区域分布的科技创新中心，提高我国科技创新能力，积极构建科技创新生态，进一步激发出创新活力。

一、国际经验表明建立科技创新中心对区域经济发展有重要的积极影响

纵观全球，从 17—19 世纪的欧洲中心到 20 世纪以来的北美中心，以及 21 世纪的北美和亚太中心先后发展的几次经济更替，不仅体现了经济长周期波动，也体现了科技与经济中心之间的互动。根据经济长周期理论，经济长波带来的"技术—经济范式"的转变，本质上也意味着某一种经济增长模式的兴衰，以及从一种经济增长方式向另一种经济增长方式的转型发展，这种"技术—经济范式"的转变与影响，最为直观的方式，往往是通过技术与经济之间的融合互动体现出来的，而新的技术革命往往又通过新的产业形成带动新经济发展，促进新的科技与经济的空间集聚融汇，进而形成新的全球经济中心，导致了不

同经济中心的空间转换。比如从 17 世纪至 19 世纪的英国全球经济中心，到 20 世纪初期的法国、德国全球经济中心，以及 20 世纪中期以来的美国全球经济中心的转换与演变，实际上体现的就是全球科技创新中心的空间转换以及对区域城市经济的影响，也充分表明了全球有影响力的科技创新中心在很大程度上也是促进全球经济中心形成的关键力量。此外，全球科技创新中心往往不是单一的科技或经济层面的，还涉及社会文化等制度层面的创新所形成的综合性的空间与区域的集结，这也是影响区域城市经济的重要原因。因此，科技创新中心的空间转换对区域城市经济发展有重要影响。

进入 21 世纪以来，全球科技创新空前密集活跃，以人工智能、量子信息、移动通信、物联网、区块链等为代表的新一轮科技革命，以及以全球网络化、数字化、智能化、区域化等为重要特征的产业创新与产业变革正在重构全球创新版图和全球经济结构，全球价值链分工体系以及全球价值链正面临新的重组。为此，世界发达各国和地区先后出台了一系列战略规划，不断强化以创新为主导的核心竞争力。如曾经引人注目的"亚洲四小龙"地区，早在 20 世纪 70 年代末和 80 年代初，就通过一系列创新发展的举措，形成了具有全球影响力的科技创新中心，而韩国近年来通过构建全球网络型国家创新体系等创新举措，促进了经济快速发展，成为"亚洲四小龙"之首。国际经验表明，建设科技创新中心不仅是增强一个国家或地区创新能力的重要举措，也是促进地区产业转型升级和经济可持续发展的核心动力。

二、韩国在科技创新生态方面形成了一定的经验

20 世纪 50 年代以来，韩国通过政府与企业协同、加大创新投入、引进和培养人才等多项措施，自 60 年代末至 90 年代初，先后完成了从劳动密集型产业向资本密集型和技术密集型产业转型发展，2017 年在全球科技创新指数排名中居第 11 位，成为亚太区域具有全球影响力

的科技创新中心，在科技创新生态方面形成一定的经验。

一是放松科技创新领域的金融资本管制，大力引导民间科技研发投资增长。企业是科技创新研发活动的主体。为促进企业主体开展产业技术与高新技术研发，20世纪80年代后，韩国为引导本国企业进行科技创新活动并提升自主创新能力，实施了金融政策干预和引导等相关措施，一方面加强对中小科技企业的信贷扶持与风险评估、信用监管力度；另一方面放松金融部门对外商投资的监管力度，鼓励外资投向本土高科技产业；此外还增强对中小型高科技企业的风险投资与信用担保，引导金融资本支持本国中小型高科技企业创新发展，促使韩国政府研发投资与民间科技投资的比例从之前的80：20下降为52：48，进入1990年之后，该比例继续下降为20：80，为企业创新主体的形成发展奠定了基础。

二是加大政府在基础研究领域投入，推动主导产业科技优先发展。在进行重点领域的技术创新的过程中，韩国政府不仅非常重视基础科学研究对产业技术突破的支撑作用（比如从1978年开始每年制订"基础科学研究实施计划"，20世纪80年代开始，通过设立"科学财团"作为国家基础研究支援机构，1989年之后，修订多部基础研究振兴法令，2025年基础研究政府投资在政府全部研发投资中占比将超过30%），还确立了政府在主导产业发展中的重要推动作用，促进了科技创新和成果产业化的融合。比如在主导产业的选择上，韩国选择优先扶持对本国科技进步具有重要推动作用的产业，自1982年起将半导体、计算机、机械与化工产业作为重点领域进行产业技术扶持；近年来，韩国在关于2025年科技发展的构想中，进一步将信息技术、材料科学、生命科学、机械电子、能源与环境科学等产业作为未来高科技领域发展的主攻方向，形成了基础研究创新与创新成果产业化推进良性互动格局。

三是构建以人才为核心的全球网络化创新体系，提升本国研发企业的国际影响力。进入21世纪，伴随经济全球化发展，创新活动已经由一国范围之内扩展到世界各国之间的竞争与合作，整合各国创新要素资源基础上形成的创新网络组织就更为关键。韩国一方面立足本国人才发展（韩国不仅实施创新高投入，2007年研发投入已达到日本水平，而且每一百万人口中的研发人员数量2009年已经超过美国接近日本），另一方面形成全球视野下的资源配置要求，并在纲领性文件《2025年构想》中，首次提出要将研发体系由"本国决定型"向"全球网络型"转变的设想，提出了通过面向外商投资的优惠政策，如计划斥资成立"国际共同研发基金"，并承诺外资企业占有其单独开发的全部知识产权等，吸引世界著名跨国集团来韩设立研发中心。此外，韩国政府还积极鼓励本国高科技企业到海外设立研发机构，或者与国外企业建立战略性技术联盟，参与全球具有战略意义的国际合作项目，从中获得关键创新技术，确保韩国在科技创新的全球化浪潮中占据有利地位。

韩国领先的创新排名不仅得益于韩国对企业创新能力提升的重视，也得益于韩国政府在创新体系构建中发挥主导作用，包括完善的科技立法为韩国科技创新活动提供了相对稳定的法治环境。

三、我国科技创新中心建设带来的发展动力及科技创新生态面临的问题

（一）创新驱动对我国经济的贡献率增加

自20世纪末以来我国就开始布局和规划科技创新中心建设，党和国家领导人从战略层面提出了"科技是第一生产力""创新是一个国家经济发展的不竭动力"。21世纪初以来，随着科教兴国战略和创新驱动发展战略的深入贯彻实施，我国不仅将"创新驱动发展"作为经济社会发展的主战略，而且先后在上海、合肥、北京、深圳确立综合性国家科学中心。我国的创新能力不断增强，科技进步及创新要素驱动

对经济增长的贡献率呈现上升态势。据 2019 年有关数据，世界知识产权组织评估显示，我国创新指数居世界第 14 位。这比 2017 年又上升了 3 位；根据中国科学技术发展战略研究院发布的国家综合创新能力指数，我国排在第 15 位。这些指标标志着我国已进入创新型国家行列。2019 年我国科技进步贡献率达到 59.5％，科技创新对经济的拉动作用越来越明显。

就合肥来看，随着国家综合性科学中心建设的推进，科技创新已成为合肥的一张名片。合肥以国家级的综合科学中心等平台为基础，建设了一批具有国际水平的科技创新平台，聚焦信息、能源、健康、环境四大科技前沿，依托世界一流的重大科技基础设施集群，热核聚变、量子等一批国际领先水平的科技成果问世。大科学装置开始建设，国家实验室正式批准成立。依托科技创新，合肥高新技术产业大幅发展。"十三五"以来，合肥平均每天诞生 1 户高新技术企业，总数居省会城市第 8 位；战略性新兴产业产值对规模以上工业增加值贡献率达 89％；合肥的经济总量从 2009 年的居全国城市第 41 位、省会城市第 15 位跃升至 2019 年的居全国城市第 21 位、省会城市第 9 位，科技创新在其中起了关键性的作用。

（二）我国科技创新生态面临的突出问题

1. 科技成果向现实生产力转化有待提升

当前我国科技创新在推动我国产业转型升级发展与先进制造业、现代服务业全球竞争力提升发挥上的作用仍然有待进一步加强。正如习近平总书记所指出的："多年来，我国一直存在着科技成果向现实生产力转化不力、不顺、不畅的痼疾。"我国 2020 年发布的科技成果转化年度报告指出了我国科技成果转化中存在的问题：科技成果转化相关政策需要进一步落实；专业化技术转移机构和人才服务能力有待提升；中试熟化平台缺乏，供需双方对接渠道需畅通；科技成果转化相关考核、激励机制不健全；科技成果转化金融支持不充分，亟待加强；

科技成果评价体系和政策咨询服务缺位。

2. 高新技术产业对外需依赖严重，自主创新能力与出口竞争力依然缺乏

我国自主创新能力还有待增强，自主创新能力与发达国家仍存在差距，在一些关键核心技术上仍然存在受制于人的局面，如光刻机、高端芯片、飞机、汽车等行业的设计和仿真软件等，制约了相关高新产业的发展。虽然我国高技术产品出口总量世界第一，但自主品牌出口不足。

3. 人力资源要素对高科技企业的支撑能力仍然较弱

人才是高科技企业的核心资源，对创新具有至关重要的作用。2020中国科技智库论坛上发布了《中国科学技术与工程指标（2020）》报告。该报告显示，截至 2018 年，中国科技人力资源已达 10154.5 万人，位居世界第一。但是中国科技人力资源密度偏低，每万名就业人员中科学研究与试验发展（R&D）人员全时当量仅为 52 人每年，R&D研究人员占科学研究与试验发展（R&D）人员全时当量的比重为 43.1%，而主要发达国家的这一数值均超过 50%。近年来，一线城市住房、就业、医疗等方面的保障政策有待健全，也出现了部分人力资本流出现象，对区域内外创新人才的集聚力造成一定的不利影响。如果科学创新中心区域不能充分形成人才集聚效应促进产业规模化发展，势必将会影响到未来建设有影响力的国家创新中心进程。

4. 创新政策对企业创新主体的激励效果仍需提升

科技创新中心建设的核心功能是聚集创新要素，通过创新要素资源的合理流动与高效配置，实现生产效率提升。近年来，伴随着"双创"活动的推进，我国连续出台了一系列降低高研发成本的财税优惠政策，虽然对企业创新主体（尤其是中小型企业）创新能力提升有一定成效，然而总体上看，对企业创新主体尤其是大中型企业的创新激励效果作用有限，由于中小型科技企业尤其是制造企业受资金技术、创新人才缺乏及管理、市场等因素影响，创新意愿较低，多数仍然延

续外包加工业务发展模式，而大型制造企业作为当前我国科技研发的主体，缺乏更有激励和活力的政策支撑，创新潜力没有得到充分释放。

5. 资本要素对高科技制造业的带动作用仍未凸显

在高科技企业初创期与成长期，充足的资本金是企业科技研发与市场规模扩张的重要保障。目前我国多数高科技中小型制造企业，尤其是有较强创新能力与市场潜力的民营制造企业，由于缺乏充足抵押物、短期盈利能力，存在不确定性等因素影响，出现投融资渠道狭窄、融资成本过高的现象，而部分内部损耗大、生产效率低、创新能力不强的国有制造企业则能获得大比例的银行贷款，这一方面导致资本要素的资源错配、资本配置效率低，不利于激发企业创新潜力，另一方面在当前金融产品种类繁多的资本市场，不具有创新能力的高风险企业通过发行私募债及不良资产证券化，能够获得大量融资，也反映了企业债务风险及资本市场投融资体系亟待健全的问题。可见，上述问题暴露了当前我国科技创新体系建设中的短板，科技创新生态有待改善。

四、借鉴韩国经验改善我国科技创新生态

2020年9月11日，习近平总书记在京主持召开科学家座谈会并发表重要讲话，就"十四五"时期我国科技事业发展听取意见，他深刻指出我国拥有数量众多的科技工作者、规模庞大的研发投入，初步具备了在一些领域同国际先进水平同台竞技的条件，关键是要改善科技创新生态，激发创新创造活力，给广大科学家和科技工作者搭建施展才华的舞台，让科技创新成果源源不断涌现出来。

借鉴韩国科技创新中心建设的经验，有助于我们把握世界新一轮科技革命与产业变革大势，深入实施创新驱动发展战略，在创新、资本、人力资源要素的合理配置与高效利用等方面，积极改善科技创新生态，进一步激发创新活力。

（一）加大政府对科技创新的助推作用

虽然企业是创新发展的主力军，然而政府的助推作用也十分重要。恰当地发挥政府的功能作用，是科技创新中心建设的重要保证。一是形成有效的人才政策。我国一方面应加强科技创新中心的研发基础设施建设，并形成有利于人才安居乐业的社会保障制度，增强对人才聚集的吸引力，另一方面，应搭建企业与科研机构的合作平台，加强对高技术人才的职业化教育。二是要加强政府金融政策的引逼效应，进一步营造促进创新发展的外部环境，特别是要加大金融资本对科技创新的支持，通过健全对高科技企业的风险评估与信用担保机制，完善在政府监管下中介服务机构的市场化运作，以及通过财税优惠政策等，引导社会资本投向高科技产业，进一步在健全资本市场投融资机制与适度金融监管的基础上，为具有创新研发能力的企业主体提供多渠道的融资支持。三是政府要加大对科技创新中心基础科学研究的支持力度。借助高校、科研院所进行基础科学研究是综合性科学中心建设的重要任务，是科技创新的基础，也是建设世界科技强国的基石，应得到更大的支持；同时，要对基础研究创新基地建设形成政策和资金支持导向。国家和地方政府要加大基础研究领域的投入，特别要提速主导产业、核心技术的科学研究攻关项目。要支持国家实验室的建立，打造体现国家意志、具有世界一流水平、引领发展的重要战略科技力量。

（二）加大技术研发企业的主体作用发挥

企业是市场经济下创新的主体，发挥企业主体在创新中的主导作用，利用城市群发展优势进行创新资源整合，以及打造"官产学研"协同运作的科技创新体系，核心就是通过创新人才、资本、技术要素的聚集，激励科技研发及科研成果的产业化。对于我国科技创新中心建设而言，要进一步完善负面清单准入制度，降低中小科技企业的准入门槛，营造有利于全民创新的市场环境；要通过营造开放的经济环境实现经济与科技创新的互动发展。

（三）加大金融资本对科技创新的支持力度

加强政府金融政策的引逼效应，加大金融资本对科技创新的支持，通过健全对高科技企业的风险评估与信用担保机制，完善在政府监管下中介服务机构的市场化运作进行，以及通过财税优惠政策等，引导社会资本投向高科技产业，进一步在健全资本市场投融资机制与适度金融监管的基础上，为具有创新研发能力的企业主体提供多渠道的融资支持。要形成对中小企业科技创新的资金扶持机制。积极利用创业板、科创板等资本市场，落实创新驱动和科技强国战略、推动高质量发展，为科技创新型企业造血。

（四）加大科技创新领域人才战略实施力度

制订和实施高层次高科技人才引进和培养计划，形成创新人才培养、引进、使用机制，鼓励科研院所与高校和企业联合培养人才，建立健全人才流动机制，鼓励人才在高校、科研院所和企业之间合理流动，建立创新型人才激励机制。进一步提高高校教师队伍素质，在全球范围内引进高层次基础科学和科技创新教育人才，建立高素质的科学技术教育人才队伍，支持高水平研究型大学和科研院所选择优势基础学科建设国家青年英才培养基地。认真研究科研人才流失原因，为留住科研人才、用好科研人才量身定做可行性政策。

总之，通过不断改善我国科技创新生态，构建起国际一流的科技创新生态，为科技创新提供保障，促进科技成果向现实生产力的转化，推动我国创新驱动战略实施，提高我国在重要科技领域的自主创新水平，实现从科技大国到科技强国的升级。

作者：夏琦，中共合肥市委党校讲师。

对推动文化与科技融合的思考与建议

——以北京市海淀区为例

文化与科技相互促进、融合发展是人类文明发展的重要特征之一。随着文化与科技融合的日益广泛和深入，文化与科技融合发展已成为促进经济社会发展、提升国家综合竞争力和影响力的重要途径。[①] 近年来，海淀区委严格落实党中央和北京市委的要求，对标新版北京城市总体规划，在挖掘文化与科技融合新动力方面进行了不断地探索，特别是提出"以挖掘文化科技融合新动力、构建新型城市形态为总抓手，推动高质量发展、打造高品质城市"的发展战略，对推动海淀未来高质量发展具有重要的意义。推动文化与科技深度融合、重塑创新发展的新动力是海淀率先建成具有全球影响力科学城的强大引擎，是海淀引领新时代跨越式高质量发展的战略选择。

一、推动文化与科技融合的重要性和必要性

文化是科技的魂，引导着科技进步的方向；科技是文化的体，存在着文化发展的实体。文化与科技的每一次融合都推动着人类文明的前进和进步；文化与科技融合是构成未来核心竞争力的关键所在。

[①] 江光华：《文化科技融合产业的发展机理及对策研究》，《前沿》2017 年第 11 期。

（一）推动文化与科技融合是实现国家发展战略之需要

就国家而言，文化是一个国家、一个民族的灵魂，是一个国家最深厚的软实力，是提升国家综合国力的重要因素，是推动经济社会发展的重要力量。创新是一个国家发展的不竭动力，科技强则国家强，科技兴则民族兴，科技创新已经成为提高我国社会生产力和综合国力的战略支撑。而文化与科技又是相辅相成、相互促进的关系，先进的文化理念是科技创新的思想源泉，科技创新是推动文化生产方式变革的有力杠杆。近年来，我国综合国力显著提升，正是基于文化与科技的相互融合、相互促进。当前推动文化科技深度融合，是实现中华民族伟大复兴中国梦的前提条件和发展动力的融合，是国家和民族深厚的软实力和强大的硬实力的融合。

（二）推动文化与科技融合是助力北京城市定位之需要

2014年2月和2017年2月，习近平总书记先后两次视察北京并发表重要讲话，提出了北京作为全国政治、文化、国际交往、科技创新"四个中心"的战略定位，为新时期北京发展指明了方向。其中，建设全国文化中心，就要集中做好首都文化这篇大文章，重点抓好"一核一城三带两区"建设，即以培育和弘扬社会主义核心价值观为引领，以历史文化名城保护为根基，以大运河文化带、长城文化带、西山永定河文化带为抓手，推动公共文化服务体系示范区和文化创意产业引领区建设，把北京建设成为弘扬中华文明与引领时代潮流的文化名城、中国特色社会主义先进文化之都。① 建设全国科技创新中心，就是要以中关村国家自主创新示范区为主要载体，以构建科技创新为核心的全面创新体系为强大支撑，着力增强原始创新能力，打造全球原始创新策源地；着力推动科技和经济结合，建设创新驱动发展先行区；着

---

① 桑爱叶：《建设全国文化中心 做好首都文化这篇大文章》，《北京日报》2017年8月21日。

力构建区域协同创新共同体，支撑引领京津冀协同发展等国家战略实施；着力加强科技创新合作，形成全球开放创新核心区；着力深化改革，进一步突破体制机制障碍，优化创新创业生态。2016 年以来，北京市加快建设"四个中心"功能建设，研究制定了北京城市新总规。2017 年 9 月份，党中央、国务院正式批复《北京城市总体规划（2016年—2035 年)》，标志着总体规划已经成为首都发展的法定蓝图。当前，挖掘文化与科技融合有利于推动北京文化中心和科技创新中心的建设，这既是历史赋予北京的使命，也是义不容辞的责任。

（三）推动文化科技融合是推动海淀自身发展之需要

区域发展与城市变革是一个复杂、系统、长期的过程，必须有强大的动力来源。在过去发展历程中，科技创新是海淀发展的第一动力。在改革开放和中关村创新发展的 40 年里，中关村已成为我国深化科技体制改革的一个符号，成为我国创新发展的一面旗帜，成为中国创新精神的一大象征。当前中国特色社会主义进入新时代，经济高质量发展已成为主旋律。海淀的发展也已经进入无人区、深水区。在面临城市运行成本的不断上升、科技创新的优势有被削弱的情况下，海淀发掘新动力来源的重要性、紧迫性与日俱增。经过总结中关村 40 年创新发展的经验发现，中关村精神所蕴含的动力，外在表现是科技创新，内在实质就是文化与科技的融合。在海淀，文化与科技创新的融合互动是具有鲜明特色、独特优势的领域，所蕴含的思想、理念、知识、制度、创意、创想等要素形成的新动力，是海淀最具特色和标志性意义、最有潜力可挖的比较优势，是构成海淀未来核心竞争力的关键和源泉，也是在产业发展、城市治理、社会治理过程中最能产生实际效果、最能开源节流、最可持续的驱动力量。因此，海淀必须高度重视、深入挖掘、全面把握文化科技融合所产生的新动力。有了文化科技融合这个核心动力，海淀就能更好地构建新型城市形态，更快地走上跨越式高质量创新发展之路，更有力地支撑和引领首都"四个中心"功能建设，更出色地服务好创新型国家建设。

二、海淀区在文化与科技融合方面的基础和优势

当今时代，文化与科技融合成为一种世界潮流和发展趋势。海淀区作为科技大区、教育大区、文化大区以及全国科技创新中心核心区，在推动文化科技融合方面，在文化、人才、技术、产业和服务等多方面具有很好的基础和优势。

（一）文化资源丰富

海淀区文化底蕴深厚，这一点源远流长的古都文化、丰富厚重的红色文化、特色鲜明的京味文化和蓬勃兴起的创新文化中都有所体现。特别是海淀区拥有以"三山五园"为代表的皇家园林群，有西山永定河文化带和大运河文化带的重要节点，有总政歌舞团、解放军军乐团、中央民族歌舞团、国家图书馆、国家画院等十余所国内顶尖文化艺术机构，有以北京大学、清华大学、中国科学院为代表的世界著名高校院所智力资源，有活跃在中关村的创新创业文化。古老的中华传统文明与引领时代潮流的现代文明在此交汇，形成了海淀创新发展的独特优势。

（二）科技创新领先

海淀区作为全国科技创新中心核心区，作为中关村的发源地，聚集了中科院等 200 多家科研机构、上万家高新技术企业，在改革开放和中国特色社会主义现代化建设的伟大征程中，走出了一条追梦创新驱动的"中关村之路"，引领了全国科技创新的潮流。可以说，海淀区在 40 年的砥砺奋进中，实现了多次跨越式发展。特别是党的十八大以来，海淀区在先行先试改革、创新生态环境优化、高端创新要素聚集、

高精尖产业培育、区域协同创新体系构建以及政务服务能力、城市治理能力提升等诸多方面都取得了显著成就。目前"双创"正逐渐成为海淀区发展的重要引擎。据统计，活跃在中关村的大企业创新创业服务平台30余家，其中行业领军企业20余家、跨国企业6家，涌现出联想之星、腾讯众创空间微软创投加速器、中航联创、京东JD+孵化器、航天云网等典型代表。

（三）人才资源密集

海淀区集聚了清华大学、北京大学、中国人民大学等近80所高等院校，拥有超过50万在校大学生，是人才培养孕育的摇篮；区内拥有科研院所144家，其中中国科学院院所26所，占北京地区中科院所数的60%[①]，高端人才密集。近年来，海淀区通过落实"千人计划""海聚工程""高聚工程"等重大人才工程，着力打造高端双创人才的聚集高地。海淀区累计聚集"千人计划"1040人，"海聚工程"319人，"高聚工程"222人，分别占北京市总入选人数的70%、36%和68%[②]。海淀区实施了中关村人才特区计划，已经成为高端和高素质人才的培养基地，拥有近40万名科研技术人员，20万专业技术人员，500多名院士，占全国总院士的1/3。

（四）产业发展强大

海淀区有走在全国文化和科技融合发展前列的中关村软件园、清华科技园、中国人民大学文化科技园等一批产业集聚区。在这些园区中，部分企业凭借丰富的人才、科技和文化资源，已经主动开展文化和科技融合创新，并取得重大成果。这些将现代技术融合于文化发展的企业得益于海淀区高新技术产业园区的孵化和支持，茁壮成长并形

[①] 《创新发展四十年——中关村的"前世今生"》，消费日报网，2019年1月3日。
[②] 中关村管委会：《海淀区瞄准"五区"建设　打造一流双创示范基地》，千龙网，2017年4月19日。

成产业集聚。据《海淀区文化创意产业年鉴（2018）》记载，海淀区规模以上文化创意产业单位达 2500 家，所占比重超过全市三成，2017年，文化创意产业收入近 7000 亿元。目前，海淀区文化创造主体十分明显，以技术、出版、影视、游戏等为主体的企业在业界有较大影响力。依托海淀科技、教育文化大区的富集资源，以科技基因做支撑，以创新精神为导向，海淀区的文化创意产业已占据北京市重要地位，形成了"海淀模式"。[①]

（五）政策环境优良

海淀区统筹利用区域优质文化资源，深耕海淀的文化土壤，提升文化软实力。组建了全国文化中心建设领导小组，成立了海淀区推动文化大发展大繁荣领导小组，设立了区文化发展促进中心和文化创意产业协会等服务组织，推动现代公共文化服务体系示范区和国家级文化和科技融合示范基地建设取得新成效。同时，海淀区制定了强有力的政策，保障文化产业稳步发展。从 2009 年开始，区财政每年拿出1 亿元设立文化发展专项资金，采取项目扶持、配套支持、贷款贴息、评优奖励等方式，用于扶持文化创意产业和公共文化服务发展。自 2012 年起，海淀区先后出台《关于率先形成文化发展大发展大繁荣新格局的实施意见》《推动文化和科技融合发展行动计划（20132015）》《海淀区"十三五"时期加强全国科技创新核心区建设规划》《海淀区创新发展 16 条》等系列文件，主要在建设全国科技创新中心核心区总体规划、文化技术、文化科技产业、文化事业、公共数字文化服务体系等方面做出具体的政策指引，为新兴文化产业的规范发展保驾护航。

[①]　秦胜南、董海霞：《京津冀文化科技产业资源数据平台上线》，千龙网，2018 年 12 月 13日。

三、当前文化与科技融合过程中存在的制约因素

（一）丰富的文化资源未得到充分挖掘利用

海淀区是文化大区，有着丰富的历史文化资源，为文化科技融合提供了内容创作和宣传展示的充足空间，但是目前还存在对这些文化资源挖掘、开发、利用不充分的问题，没有形成相关产业链和文化品牌。比如，海淀区有以圆明园、颐和园、香山为代表的"三山五园"，虽然区政府非常重视对"三山五园"文化的挖掘和利用，但还没有形成一些特色精品，还有待进一步深挖。另外，海淀区拥有总政歌舞团、二炮文工团、解放军军乐团、中央民族大学的艺术学院、北京舞蹈学院等文艺院团，但演出市场规模远不及西城区、东城区和朝阳区，目前文化演艺业还是海淀的一个短板。

（二）文化与科技融合产业集约化、专业化水平有待提高

美国、日本、法国、英国在文化科技融合方面各自有享誉国内外的独有品牌，一个重要原因是文化科技融合产业已形成集群效应，集群内的各个企业形成互助的合作关系，从而提升专业化水准。海淀区文化科技产业虽然总体规模较大，但是一方面由于文化科技企业流失严重，影响园区经营收入，一些园区不免放宽入园企业标准，使其他非文化科技企业入驻园区，导致在以中关村软件园、清华科技园、东升科技园为代表的综合文化创意产业集聚区中，企业集聚程度还不够高，集群效应不突出。另一方面，产业集聚区以综合集聚区为主，专业园区偏少，缺乏产业特色。这样，各集聚区间产品、项目与产业链存在同质现象，不利于形成产业特色和集聚区专业化水平和核心竞争力的提升。

（三）文化与科技融合的体制机制还需完善

文化科技融合离不开政策法律的有效支撑和完善的体制机制。从国家、北京市层面看，虽然国家颁布了一系列政策法规，并在财政、税收、金融等方面采取许多扶持措施促进文化科技的融合，但目前来看还缺乏一些真正从制度上促进文化科技融合的法律法规，同时也缺少相关的引导机制和激励机制。就海淀区而言，虽然出台了相关的政策保护和鼓励文化科技融合的相关规定，但适用范围有限，而且部分政策会随着科技发展和社会进步逐渐出现时效性差、实用性低的情况。另外，在实际工作中，文化与科技行政界限和行业鸿沟依旧存在，政府部门对文化科技多是多头管理，使得有限的资源分散于多个部门，部门之间、企业之间、整个社会之间对文化科技的协同创新能力还没有完全被激发出来，不能很好地形成推进文化科技融合发展的合力。因此，文化科技融合的体制机制有待创新、整合、融合，否则在文化科技融合的过程中必然会遇到很多机制的壁垒，影响融合的广度和深度。

四、对推动文化与科技融合的思考与建议

当前促进文化与科技融合发展，必须适应新形势发展需要，可以从思想层面、制度层面、服务层面和产业层面等多方发力。

（一）从思想层面打牢文化与科技深度融合的坚实基础

一是树牢文化科技融合的自觉意识。要紧紧抓住文化企业、公益性文化单位、文化管理部门等主体，通过各类媒体的宣传报道营造良好的社会氛围，积极引导文化企业养成自觉运用先进技术的意识和能力，引导公益性文化单位自觉运用先进技术改进运作模式，引导管理部门增强推动文化科技融合的自觉性和主动性。

二是深耕创新文化沃土。要充分利用以"中关村创新发展之路"为主题的宣讲宣传工作,加强对中关村科学城建设、对全国科技创新中心核心区的思想理念的宣传教育。要讲好创新故事、树立创新榜样,弘扬科学精神、创新精神、工匠精神和企业家精神,营造更加浓厚的开放包容、尊重科学、崇尚创新、敢为人先、奋斗不息的氛围环境,强化服务国家和首都创新发展的价值追求和责任担当。

三是深入开展文化交流合作。结合世界高层次经济、科技、文化交往等不同需求,通过举办中关村论坛等交流活动,把海淀区打造成为全球创新思想的汇聚地、追求卓越的风向标,不断扩大文化与科技创新的影响力和竞争力。

(二)从制度层面做好文化与科技深度融合的顶层设计

一是加强文化科技融合政策体系的建设。推动国家出台系列文化经济政策在海淀区的先行先试,重点是强化数字内容、文化金融服务、吸引和培育文化高端人才、扶持小微文化企业发展等方面政策。加快推动促进文化消费、推动文化创意和设计服务与相关产业融合等支持文化创意产业发展政策的实施,强化政策统筹协调,建立线上和线下相结合的文化科技融合政策平台,并不断健全政策评价指标体系。

二是进一步打通科技领域与文化领域的行业壁垒、行政壁垒。要持续深化文化科技融合领域的放管服改革,通过构建政府服务体系、平台运营体系和协同创新体系,推动文化科技深度融合的技术模式创新、商业模式创新、集成应用创新。

三是发挥区域优势搭建合作平台。积极发挥高校院所科技创新源头的作用,充分利用高校院所人才智力资源密集、知识创新技术成果丰硕的优势,推动与文化企业建立更紧密的产学研合作机制,形成科技创新资源和文化创意资源深度融合的局面。

(三)从服务层面营造文化与科技深度融合的浓厚氛围

一是构建现代公共文化服务体系。推进公共数字文化服务平台建设，扩大优秀数字公共文化产品的有效供给。加强基层公共文化服务标准化、均等化、社会化和数字化建设，建成均衡发展、供给丰富、服务高效、保障有力的现代公共文化服务体系。

二是提供高品质的公共文化服务。紧密围绕国家公共文化服务体系示范区建设，立足海淀高新企业、高素质、高收入人群的特点，深入分析公共文化服务供给与人民日益增长的多样化、高品质精神需求之间的差距，改革文化服务供给内容和方式，切实满足群众需求。

三是加强人文社区、科技公民建设。推动人文社区和智慧社区建设紧密结合，进一步提升人文社区建设的智能化水平，增强人文社区治理效果，营造更加和谐的社区氛围，增强广大群众对社区的认同感和归属感。大力培育科技公民，努力在全社会形成热爱科技、运用科技、支持科技的良好氛围，彰显海淀独特的城市人文气质。

（四）从产业层面挖掘文化与科技深度融合的坚强动力

一是进一步加大文化科技融合产业集聚区的建设力度。建设好国家级文化和科技融合示范基地，巩固拓展新媒体、数字内容、文化装备等一批文化产业领先优势，提高文化创意产业规模化、专业化、国际化水平，打造世界级文化创意产业集群。继续深入实施"文化＋"战略，充分发挥文化创意产业投资引导基金的引导和放大作用，积极培育新型文化业态。

二是推动重大项目带动建设工程。集中力量发展优势文化产业项目，使之形成与核心区相适应的重点产业规模。通过政府股权投资等方式，支持企业承担国家文化重大专项和重大文化成果产业化项目；鼓励跨国公司在北京设立地区总部、研发中心和技术支持中心，给予土地、补贴等优惠政策。围绕分享经济、智能经济、平台经济等领域建立特色项目定期发掘、对接机制，做好跟踪服务，推动一批跨领域融合特色企业、创新项目落地。

三是打造具有海淀特色的产业产品、知名品牌。鼓励和引导企业主动通过先进文化特有的凝聚力、亲和力和创造力，熔铸起企业的精神，塑造起企业的形象，创建名牌企业，创出名牌产品。扶持龙头企业塑造知名品牌，支持企业和产品进行品牌和商标的申请和注册，提升企业产品质量和商业信誉；支持企业作为北京自主创新的形象代表参加国内外重要活动、会议和展览，树立龙头企业在细分领域的一流品牌地位。发挥"互联网＋"对文化与科技融合的引领和支撑作用，顺应文化与科技融合的发展趋势，培育新型的文化产品和服务新业态，打造拥有自主知识产权、体现中国文化内涵、彰显海淀特色的文化与科技融合品牌形象。

作者：杨艳梅，中共北京市海淀区委党校科研部主任。

激发大众创新创业活力的
海淀实践研究

通过万众创新创业，才能使中关村核心区科技资源发挥应有的效益，不断创造出更多的新技术新产品新产业新模式和新市场，挖掘新的经济增长点，提高经济发展的质量和效益，促进经济转型升级。因此，大众创业、万众创新符合时代潮流，也符合海淀当前实际需要，具有重大现实意义。

一、完善推进大众创新创业政策①

建立和完善推进大众创新创业政策体制，需要从实际出发，在积极借鉴国外发达国家成功经验的同时，坚持地区特色。修订法规或制定条例，健全法律法规制度环境。通过法治实现各部门推进大众创新创业政策的高度统一，打破目前不同部门和区域自成体系的局面。

（一）加快推进大众创新创业政策改革

在国家层面已经形成的支持创新创业的法律政策基础上，根据本地实际适应创新服务管理工作的客观需要，有针对性地颁布、实施海

---

① 《国务院关于大力推进大众创业万众创新若干政策措施的意见》，《中国科技产业》2015年第6期。

淀区的相关政策、法规、措施。区域政策、法规、措施的功能主要体现在国家支持创新创业相关政策、法规、措施还不成熟的情况下，由地方在条件成熟时率先制定地方性法规，可以为国家创新创业相关政策、法规、措施起到先行示范作用，也可以满足地方的实际需要。同时为国家相关政策、法规、措施提供可资借鉴的经验。国家制定的支持创新创业法律中，某些规定可能过于原则或者不适应海淀当地的特殊情况，需要通过制定地方性法规来进一步细化并予以补充和完善，使之更具操作性和适应性，这也是为配合国家法律的实施而采取的必要措施。创新创业政策体系的完善通常涉及多个层级、多个部门，仅凭一家之力难以推动和落实，必须依靠上级支持、同级配合、自身发力，只有如此，才能够使政策体系得以不断完善和改进。海淀区推进大众创新创业创新政策要尝试建立包含中央、北京市和大学、科研院所在内的跨层级联动机制，以及各相关部门在内的跨部门协调机制，统筹资源，形成合力，提升政策改革效率。始终坚持高位推动，加强党的领导并将其列为政府的重点工作，在有条件的战略性新兴企业、科研院所和高校建立支持创新创业机构，保障人员和经费，遵循市场规律和科技规律，组织实施创新项目。遴选构建创业创新高端智库，为政策改革提供建议。创业创新者千差万别，不同主体政策需求不相同，对于政策制定者来说既需要制定雨露均沾的普惠政策，更需要制定因需施策的滴灌政策；既需要解决燃眉之急的权宜之计，更需要涵盖全局的顶层设计。鼓励在海淀区的高校和科研院所等设立创业创新政策研究中心，支持企业协会、个人设立民间智库，选出一批叫得响、用得上的创业创新高端智库，为大众创业创新提供一批可运用能推广的智力成果。全面开展创业创新政策第三方评估。充分发挥各类智库独立客观公正的第三方评估优势，鼓励引导各类政策咨询研究机构积极参与第三方评估，培育一批有重要影响的专业评估机构，在创业创新政策领域试点全面推进第三方评估，对于国家、北京市出台的创业创新政策在海淀区的执行情况以及海淀区和各部门出台的创业创新政策落实情况进行事中评估和事后评估。政府应根据产业和区域发展需要，建立提供公益性服务的公共政策服务平台，提升创新创业服务业水平。建立规范有序的创业供给与需求政策数据库，建立海淀特色创新政策评价指标体系并将其纳入考核体系之中。

（二）建立创新创业政策措施管理机构

推进创新创业政策管理体系建设是推进大众创新创业有效开展的重要保障。政策管理包括政策研究、制定、实施、修改等相关任务和与之相应的职能中心，可以借鉴国内外经验，设立创新创业政策协调管理中心，进一步提升推进大众创新创业管理质量。

一是注重推进大众创新创业中心的人员队伍建设。创新创业政策管理是一个十分复杂的事务，它在专业知识和技能的需求上具有明显的跨学科性，不但要求人员要有较高的专业知识和技能、较强的组织管理能力，更要有良好的交际和谈判能力。因此，在人员组成上应该充分考虑复合型人才的选拔，形成复合专业管理团队，既要有企业家、工程师的参与，也要配备具有影响力的高等教育领域的学者和专家作为顾问和成员。

二是规范创新创业政策管理中心的工作流程。海淀区推进大众创新创业管理活动涉及创新活动的各个方面，政策管理中心必须加强创新成果数据库支持系统建设，熟悉大学科研院所整体政策环境，准确认识和有效解决创新创业活动各种利益冲突。政策管理机构在具体实施政府政策的同时，负责制定和实施相关规定，为创新者和各创业主体提供政策指导和咨询。海淀区推进大众创新创业政策管理中心应成为科研、产业、政府和研究者之间的"创新集成者"，把创新创业过程中的各种不同元素整合在一起。加强创新创业法律政策的权威性、连续性及协同性，在总结经验的基础上，加快制定统一政策，将其作为调整创新创业政策的重要依据，对创新创业的财政、税收、产业、金融、政府采购法规政策、成果界定、权利关系、利益分配、组织机构、公共服务、法律责任及争议救济等方面做出全面系统的规定。

三是强化政策服务大众的实效性。大众创新创业体系实质上是一个由政府、企业和大学科研院所之间相互作用、相互协调的合作体系，需要有专门机构负责协调三者及其成员之间的关系。改革开放以来，海淀以生产力促进中心、科技企业孵化器、科技咨询与评估机构、技术交易机构、创业投资服务机构为代表的科技中介机构迅速发展，在大众创新创业方面发挥了日益重要的作用。但从总体上看，要从根本上促进大众创新创业，提高核心竞争力，有必要成立专门的机构协调企业和大学科研院所、政府与大学科研院所之间的关系，以此促进大众创新创业的需求并调整政策。

（三）完善技术转移保障政策

适应技术转移复杂性要求，政策制定和执行要充分体现民主性。推进大众创新创业政策作为一项涉及面广的公共政策，其制定和执行要充分表达和满足公众的需要和利益，赋予利益主体表达自己需要和利益的权利、参与和监督决策活动和结果的权利，以此确保其民主性、科学性和有效性。因此，公共政策制定的民主性主要应体现在高校和海淀区推进大众创新创业中利益主体参与政策决策的过程。这种参与可以是直接的也可以是间接的。美国多项推进大众创新创业政策如《贝多法案》的制定过程，通过不同利益主体在国会多次对议案的讨论、听证，各利益相关者相互纷争和讨价还价，以"公共利益最大化"为政策形成的最终价值追求，这集中体现了美国推进大众创新创业政策制定和价值选择的民主性。由于海淀区推进大众创新创业活动牵涉研究机构及其相关人员、产业界及其相关人员、政府及其相关人员等各利益主体的根本利益，它们之间由于自身文化和追求目标的差异，不可避免出现不同利益之争甚至冲突。为确保政策的民主性，政府理应成为国民公众利益的代言人，负责协调和平衡不同利益需求，根据现实国际国内政治经济环境，从国家公共利益的根本需求出发确定推进大众创新创业政策价值取向。这一过程需要建立民主参与的决策制定，这一点也是我们民主政治制度的集中体现。技术转移保障要贯彻执行国家已经出台的法律法规和北京地区技术市场条例，使技术市场尽快走上法制化建设轨道，制定长期稳定的技术市场税收优惠政策，激励技术市场尽快发展，制定相关的平台管理制度。

第一，完善市场环境政策，建立完善的知识产权保护制度。技术转移包括一系列技术研发、提供者与技术需求者之间开展的正式和非正式合作。技术转移的过程不是一个单纯的技术过程，而是一个涉及经济、政治、科学、文化诸因素的复杂的社会过程。政策的形成需要科技、工商管理、税收、外贸、技术监督等部门共同实现。政府应努力完善市场制度，遵循市场经济规律，保护好技术的知识产权，建立良好的商业环境。完善技术转移地方法律法规体系，可以使技术转移规范化，有利于加强引进技术的吸引力，提高技术转移的效率。在促进技术转移方面，政府最大的作用在于制定有利于发展的政策。目前，我国在促进技术转移方面的政策空白点很多，包括知识产权的归属，知识产权的分配，税收、金融、等方面的政策都亟待制定。

第二，提供专业服务。摸清区域创新资源底数，找准企业创新需求，以新型产业技术研究院为纽带，以网络化信息化综合服务平台为支撑，构建体系化、常态化的创新供求对接服务体系。支持各类新型孵化器系统梳理在孵项目和团队资源，构建全链条的创业服务体系，加速孕育原创思想、技术和商业模式。技术转移平台要深化服务能力和完善服务功能，实现为企业提供技术、人力资源、信息、管理等综合服务，并受企业委托，对科技成果的技术水平进行评估和对产业化前景进行评价。技术转移平台可以凭借信息资源和人才资源的优势，成立或指定有关部门对技术商品转化的成熟程度进行等级评价，并进行技术经济分析及市场前景评估，为企业判断提供依据。政府应制定相关法规来鼓励和规范技术服务机构的发展，为技术交易提供全面服务。除了法律、科技成果的评估和对产业化前景进行评价的功能以外，包括交通通信、金融、科技文化各种服务在内的技术市场基础设施也需要完善。技术转移平台需要在法律、法规、政策建设和科技成果评估、评价体系方面继续完善，形成技术成果在高校、企业和社会间转移的通畅信息平台。

第三，建立政、产、学、研联席办公机制。统筹区域内的大学和科研院所建立技术转移办公室等专门从事知识产权管理和技术转移的机构。区政府可以成立技术转移办公室进行统筹协调。从技术输出层面解决技术转移效率低下的问题。破除制约科技成果转移扩散的障碍，提升创新体系整体效能。海淀可以与其他产业园区合作，组织高新技术产业有序转移，为更高的技术实现技术转移腾出空间，同时，对现有的税收体系进行大胆突破，建立一个合理的高新技术产业有序转移的税收补偿机制。

二、加快转型升级，提高创新创业的核心竞争力[①]

（一）加快构建以高新技术企业为主体的创新型企业集群

中小型科技企业的技术创新甚至比大企业更活跃，由于今天的小企业有可能是明天的大企业，必须把扶持科技企业提档升级作为推动创新创业发展的重要任务来抓。启动科技企业上档升级发展规划，支持中小微企业技术创新和成果转化，促进一批成长期小企业加速成为高新技术企业。一些企业原创性专利不足，而且已有的大部分专利为组合发明专利和改进型发明专利，必须支持大型骨干企业建立国家级高水平研发机构，加快培育一批企业创新骨干，采取事后补助或奖励方式，广泛推动各类型企业设立研发机构，以此带动和促进大众创新创业，尽快形成创新创业集合式发展的新局面。

[①]　王珉：《在转方式调结构中加速振兴》，《求是》2012 年第 10 期。

（二）促进前沿技术研发取得更大成效

瞄准国际技术前沿，聚焦地方重大需求，围绕产业链部署创新链，在基础研究和应用研究领域建好创新平台。以现有国家重点实验室和市级工程技术研究中心为基础，布局建设一批基础研究和原始创新的重大平台；围绕开展企业技术研发与升级改造战略性新兴产业关键技术攻关，通过市场化手段，建立产业技术研究院，统筹产业链和创新链研发力量，促进企业大学和科研机构等在战略层面的有机结合，实现创新资源的有效分工与合理衔接。

（三）优化产业布局和园区升级版建设

在国家级高新区和大学科技园启动共建科教结合产业创新基地试点，加快布局建设一批高新技术特色产业基地，采用先进技术和新材料提升产品品质和企业品牌，加快推进高新科技园区从以往的以生产为主走向以研发创意设计和商贸物流等服务业为主，推动园区真正成为高新技术特色产业基地。不断创新与国际组织技术转机构的交流合作机制，探索联合建设一批孵化中心、国际技术转移中心、联合研发中心，力争在原创性核心技术上取得突破，建设资源节约型环境友好型社会，推动经济持续健康稳定发展。把增强自主创新能力作为战略重点，贯穿到现代化建设全过程与各方面，激发全民族创新精神，培养高水平创新人才，形成有利于创新的体制机制，大力推进理论创新、制度创新、科技创新。当今世界新一轮科技革命和产业变革浪潮席卷而来，信息、能源、材料、医药、环保等领域技术不断取得重大突破，催生了一系列新产品新技术新业态新模式，也催动着一场全人类走向智能生产、绿色生活的新迁徙，其中蕴含的诸多革命性变化，将对国家竞争力和世界经济格局产生巨大而深远的影响。顺应这一潮流，只有推动大众创业万众创新，才能助力建设创新型国家和创新型城区，扎实推进经济转型升级和提质增效。

三、发挥文化创意产业的优势，推动创新创业走特色之路

海淀有丰富的文化资源，如：海淀"三山五园"历史文化景区、中关村文化、西山文化教育等，山、水、林、田、湖、草甸、山涧、山泉等自然资源丰富多样，数量多、质量高。海淀文化遗存历史悠久、类型多样，既有"三山五园"，还有香山双清别墅等革命史迹、红色纪念地。概括起来，以生态山水文化为骨架，以革命军事文化、民间民俗文化、特色物产文化、村落古道文化、宗教寺庙文化、园林古建文化、中外交流文化、名人文化、现代都市农业休闲健身文化为主要特色脉络的文化聚集发展带，是北京文化的重要组成部分和展示交流窗口。

（一）做好战略谋划，坚持有序发展

充分关注历史，统筹文化和经济社会发展方方面面，使文化创新有章可循。海淀在不同历史时期扮演了农业时代、工矿时代、重化工时代和高科技时代北京产业发展的缩影。需顺应新一代信息技术革命为产业相对分散布局提供的可能，加快疏解中心城区非首都功能的新要求，抓住文化带多元文化资源积淀和良好生态本底的独特优势，利用西山文化带毗邻海淀这个科技创新中心核心区的有利条件，探索塑造以创意经济、特色小镇经济、高端总部经济和休闲体验经济为主导的西山文化带发展之路。可借鉴杭州西湖综合保护工程、香港活化历史建筑伙伴计划、台湾公民美学运动等成功做法，以深化供给侧结构性改革的角度和思路，坚持文化创新和科技创新双轮驱动，以增强文化自信为目标，以改革创新为动力，不断释放文化活力，从根上解决生态涵养区和文保区发展动力不足的问题。建议设立海淀文化智库，注重发现和培养一批保持"匠心"的研究人才，潜心研究，全面准确

评估海淀文化的综合价值，找到海淀文化的比较优势。既要注重整理文物遗迹等有形文化遗产，又要系统整理史志、传说、非遗等无形文化遗产，让文化发展传承有序。

（二）坚持质量第一，发挥空间效益

文化发展需要载体和空间，可以通过系统修缮各类文物建筑，有序推动各类主体占用的文物建筑向公众开放，规划建设一批标志性文化项目，推出一批兼具书店、图书馆、博物馆、咖啡馆、视听室、创意工作室等多重功能于一体的综合文化体验场所，推动特色文化小镇、旅游小镇建设，不断完善绿道系统，让区域文化有更多的文化承载空间。对文化区域的各类空间要区别对待、精准施策。对于文物古迹，要注重在保护基础上的创新利用；对于村庄市镇，要注重和原住民的互动交融；对于生态空间，要注重发挥其休闲游憩功能，推动文化与广大市民的共建共享共融。

（三）着眼长远发展，强化文化创新

着眼首都发展大局，在系统梳理文脉基础上，智慧灵活、大气磅礴地加以文化创新，切实发挥好文化资源的生态功能、文化功能和休闲旅游功能。积极推进面向公众的环境宣传教育。研究出台环境教育地方法律法规，推动环境教育的规范化、法制化和全民化。建立完善的生态文明和生态道德教育机制，强化从家庭到学校再到社会的全方位生态教育体系，树立全民的生态文明观、道德观、价值观。创新开展丰富多彩的全民生态文明宣传教育活动，凝聚和营造有利于环境保护的社会意识和社会氛围。积极推动文化创新要素聚集。大力优化创新环境，积极营造"敢为人先、宽容失败"的创新文化氛围，吸引国内外创新要素向海淀文化聚集。大力引进国际一流的文化新技术、新产品、新项目，做实文化传承创新重点项目库。大力开展丰富多彩的人文、体育、旅游活动，增强海淀文化吸引力。

四、发展共享经济，推进大众创新创业

共享经济概念源于美国。1999 年，第一家分享汽车公司 Zipcar 在美国成立后，打开了分享经济的先河。Uber 和 Airbnb 两大独角兽企业的崛起，让共享经济概念横扫全球，在出行、住宿等领域培育出上百亿美元的"独角兽"企业。就国内而言，2016 年政府工作报告提出"分享经济"。国内有滴滴、小猪短租、蚂蚁短租等类似平台，因此共享经济"C2C"固有印象成型。然而以 Uber 和 Airbnb 代表的 C2C 模式才是真正的共享经济，摩拜、ofo 与各类共享＋后起之秀们的 B2C 模式，从更广意义上讲也属于共享经济的一类。共享经济的使用者注重的是高质量低价格的服务，使用者更愿意只为资产使用的时间买单。虽然 Zipcar 是一个标准的 C2C 汽车共享平台，但从未将共享经济概念与 C2C 进行捆绑。从内涵上讲，C2C 还是 B2C 都不是重点，重点是"使用者更愿意只为资产使用的时间买单"，就是物权的拥有权和使用权的分离，只要符合这一标准，就是共享经济。从这个角度出发，无论共享单车、共享充电宝、共享篮球还是共享雨伞，从类别上都可以归为共享经济。

在分享经济时代，通过经济资源的重新配置来刺激新的消费需求，在推进供给侧结构性改革和化解产能过剩方面的作用日益明显。随着用户共享需求的增多，共享经济新业态不断产生，市场规模不断扩大，从而衍生出诸多细分领域。共享生活服务的代表企业有"饿了么""回家吃饭""衣贝洁"等，共享知识服务企业有"知乎""猪八戒网"等。未来分享经济将覆盖到人民群众生活的各个方面，构成一个物物可共享的全生态产业链。在全球经济下行和结构调整的双重压力下，分享经济显示出特有的优势，呈现出爆发式增长趋势。共享充电宝方面，有数据显示，截至目前包含腾讯、鼎辉资本、金沙江创投等超过 20 家资本巨鳄机构对共享充电宝进行高达数亿规模的投资。另外，如共享

篮球"猪了个球"也完成千万级 Pre－A 融资，共享雨伞也相继在广州、合肥等地出现。共享＋火爆不是市场驱动，而是资本驱动，刚需市场被打开。盈动资本创始合伙人项建标认为规模租赁时代正在到来，使得物权和产权的重要性不断降低。共享单车、共享充电宝、共享篮球、共享雨伞等模式的 B2C 类共享经济，未来拥有资源的"使用权"比拥有"拥有权"更有价值，未来将会有更多东西被共享。而无论共享＋后面是单车、充电宝还是雨伞，都符合凯文·凯利所讲的趋势。共享经济模式和传统经济模式的最大区别就是共享经济带来了物权的"拥有权"和"使用权"分离。传统经济模式中，想要使用一个物品，你要先购买获得了"拥有权"，然后才有使用权。在传统经济模式下，大量的购买行为是被浪费的。因此造成了两种困境：一是家里买来的"无用"物品越来越多；二是为了省钱只好放弃部分低频物品的"拥有权"，进而导致丧失"使用权"。共享经济的出现，简单来讲，最大的价值是让"使用权"的门槛降低。而且传统的使用权和拥有权的捆绑，还限制了人类所有物的使用范围。

让"使用权"消费需求被激发，唯一能够满足用户"使用权"消费的只有共享经济，无论 C2C 还是 B2C，满足用户需求才是唯一真理。从效率上来讲，B2C 远远高于 C2C 模式。所以说，如果不能认知使用权消费增长趋势，就完全无法理解共享经济的真正价值。可以说某些共享＋企业的经营方式、理念、策略有问题，但不能彻底否定各类共享＋模式的意义。共享＋的兴起并非偶然，是使用权消费趋势增长的必然。当然，也并不是说所有物品都可以共享＋，太低频、维护费过高、用户随身携带（例如手机）的物品大多不适合去共享。共享＋风口来了，"使用权"消费正在革命着这个世界旧有的经济秩序。近几年分享经济行业飞速发展对经济、社会、民生、城市管理和公共安全等领域的影响越来越广泛。共享经济改变了传统的就业模式，人们可以按照自己的兴趣、时间及其他资源参与共享活动，实现灵活就业；促进生产要素的社会化使用更为便利，创业成本更小、速度更快。

2017 年 1 月，国务院办公厅发布《善于创新优化服务培育壮大经济发展新动能加快维护结构动能接续转换的意见》，明确提出"分享经济、信息经济、绿色经济、创意经济、智能制造经济为阶段性重点的新兴经济业态逐步成为新的增长引擎"。北京市也提出加快新兴业态和互联网产业发展，国家信息中心预测，未来几年分享经济仍将保持年均40％的增长，越来越多的企业和个人将成为分享经济的参与者与受益者。

作者：刘尚高，中共北京市海淀区委党校区情研究中心副主任。

服务国家和首都战略
凸显特色扬长补短　持续发挥政府
优化科技人才生态的引导作用

　　科技兴则民族兴，科技强则国家强。科技创新是决定世界政治经济力量对比和国家前途命运的关键因素。党的十九届五中全会提出要坚持创新在我国现代化建设全局中的核心地位，把科技自立自强作为国家发展的战略支撑，深入实施科教兴国战略、人才强国战略、创新驱动发展战略，加快建设科技强国。谁拥有一流的科技创新人才，谁就拥有了科技创新的优势和主导权。

　　作为综合性国家科学中心核心承载区的怀柔科学城，深入学习贯彻落实习近平总书记关于科技创新的重要思想，紧紧围绕建设世界科技强国的战略目标，努力建成与国家战略需要相匹配的世界级原始创新承载区，朝着百年科学城目标迈进，需要聚集世界一流领军人才和高水平研发团队。如何发挥优势、弥补劣势，不断优化科技人才生态环境，培养和吸引更多的科技人才投身到科学城建设中来，值得我们深入研究和思考。

一、科技人才生态建设的基础理论分析

　　科技人才是实现区域自主创新能力的内在力量。硅谷的成功就得

益于自身无可比拟的人才优势，它集聚着 100 万以上来自美国各地和世界各国的科技人员。有效吸引科技人才的前提是要准确把握科技人才的特点。科技人才是指具有专业知识或专门技能，具有科学思维和创新能力，从事科学技术创新活动，对科学技术事业及经济社会发展做出贡献的劳动者，主要包括从事科学研究、工程设计、技术开发、科技创业、科技服务、科学管理、科学普及等科技活动的人员。综合分析科技人才的职业追求、工作性质和生活需要，可以得出科技人才的主要特点：

一是专业性明显。这是科技人才的主要判断依据。科技人才在基础研究、应用研究、开发研究、管理研究等领域，有其擅长的专业能力，渴望拥有展示才华、实现抱负的最佳平台。很多科学家热衷于具有专业性和挑战性的工作，把攻克难关看作一种乐趣、一种体现自我价值的方式。要为科技人才创造专业知识尽情施展的平台，以科研事业吸引人，以科研成果成就人。

二是创造性突出。这是科技人才最本质的特征之一。科技人才有较强的创新精神，热衷探索未知世界，寻找自然界的客观规律，努力发现新知识，创造新技术新产品，推动科技进步和产品创新。科技人才的劳动过程有时难以监控、劳动成果难以衡量，创新失败的概率也很大。不论是科学研究，还是科技创业，"失败是必然的，成功是偶然的"。科技人才倾向于灵活的组织和自主的工作环境，不喜欢被束缚。要为科技人才创造大胆创新、包容失败的科研环境。

三是价值性多元。这是科技人才的社会属性之一。实践证明，杰出科技人才拥有非常高的综合能力和人力资本价值。对于国家安全稳定而言，他们属于宝贵的战略性资源；对于区域经济社会发展而言，他们属于稀缺的人力资源。根据社会的认可度，越是重要的科技人才，越有能力选择追求更加美好的生活，这也是科技人才作为普通人社会属性的表现。因此，要为科技人才创造优质的教育、医疗、住房、交通、文化、交流、休闲等方面的配套环境。

科技人才竞争的实质是科技人才生态系统的竞争。因此，必须以人为本，从科技人才特殊性出发，兼顾普遍性，抓好科技人才生态建设，促进科技人才集聚和成长发展。"生态"一词起源于希腊，原意为"栖息地"，现被引申为"生物的生存状态"，指生物在一定环境中的生存与发展状态。人才生态系统是模仿自然生态系统而构建的人才与其所处自然环境和社会环境相互作用的有机复合体。

对于科学城的建设发展来说，科技人才生态涉及政府、高校、科研院所、企业、金融机构、中介组织、市场、自然、人文等各个要素的相互作用。它不是由单一因素决定的，而是由内外多种因素相互影响共同推动的。影响科技人才生态优劣的主要因素包括内部环境和外部环境。内容环境影响因素是指企业内部管理（如单位体制、薪酬待遇、考核办法等）和科技人才自身（如个人专业程度、自身修养等）等。外部环境影响因素是指经济因素、科技因素、政策因素、配套因素、科技服务因素、自然因素和人文因素等七个方面的外部因素。其中，经济因素是科技人才生态的基础；科技因素是科技人才生态的核心；政策因素是科技人才生态的支撑；配套因素是科技人才生态的保障；科技服务因素是科技人才生态的催化剂；自然因素是科技人才生态的底色；人文因素是科技人才生态的灵魂。本文重点研究优化科技人才生态主责由政府承担的外部环境影响因素。

二、怀柔区科技人才聚集的发展历程

（一）1958—1999 年，顺应国家战略需要和中科院在怀柔的发展，怀柔科技人才聚集萌芽起步

怀柔与科学有着不解之缘。怀柔科技产业的发展和科技人才的聚集始终与国家的前途和命运息息相关。一方面，1958 年 11 月，为承担"两弹一星"的相关任务，中国科学院在怀柔建立了火箭发射试验基地，由力学所二部和化学所二部组成，是新中国"两弹一星"事业

的发源地之一，1960 年 10 月正式进驻，1963 年完成设施建设和人员配置。这是怀柔与国家科技强国战略、与中国科学院的最早结缘，也为怀柔种下了一颗珍贵的科技种子，怀柔科学城从此开始孕育萌芽。1978 年 7 月，中国科学院干部进修学院在当时的怀柔县怀北庄西建校，它是现在中国科学院大学雁栖湖校区校史的重要组成部分。1978 年 6 月，国防科工委干部学校在怀柔建立，现在是培养航天指挥管理与工程技术人才的航天工程大学。科研院所和科技类高等院校的落户，为怀柔科技人才的持续集聚奠定了良好的基础。

另一方面，1992 年 4 月 10 日，北京市政府批准怀柔县设立雁栖工业开发区（即雁栖经济开发区），着手推进市政基础设施、完善投资平台、优化投资环境、吸引企业入驻等，开启了怀柔经济园区化发展的模式，也为中科院科研院所、科技企业、项目、人才集聚怀柔搭建了载体和平台。1999 年北京市和中科院第一次签署全面科技合作协议，中科院研究生院雁栖湖校区的选址和筹建工作被列入重点工作之一。此次中科院与怀柔的深化合作点燃了怀柔科技产业发展和人才聚集的星星之火。

（二）1999—2009 年，怀柔科技人才队伍从以学术型为主转向学术型和产业型兼而有之，并逐步壮大

从 1999 年至 2009 年中国科学院北京怀柔科教产业园合作协议正式签署前，这十年，怀柔聚集了更多的科技创新要素。2006 年 9 月，北京市和中科院签署新一轮全面科技合作协议。同年 12 月，可容纳万余名博士、硕士研究生的中国科学院研究生院雁栖湖校园正式奠基。截至 2009 年 6 月，已有中国科学院研究生院、力学研究所、电子学研究所、中科合成油技术有限公司、空间科学与应用研究中心、计算机网络信息中心、心理研究所、声学研究所、化学研究所、自动化研究所 10 家单位的教育、科研与转化项目进入园区，高层次科技人才数量在怀柔不断增加。同时，当时的雁栖经济开发区得到了长足发展，完

成了全部园区市政设施的"九通一平"建设，并朝着"新能源新材料产业园、生命科学产业园、中关村雁栖高新技术创新基地和文化创意产业园"的规划加快推进。中国航空综合技术研究所高端试验及检测中心、碧水源膜产业基地等产业项目和科技企业纷纷落户怀柔，怀柔科技人才生态逐步培育。

（三）2009年至今，落实综合性国家科学中心和北京国际科技创新中心双重建设任务，怀柔科技人才加快聚集

2009年6月12日，《中国科学院、北京市人民政府共建中国科学院北京怀柔科教产业园合作协议》签字仪式暨钱学森国家工程科学实验基地项目落户怀柔启动仪式举行，成为推动怀柔科学城落地成型的一个新起点。中科院与北京市、怀柔区的合作更加紧密，入园项目以国家重大科技专项、重大产业化项目、国家中长期大型科技基础设施及中科院知识创新工程等为主。2016年9月，国务院批复的《北京加强全国科技创新中心建设总体方案》将怀柔科学城纳入统筹规划建设中；2017年5月，国家发改委、科技部正式批复的北京怀柔综合性国家科学中心建设方案，明确以怀柔科学城为核心承载区进行建设。综合极端条件实验装置、高能同步辐射光源等一大批科学装置和交叉科学研究平台陆续开工建设，为怀柔科学城提供核心支撑。高起点定位、拥有高精尖内核的怀柔科学城为高端科技人才聚集创造了优势条件，怀柔科技人才聚集驶入了快车道。

如今的怀柔科学城，正在以日新月异的速度、瞄准世界一流水准建设发展。截至目前，中科院28个院所入驻，"十三五"时期布局的29个科学设施全部开工，国家实验室和"十四五"科学装置加紧落地，雁栖湖应用数学研究院、清华工研院雁栖湖创新中心等新型研发机构和创新创业平台加快推进，一零一中学怀柔校区、国际学校、国际医院、国际社区、城市客厅、雁栖小镇等一大批城市配套设施加紧布局，由市郊铁路怀密线、通密线，京沈客专构成的对外交通网络已

经形成，"百年科学城"正在扎实推进。预计到2025年，仅在怀柔科学城工作、生活的中科院人才，将由目前的约1000人发展到三个"万人量级"规模，即固定科研人员、流动科研人员、国科大在校学生均达到万人规模，将支撑怀柔科学城成为科研高地和人才高地。

根据《怀柔科学城规划》的预测，到2025年，怀柔科学城城市框架基本形成、示范效应明显、承载能力全面增强，北京怀柔综合性国家科学中心影响力显著提升，将集聚一批国际顶尖科学家及团队。到2035年，突破效应明显，基本建成国际知名的科学城和国家科学中心，科研人员达到4万人左右。展望2050年，全面建成引领世界的一流科学城和国家科学中心，科研人员达到5万人以上，将造就一批具有全球影响力的科学家群体。

三、怀柔科学城科技人才生态建设的优势与不足

怀柔科学城是北京建设国际科技创新中心"三城一区"主平台之一，是综合性国家科学中心的核心承载区，原始创新是怀柔科学城的核心关键和明显特色。其科技人才生态具有如下五点明显的优势：

一是政策倾斜长远利好。怀柔科学城拥有国家级、北京市级、中关村、怀柔区等全方位的政策倾斜。未来一个时期，国家、市级、区级和社会各界将投入大量资金用于重大科学设施项目建设，同时用于科技人才引进和培养，全面布局科学城及周边地区住房、教育、医疗、交通、文化、体育、商业等城市功能要素，为怀柔的城乡面貌、城市转型、人才创业和产业升级带来前所未有的重大变革。

二是科技资源丰富高端。怀柔综合性国家科学中心建设全面提速，布局在怀柔科学城的综合极端条件实验装置、高能同步辐射光源、空间环境地基综合监测网（子午工程二期）等大科学装置，占在北京落地的19个大科学装置的26%，是北京地区大科学装置最为密集的区域。科教基础设施和交叉研究平台加快推进。"十四五"重大科技项目

还将陆续落地。与中科院、中科院大学、北京大学、清华大学等创新主体以及海淀区等兄弟区对接合作持续深化。怀柔科学城的科技资源正在加速聚集，将成为科技人才施展才华的华丽舞台。

三是科技产业前景广阔。怀柔科学城规划面积 100.9 平方公里，从地理空间看，科技产业有很大的发展空间。同时，怀柔科学城围绕物质、信息和智能、空间、生命、地球系统等五大科学方向的成果孵化，以构建适应创新发展要求的科技服务业为纽带，重点布局新材料、生命健康、智能信息与精密仪器、太空与地球探测、节能环保等前沿产业，同步孵化培育未来先导产业，远景可期。

四是自然生态环境优越。怀柔地属暖温带型半湿润气候，是北京的重要生态涵养区，四季分明，上风上水，西、北、东三面燕山环抱，沙河、雁栖河、牤牛河和京密引水渠汇聚。全区 98% 以上地区属于北京市一级、二级饮用水源保护区，拥有丰富的动植物等生态资源，林木绿化率、森林覆盖率分别达到 80.5% 和 58.5%，是北京北部的绿色屏障，山区面积占 89%，空气质量优良，九分山水一分田，被誉为"天然氧吧"，是开展科学研究的胜地。

五是历史人文底蕴深厚。"怀柔"二字最早出自《诗经·周颂·时迈》，"怀柔百神，及河乔岳"，距今已经有 3000 多年的历史。怀柔是历史上的渔阳郡，是文化交流融合之地。境内的 65.4 公里长城是万里长城北京段最为精华的区段之一，慕田峪、箭扣、黄花城、响水湖名声在外。怀柔科学城拥有"两弹一星"纪念馆，与代表国家科技发展水平的中国科学院有着密切的关联，科学精神与"两弹一星"精神已经深深地嵌入怀柔这方水土。

当然，怀柔科学城也有不可回避的劣势。经济基础相对薄弱，在一定程度上制约了怀柔科学城科技人才的引进和培养。科技产业市场尚不够成熟，正处于科技要素聚集的起步期，科技产业市场活力不足，对流动型的科技创新创业人才吸引力不够。配套设施不够完善，便捷的轨道交通尚未形成，远郊区的短板尚未补齐。教育、医疗、住房、文化、休闲、娱乐等公共服务配套，与科技人才的需求仍存在较大差距。尤其是国际人才关注的国际学校、国际医院、国际社区以及高品质文化体育和特色商业配套服务缺乏，适合国际人才的新型城市形态尚未形成，科技人才吸附力不强。科技人才政策竞争力不强。政策引才、育才、留才的效果尚不明显，政策体系的系统性和针对性还有待加强。科技服务业发育尚不成熟。科技咨询、研发设计、知识产权、技术交易、金融服务等促进科技成果转移转化的企业和人才缺乏，服务体系不够健全，人力资源市场化程度不高，科技人才引进渠道不够畅通。

四、优化怀柔科学城科技人才生态的对策和建议

回顾怀柔科技人才聚集的发展历程可以看出，政府的推动作用明显。政府是科技人才生态中的关键能动性要素，是政策制度的制定者、创新环境的维护者和创新氛围的塑造者。怀柔科学城基于服务国家战略和首都战略的定位，必须凸显特色扬长补短，继续发挥政府优化科技人才生态的引导作用，以"科学一百年，奋斗每一天，干好每一天，幸福每一天"的精神状态，不断提高科技人才吸纳能力，让科技人才"引得来、用得好、留得住"。

（一）以科学精神和"两弹一星"精神为人文内核，占领科技人才精神高地

对于高层次的科技人才来说，文化比物质激励更有吸引力。怀柔这片热土，有钱学森、郭永怀等老一辈科学家的精神传承。怀柔科学城要以实事求是、求真务实、开拓创新的科学精神和"热爱祖国、无私奉献、自力更生、艰苦奋斗、大力协作、勇于登攀"的"两弹一星"精神为核心，打造科技人才生态的内核，成为凝聚科技人才的灵魂和强磁场。要重视营造"怀才相遇，柔远天下"尊重科技人才的浓厚氛

围，培育有崇高追求的学术风气。要有鼓励创新、包容失败的眼光和胸怀，给科技人才提供丰盈的精神沃土。加大对科技创新成果和科研人员先进事迹的宣传力度，增设科学家雕塑，以科学家命名城市道路，建设科学主题公园、科技馆、科学文化长廊、科学田园等新地标，将科学、科学精神和"两弹一星"精神融入普教、干部教育和社会教育，让城市处处彰显科技人文精神。

（二）以政策倾斜和壮大产业为支撑，打牢科技人才生态基石

"科研是养出来的"，建设世界级原始创新承载区，要在基础研究中不断有原始创新，依赖于各级政府在创新条件和配套建设的稳定投入，让科技人才安心科研。另外，要实现怀柔发展从"输血"向"造血"转变，培育科技产业新引擎，同样需要政府扮演好政策制定实施者的角色。政策扶持要突出重点，精准发力，做到扶持一个、成熟一个、壮大一个，培养领军人物，打造龙头项目和龙头企业，做强实体经济，形成"以才引才、项目凝才、企业留才、产业聚才"的良好互动局面。将"雁栖计划"人才政策落地落实，瞄准新型研发机构、硬科技孵化、尖端科学仪器制造等重点项目加快科技人才聚集。政府部门要持续做好公平竞争营商环境的维护者，简化创业审批手续，减少政策阻碍。吸引拥有自主专利权，又愿意创业的国内外科技人才来怀柔科学城发展。要特别关注科技人才初创企业的成长，在条件允许的情况下，可以作为其科技产品的早期采购者和使用者，培育本土企业，拉动科学城经济增长、贡献税收、解决就业等，为科技产业和科技人才的发展提供良好的生长环境。

（三）以挖掘高校院所潜力和搭建创新创业平台为抓手，涵养科技人才源头活水

高校科研院所是培养和输出科技人才的重要渠道。要加大国内外

一流科技大学和科研机构的引进力度，增加科技人才的自我供应量。要与大学深化合作，通过设立大学创业园、荣誉合作项目、技术转移办公室、名校研究院、大学基金会等形式，密切大学、政府、产业和资本之间的联系，为有兴趣、有能力、有潜力的学生创新创业实践拓宽空间和提供资源，为怀柔科学城储备源源不断的科技人才。针对具有科研实力的专业群体，搭建特色产业园、科技园、研发基地、技术中心等高端平台。鼓励举办线上线下科技竞赛、学术研讨、科技之星评比等各种活动，促进区域内科技人才，特别是青年科技人才充分互动。加强对外交流，突出国际特色，着重向国际化方向发展，广泛吸纳留学生、海外学子等国际科技人才，搭建平台提供优质服务，力争国际科技人才在怀柔科学城达到一定比例，在科学城范围内形成浓厚的、自由的科研学术和创新创业氛围。

（四）以完善配套设施和公共服务为重点，增强科技人才的归属感

积极争取国家、市级政策倾斜和资金投入，完善怀柔科学城的配套设施。优化轨道交通路线，畅通与外界的联系。围绕科研人员年轻化、高端化、多元化的需求，创造良好的生产生活环境，搭建无国界工作生活新范式，全面激发各类创新人才的活力潜力。着力解决科技人才子女教育、看病就医、配偶就业、父母养老、住房保障等各方面的后顾之忧，不断满足科技人才的公共服务需求。建设知名中小学和国际学校，开通科技人才子女入学绿色通道，引进高质量校外培训机构。建设知名医院和国际医院，开通国际保险直接支付渠道，为科技人才提供家庭健康管理服务和城区三甲医院看病就医绿色通道。建立科技人才配偶就业推荐协调机制，让科技人才在怀柔安家。发展养老产业，提高养老服务水平，提供大面积人才住房，让科技人才的父母在怀柔安心生活。坚持职住平衡原则，建设院士大厦、外籍人才大厦等免费入住的科学家公寓。制定科技人才购房、租房补贴政策。建设

人才公租房，为科研人员提供职工宿舍，为流动科研人员提供短期租赁公寓，允许外地户籍科研人员申请人才住房。

（五）以加强科技服务和人才市场建设为路径，促进科技人才引进和成长

设立怀柔科学城科技人才服务中心，提供线上线下"一站式"服务，为重点科学技术人才提供定制服务。针对怀柔科学城重点发展的科技领域，及时了解物质、信息和职能、空间、生命、地球系统五大科学方向的发展前沿信息，掌握科技服务业、新材料、生命健康、智能信息与精密仪器、太空与地球探测、节能环保等产业领域的领军人物信息，建立怀柔科学城科技人才数据信息系统，收集、存储、反馈科技人才信息并实施动态管理，分门别类建立多个国内外科技人才信息库和专家库。将已有的和拟引进的科技人才都建立信息档案，强化分层分类服务。针对已有的重点科技人才及时跟踪服务，确保"留得住"和发挥作用最大化。掌握拟引进科技人才的需求，为其提供公司注册、公司选址、项目融资、人才招聘、手续办理等服务，争取"引得进"。鼓励国内外知名的投资公司和人力资源公司在怀柔科学城设立分支机构。引进科技咨询类、创业孵化类和科技成果转化类的科技中介服务机构。按照政府引导、市场化运作、专业化管理的原则，设立创业投资引导基金，带动社会资本对科技人才创新创业的投入。积极引导科研单位、社会培训机构、科技行业共同构建科技人才继续教育体系，采用在职进修、脱产培训、交流挂职等多样化的继续教育手段，为科技人才提供持续化的教育培训服务。

（六）以打造科技与生态完美融合之城为抓手，做足自然生态文章

立足生态涵养区最大优势，充分利用河流、交通生态廊道，增加生态空间。统筹山水林田湖草生态要素，再现山水林田城人居格局，

让科学融入城市、让城市融入自然，建设科学和自然共生的生态之城。坚持绿色生态发展理念，大力开展环境治理，发展可再生能源，提倡推行绿色建筑，塑造生态宜居创新示范区。坚持生态文明思想，深度推动科技与经济、科技与生态资源开发利用，科技与城市有机融合，激发全要素创新创业创造活力，促进区域协同创新发展，打造未来城市发展的新典范。注重科技与影视、会展、文化、旅游、农业等产业的融合互动，壮大第三产业规模，增加城市时尚元素，为科技人才创造生态、人文、艺术、智慧、现代、自由等多种元素交织的首选之城。

作者：徐春华，中共北京市怀柔区委党校副校长。

持续优化创新创业生态系统是激发怀柔科学城创新创业主体活力的关键

党的十九大报告指出，加快建设创新型国家，要瞄准世界科技前沿，强化基础研究，实现前瞻性基础研究、引领性原创成果重大突破。2017 年 2 月，习近平总书记视察北京，强调北京要以建设具有全球影响力的科技创新中心为引领，抓好中关村科学城、怀柔科学城、未来科学城、北京经济技术开发区"三城一区"建设，深化科技体制机制改革，打造北京经济发展新高地。2020 年 11 月，中共北京市十二届十五次全会强调，加快建设国际科技创新中心，推进"三城一区"融合发展。怀柔科学城作为北京建设国际科技创新中心"三城一区"主平台之一，是引领科技发展和国际重大前沿技术突破的新引擎。党的十九届五中全会提出"坚持创新在我国现代化建设全局中的核心地位，把科技自立自强作为国家发展的战略支撑"[1]。强化国家战略科技力量，要把提升原始创新能力摆在更加突出的位置，加强基础研究，尽快突破关键核心技术。需要深化科技体制改革，不断改善科技创新生态，为创新创造者营造良好环境、提供基础条件、搞好相关服务。

根据《北京城市总体规划（2016—2035 年）》和《怀柔科学城规划（2018 年—2035 年）》，怀柔科学城要建成与国家战略需要相匹配的世界级原始创新承载区，打造战略性前瞻性基础研究新高地、综合性

---

① 《中国共产党第十九届中央委员会第五次全体会议公报》，人民网，2020 年 10 月 30 日。

国家科学中心集中承载地、生态宜居创新示范区。

怀柔科学城将集中建设一批国家重大科技基础设施，打造一批先进交叉研发平台，并以此为依托，取得一批世界领先的原创科研成果，提高我国在基础研究和前沿交叉领域的源头创新能力和科技综合实力。这就离不开一大批科技领军人才、青年科技人才和高水平研究团队，离不开一批高校院所、新型研发机构和创新型企业等这些创新创业主体，更离不开优质的创新创业生态系统。科技创新成果的产生依赖于良好的创新创业生态系统，只有全面构建科学完善的创新创业生态体系，增强科学城原始创新动力和城市活力，才能吸引促进各类创新要素加速聚集，才能推动科技创新与进步，引领科技发展和国际重大前沿技术突破，提升科学城的影响力。

一、创新创业生态系统的内涵

创新创业生态系统是科技创新活动的基础性环节，直接影响科技创新活力的强弱。构建高效的创新创业生态系统，是提升各类创新创业主体活力的关键，是加速科学城发展的有效途径。

（一）基本内涵

创新创业生态系统是指在一定区域范围内，由众多既独立又密切相关的创新创业企业、高校科研院所、科技服务机构、投资金融机构等创新创业要素资源集聚所构成的集合体，以创新创业驱动社会经济发展。[①] 类似于自然生态系统，创新创业生态系统庞大复杂，它是由创新创业主体与资源环境等各类要素相互作用而形成的开放式网络系统结构。不仅包含创新创业主体、创新创业要素等实体，还包含系统

---

① 刘雅婷、胡远、定明龙：《创新创业生态系统服务体系初探》，《中国科技资源导刊》2018年第4期。

内相互间的物质、信息及能量的交互活动。① 创新创业主体与创新环境要素之间通过物质流、能量流、信息流的联系传导，形成共生融合、动态演化的开放复杂系统。② 在这一系统中，各类创新创业主体在一定的环境中为实现创新总体目标互利共生、价值共创、适应依存、协同演化，为推动科技创新发展提供动力源泉。

（二）构成要素

创新创业生态系统由创新创业参与主体（创新创业企业、科研机构、高校）和创新生态环境两大部分组成。创新本质上是以企业、科研机构、高校为创新主体，以技术为基础的活动，企业主导着从科技创新到商业创新和产业化的全过程。高校、科研机构的原始创新活动，经过企业进一步的成果运用和商业创新，培育出新产业新业态，实现了科技与经济紧密结合。

创新生态环境要素主要有：政策环境、市场环境、科研环境、人才环境、金融环境、产业环境、服务环境、基础环境、人文环境等要素。完善的市场环境为科技创新提供经济基础、金融支持和对外交流条件。良好的基础环境保障了便捷宜居的生活条件，健全的政策环境为科技创新活动的实施提供有力保障，优越的科研环境能够大力促进科技创新产出及其成果转化。③

创新生态环境中的各种要素之间既相互独立，又相互关联，直接对创新创业主体的创新活动形成促进或制约，形成交错互补、协同并进的有机整体，系统影响创新创业主体的创新活力。比如，硅谷形成了由政府部门、大学教师及学生、科研机构研究人员、企业家、风险

---

① 刘雅婷、胡远、定明龙：《创新创业生态系统服务体系初探》，《中国科技资源导刊》2018年第4期。

② 查晶晶、赵可、陈井等：《创新创业生态系统运行机理研究》，《科技创业月刊》2017年第19期。

③ 张永凯、韩梦怡：《城市创新生态系统对比分析：北京与上海》，《开发研究》2018年第4期。

投资家以及各类中间机构、非正式社会组织等创新要素构成的双层创新网络。一方面由企业、大学等创新主体及其形成的创新要素构筑的创新核心网络层；另一方面由创新基础设施、创新文化、专业性服务机构、风险资本、各种行业协会和非正式社会组织构成的创新环境支撑层。[①]

　　企业、高校、科研院所等创新创业主体，在创新创业动态演化过程中形成生态系统，市场、制度、文化和基础设施等构成了一个地区的创新创业生态系统。如图1所示：

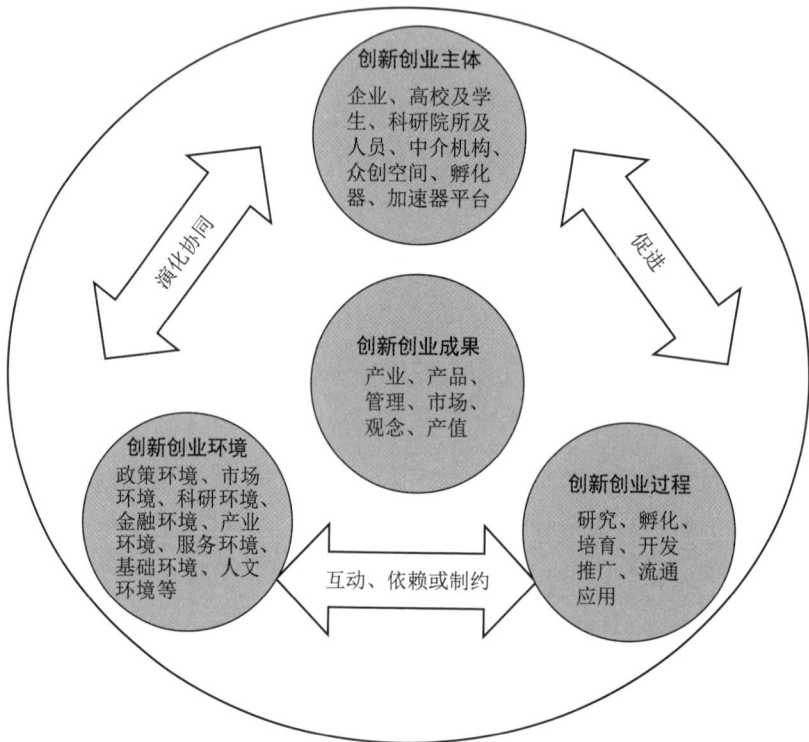

图1　创新创业生态系统结构功能示意图

---

　　① 杜德斌、胡曙虹：《硅谷是如何炼成全球科技创新中心的》，搜狐网，2016年8月16日，https：//www.sohu.com/a/110805800_465915.

二、怀柔科学城创新创业生态系统建设现状

怀柔科学城在创新创业生态系统建设方面有一定的现实基础。本文从创新创业主体要素和创新生态环境要素两个方面来分析。

(一)创新创业主体要素

创新创业主体包括大企业、科技型中小企业、大学及大学生、科研机构及人员、融资机构、中介机构等。同时,众创空间、孵化器、加速器平台是培育创新创业主体的重要载体,其本身也是创新创业主体之一。以下从企业主体、高校与科研院所主体、科技人才、众创空间与孵化平台主体四个方面分析。

1. 企业主体

截至 2020 年底,新注册企业 1.2 万家,科技类企业达 5316 家,怀柔科学城范围内共有高新技术企业 604 家。近年来,怀柔科学城产业布局逐渐清晰,科技创新的溢出和集聚效应同步显现。2020 年 5 月,北京怀柔仪器和传感器有限公司成立,促进科学仪器产业创新发展。竞技世界(北京)网络技术有限公司入选了科技创新百强榜单,奥瑞金科技股份有限公司入选了民营企业百强榜单、社会责任百强榜单。同年 7 月,北京科拓恒通生物技术股份有限公司成功上市,实现了创业板上市企业零的突破。中科艾科米、卓立汉光、航天宏图等 13 家企业集中入驻,科拓生物、新时空科技、远洋亿家 3 家企业上市。怀柔科学城高科技企业主体规模不断壮大,创新创业企业主体处于培育发展期。

2. 高校与科研院所主体

怀柔现有中国科学院大学、航天工程大学、北京电影学院、北京京北职业技术学院、北京大学医学部(在建)等 5 所高校。中科院电子所、力学所、国家空间科学中心、计算机网络信息中心、北京综合

研究中心等 6 个院所陆续在怀柔建设园区。2020 年 9 月 27 日，北京纳米能源与系统研究所整建制迁入怀柔，同年 10 月 30 日，中国科学院物理研究所怀柔园区正式启用，综合极端条件实验装置、材料基因组研究平台、清洁能源材料测试诊断与研发平台率先进入科研状态。随着落地怀柔科学城的大科学装置和科技研发平台建设，中科院还有 12 个科研院所，包括生态环境中心、地球与地质研究所、化学所、过程研究所、青藏高原研究所、国家天文台等，将陆续落户怀柔。北京市与中科院共建的物质科学实验室、空间科学实验室，以及北京雁栖湖应用数学研究院也落户科学城。国家自然基金委科学传播与成果转化中心、科技部科技评估中心入驻，怀柔科学城创新主体加快聚集，以科研院所、高校、科创企业为主体的科技创新生态初步形成，逐步构建从基础设施、基础研究、应用研究、成果转化到高精尖产业发展的创新链。

3. 科技人才

截至 2020 年底，怀柔科学城有人口约 10 万人。怀柔科学城中科院在职职工 1.4 万余人，研究生、留学生、博士后 1.3 万余人，共计约 2.7 万科研人员，访问学者 940 人。到 2030 年，中科院在职职工将达到 2.3 万人，研究生、留学生和博士后将达到 2.4 万人，科研人员总人数将达到 4.7 万人，访问学者 2110 人。这些人才是怀柔科学城创新能力高低的支撑性因素，未来怀柔科学城还将加大力度引入科技领军人才、青年科技人才和高水平研究团队。

4. 众创空间与孵化平台

截至 2020 年底，以创新小镇为代表的创新创业平台，主要有中关村信息谷、北京海创产业技术研究院、优客工场、中国科学院大学怀柔科学城产业研究院 4 家科技服务机构。创业黑马科创加速总部基地启动运营，黑马科技加速实验室开营、黑马科创学院同步运行，魏桥国科研究院、北京雁栖湖应用数学研究院、有色金属新材料科创园、清华工业开发研究院雁栖湖创新中心陆续成立，一大批新型研发机构、产业技术研究院、创业孵化平台相继落户，搭建起怀柔科学城的"创新雨林"。重要的科技成果转化平台主要有汽车动力电池创新中心、轻量化材料成型技术与装备中心、机械研究总院科技创新基地、国联汽车动力电池研究院等。科技成果转化项目和创新创业平台正在加快聚集。

（二）创新生态环境要素

创新生态环境是各创新主体赖以生存的外部空间，在创新资源投入相似的情况下，创新生态环境对创新创业能力的影响至关重要。创新生态环境包括很多方面，这里主要分析服务环境、政策环境、人才环境、金融环境、人文环境。

服务环境是指区域创新服务体系建设及区域内自然生态、基础设施建设水平等支撑情况。近年来，怀柔科学城在住房、教育、医疗、公共文化、商业以及交通、市政和生态建设等方面不断加大力度。目前，怀柔科学城建设框架全面拉开，编制完成《怀柔科学城控制性详细规划（街区层面）（2020—2035 年）》，构建活力迸发、绿色生态、智慧人文的创新型城市框架。起步区"城市客厅"项目开工建设，功能包括酒店、公寓、研究型学院、公共文化、办公、商业、休闲、科技服务业和科技产业，服务于科学家、科研人员、科学设施平台的用户、创新创业团队和访问学者等。科学城城市客厅、雁栖小镇、科学之光、雁栖河生态廊道、栖美园创客公寓等一批服务配套项目加快推进，与百年科学城相匹配的新型城市形态正在形成。同时，针对高层次人才生活工作需求，建设以国际一流科研人才聚集为特点的国际人才社区，营造一流国际人才生活工作环境。

政策环境是指区域内实施的政治制度、法律法规以及政策体系和政府行为。包含产业政策、科技政策、财税政策等多个方面政策组合。[1] 近年来，怀柔区推出了一系列具有突破性的政策举措。制定出

---

① 刘方柏、雷林、胡涵涵等：《优化四川创新生态环境的对策研究——基于提升企业创新主体活力视角》，《西部经济管理论坛》2019 年第 6 期。

台《怀柔区产业发展五年行动计划实施方案》和《区属企业提质增效三年行动计划实施意见》，组建高精尖产业落地专班，为企业入驻怀柔科学城提供优惠的政策服务。

人才环境是指区域内人才教育培养与吸收引进等政策情况。人员素质水平是区域创新能力高低的支撑性因素。[①] 除了北京市人才引进政策，如"北京市科技新星计划""科技北京百名领军人才培养工程""高层次创新创业人才支持计划""中关村高端领军人才聚集工程"之外，怀柔区启动实施《怀柔区高层次人才聚集行动计划（2018—2022年）》（雁栖计划），实施人才引领发展战略，举办首届雁栖人才论坛，汇集国内外智力资源，构建科技创新生态，不断吸引人才和项目落地。针对不同层次的科技人才，给予不同的定制服务和综合资助。设立优秀青年人才创新创业基金。针对大科学装置建设运维、实验保障人才或紧缺急需的基础服务人才培养项目，给予项目资助，支持技能大师工作室建设。设立"雁栖人才伯乐奖"，支持人力资源服务机构引进全球尖端人才、国家级和省部级领军人才，等等。

金融环境是指区域内金融对创新的支撑情况。良好的金融环境可降低创新主体研发转化风险。[②] 在投融资机构建设方面，怀柔科学城管委会与北京银行、中关村银行等金融机构签署战略合作框架协议。2020年5月，深圳证券交易所怀柔科学城企业上市服务中心挂牌，上海证券交易所资本市场服务怀柔科学城工作站挂牌，为创新小镇和入驻科技型企业创新创业提供融资服务。2020年，30余家金融机构入驻怀柔科学城，建设"一院一园一基金"的科技成果转化服务体系。"一院"为产业技术研究院；"一园"为产业技术转化园；"一基金"为怀柔科学城创新投资基金。

---

① 刘方柏、雷林、胡涵涵等：《优化四川创新生态环境的对策研究——基于提升企业创新主体活力视角》，《西部经济管理论坛》2019年第6期。

② 刘方柏、雷林、胡涵涵等：《优化四川创新生态环境的对策研究——基于提升企业创新主体活力视角》，《西部经济管理论坛》2019年第6期。

人文环境是指区域内社会文化环境对创新的支撑程度,以及区域创新合作与交流情况。[①] 在人文环境方面,怀柔科学城区域创新氛围日益浓厚。怀柔科学城同法国格勒诺布尔科学城、中关村科学城建立交流机制,与中关村硅谷创新中心和波士顿创新中心达成合作意向。国家科学中心国际合作联盟、"一带一路"国际科学组织联盟正式落户怀柔科学城。首届雁栖航天论坛、国际综合性科学中心研讨会、空间科学论坛、创新经济论坛、首届细胞科学北京学术会议、第二届摩尔材料论坛、科技嘉年华定期在怀柔科学城举办。2020 年,怀柔科学城举办了世界心血管大会、黑马营企业家峰会、2020 年"国科大杯"创新创业大赛总决赛等 104 场学术活动,集聚了 42 位国际顶尖科学家,形成了浓厚的科技创新氛围,有效激发了创新创业动力,联合社会各界力量,集聚创新创业资源。怀柔科学城的国际化水平和国际影响力逐步提高。

三、怀柔科学城创新创业生态系统的不足

总体来说,怀柔科学城起步晚,各方面的基础条件相对薄弱,正在不断的实践探索中发展完善,完整的、充满活力的创新创业生态系统正在加速形成,同时,也存在一些问题和困难,主要表现在以下几个方面。

(一) 区域经济总量规模偏小,创新创业主体尚处于培育期

怀柔地区经济总量规模偏小,2020 年,地区生产总值约 400 亿元,财政收入 43 亿元,占北京市的经济总量微乎其微,要素聚集能力不够明显,具有世界性影响的创新型引擎企业数量相对少,缺乏世界顶级的科研团队与研发平台。科技创新创业主体的产值对全区的经济

---

① 刘方柏、雷林、胡涵涵等:《优化四川创新生态环境的对策研究——基于提升企业创新主体活力视角》,《西部经济管理论坛》2019 年第 6 期。

贡献度有待提升。科技产业还处于引进培育阶段，尚未形成明显的带动效应，影视文化创意产业与科技、会展、体育、旅游、金融等产业的融合发展还需加大力度。知名高等院校和研究机构数量不够，科技人才总量不足。创业孵化、技术转移、知识产权、科技咨询等科技服务业态有待发展，创新链、产业链、资本链等各个链条没有很好地衔接。

（二）公共服务还存着短板，投融资市场环境有待不断完善

怀柔科学城在基础硬件设施水平和公共服务设施承载力上还需提高，如交通、住房、商务配套服务不能完全满足入驻企业全方位的要求。现有的市郊铁路怀密线、副中心线、通怀路还需要不断完善。在科学城建设资金投入方面，单纯依靠政府投入，依赖政策支持。满足中小型科技企业发展所需的金融平台数量不多，投融资渠道少，高效便捷的企业融资服务体系尚不健全，专业化运作的产业基金数量不多，缺乏不同产业领域的专项金融服务平台，缺少政府主导的母基金，以及种子基金、天使投资基金、风险投资基金、行业并购基金等子基金的支持。

（三）人才结构性短缺，有利于创新创业的人才环境还需优化

怀柔科学城中科院大学以及有关院所在科学城工作的人员大多数是流动性的，并不长期居住工作在科学城。科学城范围内产业从业人员处于成长阶段，大多从业者是企业技术工人，高层次、中端科技人才的结构性短缺突出，与大科学装置匹配的高端复合科技人才、应用型人才、创新型人才相对来说比较缺乏。科研软环境建设不足，人才引进政策与其他科学城相比竞争力不强。国际人才服务能力尚需提升。针对国际人才的住房、教育、医疗、娱乐等配套服务需要建立长效保障机制，满足外籍人才多元文化需求的公共服务配套设施需要加快完善。

（四）服务创新创业水平仍需提高，创新的人文环境有待完善

在社会人文环境方面，需要锻造一大批懂科技、会创新、善服务的干部队伍，能够结合新形势新任务，不断提高科技创新服务能力和服务水平。需要加强对创新政策与创新理念、大科学装置、交叉研究平台等知识的学习。营商环境仍有改进的空间，对引入的创新创业企业需要增强主动服务意识，对现有创新项目筛选、考核评价机制与舆论宣传对失败的宽容度还不够，有效推进创新文化、弘扬科学精神举措不多，需要大力营造多元、包容、和谐的社会氛围。此外，在科技支撑城市治理、科学技术普及、国际科技交流合作等方面还需要加强。

四、优化怀柔科学城创新创业生态系统的思考

创新创业生态系统是科技创新的最新范式。优化怀柔科学城创新创业生态系统要促进创新创业主体、创新创业环境之间物质、信息与能量的双向流动，针对怀柔科学城创新创业生态系统建设而言，可考虑从加强创新创业主体联合、健全孵化服务体系、打造实验室高端人才平台、完善金融创投体系、创新和完善制度供给等方面着手。

（一）打造头部企业引领的产业创新生态体系，构建企业产学研用创新联盟

一是整合集聚高端创新资源，完善头部企业产业创新生态体系。以北京怀柔综合性国家科学中心建设为载体，结合科学城功能定位，围绕物质科学、空间科学、地球科学等领域，引入大型企业、独角兽型企业。支持企业引入重大项目，加强企业研发机构建设，鼓励有条件的机构和有实力的龙头企业建设研发中心、创新孵化中心。如中国科学院大学怀柔科学城产业研究院依托大科学装置、中国科学院大学、

中科院科研院所的科技人才资源，打造集科技创新、企业孵化、产业培育、人才培养、智库咨询于一体的综合创新创业平台，构建多主体、多要素联动的一体化科技创新创业生态系统。

二是打造企业产学研用创新联盟，培育科技创新领军企业。[①] 支持龙头企业整合科研院所、高等院校力量，开展产学研协同创新，建立专业领域技术创新联合体。以北京海创产业技术研究院，中科院物质科学实验室、空间科学实验室等研发机构为依托，培育引进"硬科技"领军企业。整合并利用产业集群内外部创新资源，借助中关村科学城、未来科学城、北京经济技术开发区龙头企业，建立合作创新机制，构建领军企业产学研用创新联盟。在领军企业带动下，中小企业参与，研发机构出成果，打造创新链健全、产业链延伸的科技创新链条，形成共生共荣、共同演进的创新创业生态系统。

（二）完善企业孵化服务体系政策建设，打造创新小镇众创空间服务品牌

一是加强孵化体系的整体规划，支持科研院校建设企业孵化器。通过提供税收优惠政策，制定创新服务标准、内容，降低中小微企业科技创新成本，促进多方要素聚集，统筹产学研三者的集聚与平衡。根据实际情况，鼓励涉及不同领域的营利性企业和非营利性社会组织的自主和有序发展，共同构建有效的企业孵化服务体系。打造"一站式"科技成果转移转化产业化的创新服务链，支持科技企业孵化器、大学科技园等孵化机构为中小企业提供研究开发与管理咨询等社会化、市场化服务。鼓励发展科技评估、科技招投标、管理咨询等科技咨询服务业，形成若干个科技服务产业集群。

二是加快培育集聚创新创业主体，打造创新小镇众创空间品牌。依托怀柔科学城建设世界级原始创新承载区和综合性国家科学中心核

---

① 魏颖、喻凯、吕云飞：《天津产业创新生态系统构建对策研究》，《科技与创新》2017年第18期。

心承载区的战略地位，加快培育聚集创新资源要素。加大创业种子招引力度，引导企业自我复制孵化。积极引入、培育科技创新企业和头部企业，为科创主体提供更多应用场景，建设立足怀柔、服务全国、链接全球的创新服务网络体系，打造怀柔科学城创新创业服务第一品牌。注重典型经验宣传、众创空间文化培育以及众创空间品牌打造。建立健全创业培训制度，创立创业教育机构，提高众创空间对创新创业主体的培育能力。激活众创空间建设主体，充分发挥好北京清华工业开发研究院雁栖湖创新中心、创业黑马科创加速总部基地的作用，建设好怀柔黑马科技加速实验室、黑马科创学院，聚焦硬科技企业孵化、科技成果转化，完善创新链、培育产业链、提升价值链，探索形成可落地的商业模式，推动科创企业加速成长。

（三）推动科学城金融创投体系建设，打造多种业态的科技金融服务平台

一是推动金融创投体系建设，建立完善创业投资政策和法规体系。继续联合北京银行、中关村银行等金融机构，多渠道增加科学城创新投资基金，建立全方位多类型的资金支持体系。建立完善的创业投资政策和法规体系，促进创新风投行业的发展。健全股权交易机制，建立便捷的退出机制。培养和储备创新创业和创投人才，政、企、研合作培养和储备专业型人才，鼓励优秀企业家、金融家积极投入创投行业。盘活存量、培育增量，推动民生银行北京分行在怀柔科学城设立服务机构，围绕科技创新创业需求，提供定制化金融服务。

二是打造科技金融服务平台，服务创新创业主体。在现有科学城创新投资基金、各类财政扶持政策基础上，探索建立专利质押贷款补助和风险补偿、创业贷款风险池、天使梦想基金、让利性股权引导基金、创业引导基金、产业投资基金、科技保险等多种业态的科技金融服务平台。通过担保融资、信用贷款、知识产权质押贷款等投融资方式，助力科技型中小企业。设立专门支持科技型中小企业的中小型银

行或小额贷款公司，借助于现代风险管理技术，提供丰富多样的融资贷款方式，将企业信贷风险控制在合理范围内。[①]

（四）注重培育多学科混合型创新人才，打造国际化人才服务新高地

一是培育多学科混合型创新人才。充分挖掘中国科学院大学、黑马科创学院、航天工程大学、北京大学医学部、北京电影学院，以及即将落户的德勤大学等高校教育创新资源，完善人才培养机制，深化产学研用融合，推动校企协同"订单式"培养模式，大力提升企业的人才集聚度。积极培育技术创新人才队伍，推动跨学科人才的培养，面向产业发展实行多学科的交汇与融合，培育出多学科混合型创新人才，不断提升产业发展人才的专业技能。

二是提升对高端人才的吸引力。加强诺贝尔奖科学家实验室等高端人才平台建设，用"私人管家"式服务吸引国际化高层次人才、顶尖科学家聚集怀柔。大力实施"雁栖人才行动计划"，研究制定人才项目资助、人才贡献奖励、人才伯乐奖励等人才实施细则。发放雁栖人才卡，加快推动百名硕博进怀柔。打破事业单位和企业人员的身份界限，解除对各类科技人员流动与兼职的限制。完善人才评价标准，建立健全以创新能力、质量、贡献为导向的科技人才评价体系。

（五）创新和完善制度文化供给，强化政府在创新创业生态系统中的引导和服务功能

一是细化营商环境有关政策意见。在将国家和北京市优化营商环境的相关法律法规落实到位的基础上，及时对一些有关营商环境的条文做出相配套的解释细则、落实意见。比如尽快出台《怀柔区优化营商环境促进科学城建设的有关意见》《金融服务小微企业的措施》等惠

---

① 马军伟、王剑华：《良好创新生态系统建设的常熟答卷》，《常熟理工学院学报》2019 年第 3 期。

企政策文件，为科创企业提供具体指导。探索提供"一企一策"支持。对大中小科技创新企业分门别类调整政策关注点，大幅增加精准帮扶措施。如对小微科创企业在企业注册中给予支持，对中型科创企业在税务信贷方面给予支持，对大型科创企业在考核审计方面给予支持。要通过发展规划、标准、政策法规的修订，特别是知识产权的保护，为创新创业主体的发展提供系统性的政策支持，创造公开、公平、公正的市场环境。

二是营造鼓励创新包容失败的社会文化。开放包容的创新文化是硅谷创新的土壤。创新活动需要有与之相适应的创新文化要素作支撑。要鼓励各类企业在创新过程中勇于冒险和敢于试错并提供完善的政策保障，最终激发创新主体的创新创业热情。要通过价值取向与行为规范的培育，营造适合创新创业的土壤和环境。培育涵养区域创新文化，弘扬科学精神，大力发扬解放思想、实事求是、崇尚理性、勇于探索、追求真理的科学精神。加强与科学家、企业家、投资人的交流，营造尊重科学、倡导创新、鼓励创造、勇于冒险、敢于试错的良好文化氛围。

三是构建宜居宜业宜研宜学的城市环境。宜居宜业的生活环境、完善的科技基础设施和城市公共基础设施，是创新生态体系建设的外部环境要素。要紧扣怀柔城市总规赋予怀柔的功能定位，高起点推进城市规划设计，走城市更新、镶嵌式发展道路，把握好"集约"和"留白"的关系，提升城市风貌和生态环境，打造没有"城市病"的科学新城。通过精细治理、精美设计等举措，全面提升城市功能和城市品质，激发城市活力，提升生活便捷度。要调控好城市居住与生活成本，优先合理布局教育、住房、医疗、生态休闲等公共服务，降低人才与企业的外部成本。加紧布局优质教育、医疗资源，全面构建职住平衡、分层分类的住房保障体系，加快推进城市客厅、科学之光、国际人才社区、雁栖小镇、栖美园创客公寓、雁栖河生态廊道等一大批配套设施项目，提升区域的综合承载力和人才吸附力。把怀柔科学城建成科学家之城、科学之城、"科学＋城"，使其成为尖端创新引领的世界知名科学中心、绿色创新引领的协同发展示范区、生态文明引领的宜居城市典范。

作者：耿钢，中共北京市怀柔区委党校区情研究室主任、讲师。

以"四化"为目标　加强怀柔科学城
国际人才社区智慧化建设

　　当前，怀柔区正在高标准推进怀柔科学城国际人才社区建设，为国际人才打造"类海外"的工作生活环境。建设国际人才社区，就是要以社区建设集聚的要素、结构和机制，为国际人才营造良好工作生活环境，从而增强对一流国际化人才的吸引力，为建设怀柔百年科学城创造有利条件。因此，国际人才社区并不是一个社会单位意义上的社区，而是在保障国际人才拥有良好的生活环境的基础上，对于工作、创新创业环境的兼顾，力求满足国际人才在国际社区内起居生活、休闲娱乐、子女教育、医疗养老、就业工作、科技研发、创新创业、社会交流、文化交往等多元化的需求，达到国际人才工作、生活平衡的特色区域。[①] 新型国际人才社区不同于传统社区，需要以全新的方式来建设和治理。

　　近年来，伴随着网络化、数字化、智能化的快速交融、叠加发展，智慧化建设得以实现。智慧化建设实际上是一种复合治理模式，"不仅仅是以物联网、大数据、信息通信等技术应用为中心，也是科技力量与社会治理相结合的结果"。[②] 智慧化建设有如下特点：一方面，它是以人为本的治理，主张通过各种信息技术和手段，整合社区资源，在

---

　　① 徐芳、陈小平：《国际引智与国际人才社区治理研究》，首都经济贸易大学出版社 2017 年版，第 224 页。

　　② 李云新、韩伊静：《国外智慧治理研究述评》，《电子政务》2017 年第 7 期。

社区范围内为政府、居民和各种中间组织搭建互动交流平台，为社区群众提供各种便捷服务。信息化、便捷化、互动化、人性化是智慧化建设的主要特点。另一方面，智慧化建设虽然强调技术的重要性，但更注重技术与政府职能、与社会治理机制的有机融合，所以智慧化建设在内容上涵盖了技术创新、应用普及、基础设施建设和体制机制创新四个方面。

一、加强智慧化建设，既符合客观需要又具有现实基础

总体而言，智慧化建设是一种基于信息化、智能化的新型社区治理形态，将为怀柔科学城国际人才社区建设提供一种新的思路。

（一）国际人才社区智慧化建设的客观需要

1. 构建宜业宜居平台，助力智慧产业创新创造

加强国际人才社区智慧化建设，充分借助 5G、物联网、大数据、云计算、人工智能、虚拟现实、自动驾驶、能源创新等技术，可以有效实现社区运营的精确感知和公共信息的互联共享，打造精准治理、多方协作、舒适便捷的智慧化社区。另外，以智慧社区建设为契机有助于推动产业协同发展，促进相关智慧产业的创新创造，进而形成良好的产业链与循环经济圈，实现智慧社区建设与科学城发展的良性互动。

2. 创新基层治理模式，促进治理格局转型

在智慧化建设过程中，一是有助于资源有效整合，利用信息科技力量、大数据思维和互联网平台来优化基层治理资源配置，实现政府各部门资源大联动，社会资源的大整合，形成上下贯通、条块协同的治理模式。二是实现基层治理精准落地，借助网络科技，推动数据高效采集，强化数据应用，提升治理决策和风险防范水平，提升公共服

务质量，构建"服务型政府"。三是实现基层治理主体多元化，利用"互联网＋"，引入群众、企业等多元主体，重塑政府角色定位，实现社区治理向法治和共治的治理格局转型。

3. 以点带面先试先行，推动怀柔智慧城市建设

智慧城市的建设是当前流行趋势，也是未来发展的必然趋势。以国际人才社区为蓝本，在推动智慧化建设过程中，可以获得有效经验，为怀柔其他社区智慧化建设提供经验，进而推动怀柔智慧城市建设。特别是统一的公共服务和数据共享交换平台的建立，不仅有助于推动怀柔区智慧公共服务深入发展，实现基本公共服务均等化、便捷化，而且有助于消除城乡数字鸿沟、区域数字鸿沟，进而实现信息网络宽带化、产业发展联动化、基础设施一体化建设。

（二）国际人才社区智慧化建设的现实基础

1. 顶层设计科学，为智慧化建设提供政策支持

2017年，北京市人才工作领导小组印发《关于推进首都国际人才社区建设的指导意见》，明确提出国际人才社区建设理念之一就是"数字化"，而怀柔科学城国际人才社区建设被纳入首都国际人才社区试点工作。2019年4月，北京市人才工作领导小组印发《关于加快推进首都国际人才社区建设工作方案》；9月，北京市人才工作局组织编制了《首都国际人才社区建设导则》。10月，《怀柔科学城规划（2018年—2035年）》颁布，明确提出要"让科技赋能城市，让创新促进智慧城市建设"，要"建立健全智能医疗、智能社区等智能化民生服务体系，给城市居民提供便捷的数字化服务"这些文件对国际人才社区智慧化建设提供了政策保障。

2. 规划编制完成，为智慧化建设描绘蓝图

当前，怀柔区根据怀柔科学城总体规划和《怀柔区高层次人才聚集行动计划（2018年—2022年）》，结合怀柔科学城发展实际，制定了《怀柔科学城国际人才社区建设实施方案》，明确了国际人才社区的建

设目标、主要任务、实施步骤和阶段任务，为国际人才社区的建设描绘蓝图并提供思路。为进一步抓好规划落地，怀柔区强化工作统筹，聘请国际团队初步编制完成国际人才社区建设发展规划，推动社区规划与科学城控制性详细规划、城市设计导则及各专项规划的有机融合、有效衔接。当前，怀柔区制定了社区建设年度重点项目清单，以重点项目带动社区全面建设。

3. 科技要素聚集，为智慧化建设给予技术保障

国际人才社区不仅是居住地，还应该是"生产＋生活"的理想城。当前，怀柔科学城在信息化建设方面，已经启动 5G 网络建设工作，建成后可满足 5G 网络全覆盖需求，为智慧化建设提供稳定高效的网络。不仅如此，立足于五大科学方向，以构建适应科技发展要求的科技服务业为纽带，重点布局 5 大"硬科技"前沿产业，同步孵化培育未来先导产业。这些产业的布局有助于激发智能产业、信息服务业等产业的创新创造，为智慧化社区建设提供更多技术支持与保障。

4. 公共服务逐步优化，使资源有效整合成为可能

围绕国际人才科研、生活等服务需求，精准布局公共服务配套设施。雁栖国际社区在 2019 年底前就已开工建设，在项目设计上突出了对外开放的街区、高品质的内外景观环境、多层次的公共空间、订制化的户型设计，满足高层次外籍人才的居住需求。而相关的教育、医疗等配套设施也在不断发展和优化中。为进一步利用各种信息技术和智能手段整合社会资源，进而为国际人才提供优质服务创造了条件。

二、加强智慧化建设，要充分借鉴和吸收国内外先进经验

怀柔科学城国际人才社区建设属于起步阶段，而智慧化建设也尚未成熟。在智慧化建设过程中，不仅要充分借鉴国内外先进技术的应用，还要充分吸收国内外先进地区的治理经验和成果，以减少失误。

（一）国外社区智慧化建设经验

20 世纪 90 年代末，社区智慧化建设的实践开始兴起，如美国联邦政府发布的《白宫智慧城市行动倡议》、新加坡的"智慧国 2025"计划、日本的"I-Japan"战略等，相关研究也迸发出生机活力。

1. 美国：多元共建导向型

美国的社区智慧化建设充分利用了经济和技术发展优势，通过智慧手段将社区各类实时相关数据、发展程度、未来规划等内容直观地表现给社区居民，形成人人参与、人人平等的格局，提升居民社区协会在社区管理中的作用。

美国迪比克市 2009 年与 IBM 共同宣布建设智慧化社区，智慧水务是其智慧化建设最早的尝试。从居民角度，主要是通过智慧水表实时监测，使居民根据水表的数据控制家庭用水量；通过 IBM 研究云对家庭用水数据的收集和整理，帮助用户分析自己的用水模式，接受泄露的警报和其他信息；用户还可以通过网站访问个人用水信息，也可以参与在线游戏和竞赛，以便更好地了解到用水习惯改变能带来的变化和影响。从城市管理者角度，他们可以了解到聚合数据，以便于通过更深层次的数据处理进行有效决策。

2. 新加坡：综合管理导向型

新加坡的社区智慧化建设主要以政府为主导，充分发挥社团、公民的作用，是典型的政府主导与社区高度自治相结合的模式。社区智慧化建设以全体社区居民为服务对象，提供物业服务、物流服务、商业服务、家庭服务、医疗服务及公益服务等内容。

以新加坡东北部榜鹅镇为例，在智慧交通方面吸取了美国新城市主义所提倡的公交导向型开发模式（TOD）构架，通过地理信息系统模拟、卫星数据采集、测绘分析等手段，保证了全镇内 300~350 米内交通系统覆盖，优质的公共交通环境有效降低了私人交通出行造成的空气污染和道路问题。绿色建筑方面，通过感应风扇及照明系统、自动感应灌溉系统、雨水收集装置等，提高可再生资源、清洁能源在建筑中的应用，并大力倡导资源循环利用，减少资源浪费。在社区居民服务方面，居民可通过在手机随时拍摄下发现的公共设施损坏、未清理的垃圾等内容，并上传至社区管理平台，社区管理者会第一时间进行处理。

（二）国内社区智慧化建设经验

我国政府近年来高度重视社区智慧化建设，在很多城市已经普及并形成相当成熟的经验。在智慧化建设的内容上主要侧重于信息技术的开发和运用。在运行模式上形成了政府主导和市场主导两种模式，前者以北京为代表，由政府主导进行整体规划与建设；后者以上海、杭州等为代表，由政府主导和社会资本参与协同共建。

1. 北京市：民生服务信息化

北京市的社区智慧化建设主要围绕民生服务信息化展开，旨在提高居民办事服务效率、促进居民生活智能化发展、提高社区生活舒适程度、打通管理者与居民的沟通渠道。比如，在便民服务方面，朝阳区团结湖街道智慧信息机便民终端，在原有"一刻钟社区服务圈"的基础上，整合完善社区便民服务网、社区服务热线和社区知识库。在健康医疗方面，朝阳区呼家楼街道建成智慧健康监护系统，通过不同的智能设备收集家庭成员的运动监测、身体指数监测、身体健康监测等方面的数据并且将数据统一存储到家庭健康云，实现对家庭成员尤其是父母健康状况的随时掌握，把疾病扼杀在萌芽状态。在养老服务方面，东城区胡家园社区根据社区老年居民较多的实际情况，通过搭载智能终端，开展社区老年人生活照料、家政服务、文化教育、精神慰藉、读书学习等服务，同时为社区居民提供商品配送、家政服务、健康远程监护、日间托老托幼等 168 项优惠服务。在教育文化方面，东城区建立了全国首家公共文化服务导航网，具有地图导航、看戏赠票、信息反馈、网络直播、网上欣赏、网上交流和网上辅导等功能。

2. 上海市：社会管理智能化

上海市在社区智慧化建设中，以社区居民体验为优先，侧重实际应用开发。上海市杨浦区长白街道作为上海社区智慧化建设的试点社区，联合全球领先的"管理 IT"咨询服务机构——AMY，共同探索智慧化的公共服务型应用，打造了"一站式"综合的民生服务平台——长白民生服务在线。"长白民生服务在线"以居民申请为开端，以服务处理为主要内容，以居民满意为终点，将服务需求分为生活信息、生活服务、公共服务和投诉建议四大模块，通过递交诉求、一口接单、需求分类、分拣转接、供给回复、回访反馈六大环节确保服务的无缝对接。

3. 杭州市：社区生活网络化

杭州市将生活中琐碎的细节以网络为媒介，将社区生活网络化，力求打造线上线下相结合的"双线"社区。通过运用移动设备、移动网络大幅提升社区管理者服务范围；通过为社区建立电子信息和服务档案，构建集社区新闻、生活资讯、便民服务等多领域的信息系统，实现社区生活数字化、网络化、智能化和协同化；通过设立网上服务大厅保证社区居民公共事务办理网络化，吸引居民关注进而参与社区事务，推动社区服务线上线下全面结合，实现社区与居民互通互动。

（三）国内外社区智慧化建设的启示

通过梳理国内外社区智慧化建设的实践案例，我们不难发现，虽然发展路径各有不同，但是依然有规律可循。

第一，智慧化建设的内容必须依据社区主体的需求来设计。而智慧政务、智慧交通、智慧节能、智慧购物、智慧服务（包含教育、医疗、养老等内容）、智慧家居等方面都是当前怀柔国际人才社区智慧化建设的重点板块。

第二，信息化是智慧化的基础，智慧化的路径在于依靠科技手段整合资源，从而提升公共服务效率，提高为民服务质量。因此，大数据、物联网等科技手段是智慧化建设的必要条件，其中"互联网＋"以及手机端的移动应用最为关键。

第三，智慧化建设需要各种优质服务，不仅需要加强教育、医疗、交通等公共设施建设，还需要专业人才的支撑，特别是教育、医疗方面的人才和社区服务志愿者。

第四，智慧化建设离不开居民的参与，这也就意味着社区的治理理念必须转变，由管理型向服务型转变，由粗放式向精细化转变。实践证明，政府主导下多元主体参与的发展模式更为普遍，也更为有效。

三、以"四化"为目标，持续推进国际人才社区智慧化建设

智慧化建设体现了人们对于生活的美好憧憬。在未来，怀柔科学城国际人才社区可以向主体多元化、信息集成化、设备智能化、共治共享化发展。具体而言：

（一）强化顶层设计，实现参与主体多元化

在进行社区智慧化建设工程之中，党委和政府要充分发挥组织领导作用，引导多元主体参与，推动国际人才社区的智慧化建设高质量完成。

1. 加强统筹规划

当前，怀柔科学城国际人才社区的规划已经编制完成，各项任务也在逐步启动。但是，在规划中智慧化建设的内容还不够具体。因此，政府部门必须做好统筹，将智慧化建设纳入整体规划，制订并实施科学合理的建设计划。

2. 创新公共服务模式

可以委托相关企业搜集调研国际人才在养老、医疗、电子商务等

方面的需求，形成信息化服务目录，发展基于智慧化的应用服务体系。针对社区服务供应商、社区信息化技术开发商和智能硬件生产商制定优惠政策，通过降低市场准入、提供信息化发展资金等方面的政策优惠，有效扶持相关企业的发展。还可以通过政府向社会力量购买服务，并由政府根据服务数量和质量向其支付费用，以此鼓励社会力量积极投入社区服务建设，创新公共服务提供的方式。

3. 为国际人才搭建平台

一是搭建国际人才服务交流平台。依托大数据等技术，打造"大数据＋社区"，建设国际人才数据化信息平台，为国际人才提供资源导入、人力资源和创新创业等方面的服务。同时，为国际人才搭建交流平台，促进各国人才的相互交流。二是搭建生产性和生活性服务平台。在生产性服务方面，重点发展工业设计创意、工程咨询、商务咨询、法律会计、现代保险、信用评级、人力资源服务等线上服务。在生活性服务方面，鼓励针对个性化需求的定制服务，积极推动家庭服务业向专业化、网络化发展。

（二）加强信息集成化建设，完善便民服务终端

智慧化社区为居民提供公共服务主要依托互联网和各种信息技术手段来实现，因此必须以集成化为目标，加强网络覆盖和信息技术的开发应用。

1. 稳步推进网络设施建设

在 5G 网络建设的同时，根据居民需求，逐步提高接入社区和家庭的互联网宽带的标准，家庭用户宽带接入能力达到 100M，社区宽带接入能力达到 1000M。可以进一步提升高清交互数字电视入户率，探索在高清交互数字电视终端开设智慧社区专区。另外，在加强网络化建设的时候，也要充分考虑信息技术的安全性。可以引入区块链等技术加强信息的保护，差别化地建立网络应用环境和应用程序，合理设计数据存取利用的权限，增加用户的安全感和信任度。

2. 以"怀柔通"为基础逐步完善便民服务终端

当前，怀柔区已经开发了集成化的服务平台"怀柔通"，本地居民只要通过手机下载该 App 就可以享受各种服务。"怀柔通"在功能设置上比较全面，包含了政务服务、便民服务、咨询服务、企业服务、智慧社区、智慧旅游、智慧教育、智慧健康、智慧交通、生活缴费十个方面。但是，还有两个方面尚待改进。一是界面设置还可以优化。建议将"怀柔通"的用户界面改为政府、企业、居民及国际人才四个入口。国际人才除了可以登录其他三方面的界面外，还通过国际人才专栏享受各种关于国际人才的服务。居民板块可以简化为政务、便民、教育、医疗、旅游及购物、家居六个方面，这些内容可以向国际人才开放。二是现有功能板块还需要细化。比如，在政务服务方面，从横向上要构建各部门的服务平台，从纵向上构建各社区的公共服务平台，并将社区服务站、居民、社会组织与政府在信息端连接起来。在便民服务方面要包含最广的建设模块，居民日常生活中的交通、安全保障、卫生环境、公共文化、社会保障等都应囊括。在智能家居方面，应重点建设智慧物业、智慧安保和便捷服务等。

（三）持续加强设备智能化建设，构建舒适便捷的生活体系

要按照"设备智能化"的要求，加快教育培训、健康养老、文化娱乐、体育运动等设施的完善，适时引入人工智能、VR 直播互动等先进技术，为国际人才社区的发展做好"最后一公里"的建设。

1. 公共设施要兼顾节能与智能

一是探索智慧节能，布局智慧能源网络，探索接近零能耗建筑，提高社区综合节能率。比如，光伏发电技术的应用；对市政井盖和地下管廊等相关设备安装传感器，使市政设施拥有"感觉神经"等。二是建立智能化垃圾分类桶、可再生资源回收站等公共设施，提高垃圾资源利用率。三是建设兼顾节能与审美的智慧街景。比如，在科学城范围内安装智慧座椅，在椅子两侧各安装一个 USB 接口，方便游客充

电；安装智能灯杆，使其不仅能调节亮度，还具有触摸屏、WiFi等功能，给人们上网提供便利。

2. 电子商务要线上线下相结合

一是不断完善国际菜市场、家政服务中心、金融服务中心等小商业设施，满足"5分钟生活圈"内的日常需求。二是创新设置无人商店、社区电商平台以及社区智慧商圈。三是加强物流基础设施的智慧化建设，同步发展第三方物流、绿色物流、城乡配送。

3. 文化教育要不断加强资源整合

一是打造数字化学习平台。一方面，将各学校、家庭相连接，实现教师和家长的及时沟通；另一方面，依托"怀柔通"等智慧平台，对接社区周边科技馆、博物馆等资源，拓宽社区学习地图和学习资源。二是完善社区文化设施，建立社区图书馆、文化活动中心、艺术中心等休闲场所，为社区的国际人才搭建休闲、娱乐、交友平台，丰富邻里生活，加强文化融合。

4. 家居服务要体现便捷舒适

一是可以引进具有国际物业管理经验的物业管理团队，为国际人才提供24小时家庭综合上门服务。二是在安保方面重点加强设备感知、消防感知、人脸感知、通行感知、井盖感知、满溢感知、门窗报警、盲点监控等建设。三是依托人工智能、智能物联、云服务等技术，构建"平台＋管家"家居服务新模式。比如，将人工智能机器人引入居家养老和生活服务领域，既可以提供家庭安防和清洁服务，也可以让老人通过对话聊天的方式获取信息，并在有就医需求时自动预警和求助。

（四）按照"共治共享"的原则，建立新型社区治理机制

要按照"共治共享"的原则，推动社区智慧化建设采用政府主导与社区自治相结合的模式，促使社区治理由管理型向服务型转变，由粗放式向精细化转变。

1. 构建网格化管理单元

可以依托各种智慧化的技术和设备，将社区人为划分为若干单元网格，加强政府的管理能力和处理速度。依托云计算、物联网等信息技术，确保各部门的互联互通，实现社区管理的有效衔接。不仅如此，还要充分发挥社区居民作用。一是制定社区邻里公约，鼓励来自不同国家的居民积极参与到社区管理、社区服务、社区监督中去。比如，可以设立社区居民议事委员会，邀请不同国籍居民参与其中。二是建立相关的组织机构，邀请社区内的有关企业、志愿者参与社区安全、环境管理等工作，确保社区各项工作高效运行。

2. 强化社区法治建设

要根据国际人才社区的特点，制定完备的管理体系和管理标准，像物业管理标准、安全管理办法等，为社区工作提供全面、准确的保障。同时，加强信息技术在实际管理过程中的运用，不断提高社区法治综合管理的智能化水平。比如，针对国际人才多种语言的特点，可以引进智能翻译技术；加强一键报警、快速出警等信息化链条建设。

3. 加强社区管理服务人才队伍建设

要建立健全社区人才引进和培养机制，重视管理队伍的信息化素养建设，从物质和精神等多个方面对从事社区工作的人才予以支持，以培训和带动相结合的方式提升社区工作者的整体水平。同时，还可以探索建立社区志愿者队伍，鼓励引导国际人才广泛参与志愿服务活动，如社区教育、环境保护等公益活动，在增强他们认同感和归属感的同时，有效借助外脑资源提升社区的服务质量和管理水平。

作者：徐源，中共北京市怀柔区委党校培训一科教师。

优化外籍人才生态环境
助力怀柔科学城建设发展

  习近平总书记强调：国家的强盛，归根结底必须依靠人才。当今世界，人才资源是第一资源，是最活跃的要素，是国家兴衰的最根本要素。人才强国战略是实现国家强盛的第一战略。随着社会经济发展，我国可提供的国际人才生活工作环境越来越优渥，特别是 2020 年，在最短时间用最有力的举措控制住了新冠肺炎疫情，确保了人民生活、社会运转最快恢复正常，充分展现了我国应对重大自然灾害与社会风险的社会治理水平，作为一个安全稳定的国家，对国际外籍人才的吸引力与日俱增，为我们抓住机遇引进全球顶尖外籍人才创造了良好的时机。

  《怀柔分区规划（国土空间规划）（2017 年—2035 年）》提出要把怀柔打造成绿色创新引领的高端科技文化发展区、首都北部重点生态保育及区域生态治理协作区、服务国家对外交往的生态发展示范区。能否高标准如期实现党中央、北京市委对怀柔科学城发展的目标要求，大量引进高端人才扎根怀柔是一项关键工作。我们必须顺应潮流、把握机遇，借鉴经验、紧贴实际，创新机制、筑巢引凤，准确搞清海外高层次人才的真实需求，充分借鉴海内外科学城的成功经验，建立健全制度机制，着力集聚一大批符合首都城市战略定位、符合怀柔科学城规划建设需要的海外高层次人才。

一、瞄准怀柔科学城规划客观分析外籍人才需求

根据《怀柔科学城规划（2018年—2035年)》，怀柔科学城主要瞄准世界级原始创新承载区这一战略定位，着力建成战略性前瞻性基础研究新高地、综合性国家科学中心集中承载地、生态宜居创新示范区"两地一区"。综合性国家科学中心是怀柔科学城的显著特色和明显标志，主要围绕物质科学、信息与智能科学、空间科学、生命科学、地球系统科学五大科学方向，重点推进"五个一批"：建成一批国家重大科技基础设施和科技平台；吸引一批国内外顶尖科学家、科技领军人才、青年科技人才和创新创业团队；集聚一批高水平的科研院所、高等学校、创新型企业；开展一批基础研究、前沿交叉研究等科技创新活动；产出一批世界领先的原创科研成果，提高我国在基础研究和交叉前沿领域的原始创新能力和科技综合实力，代表国家在更高层次上参与和引领国际科技竞争合作。

根据《怀柔科学城规划（2018年—2035年)》，综合考虑科学城功能需求、建设规模支撑与人口调控要求，我们初步预测到2035年怀柔科学城科学研究岗位、高校工作岗位、科技服务岗位、科创产业岗位所需人才约11万人。其中，科学研究岗位4万人，包括大科学设施、国家实验室、科研院所等固定科研岗位、研究支撑岗位、管理后勤岗位、流动科研岗位；高校工作岗位1万个，包括中国科学院大学、北京大学、清华大学、航天工程大学等知名高校教研岗位0.65万个，管理服务后勤岗位0.35万个；科技服务岗位2万个，包括科学研究与试验发展、科技成果转移转化、检验检测认证、创业孵化、知识产权、科技咨询、工程技术、科技金融和专业设计、技术经理人、创业投资、人力资源等各类促进科技成果转移转化人才；科创产业岗位4万个，包括科技创新创业领军人才、企业经营管理人才、科技研发人员、技能人才等各类人才。梳理汇总上述岗位，按照外籍人才占15%计算，

需要引进1.65万人。如何让外籍人才引得进，留得下，成为当前和今后一段时间怀柔必须研究的问题。必须坚持问题导向、目标导向、结果导向，准确搞清外籍人才工作生活需求，找准差距不足，有针对性地加以完善。

（一）科技创新需求

取得预期科技创新成果是吸引外籍人才的核心。能否取得有分量的科研成果是外籍人才开展科研工作的根本目的。因此，外籍人才引进以后，能否同步引进其科研团队或在国内为其配备相应的科研团队、提供可以发挥才干的科技科研平台极为重要。当前，为外籍人才个人服务的意识已经形成，但拓展到为其配备专业的科研团队、量身定做科研平台尚有很大差距。

（二）品牌认可需求

响亮有特色的品牌是吸引外籍人才的前提。近年来，我们在各级各类媒体上积极推介怀柔科学城，营造良好的外部形象，取得了一定效果。但是怀柔科学城的品牌形象、创意名片、创新特色等还未在国际创新圈深入人心，国际人才社区的标识性风格尚未完善，引领全球基础创新风尚的地标性建筑尚未建立，尚未对外籍人才产生强烈吸引力。

（三）公共服务需求

全面周到的公共服务是吸引外籍人才的基础。近年来，怀柔大力引进部分优质教育及卫生资源，建设了一批人才保障住房，但教育、医疗、住房、交通等公共服务配套层次与未来入驻科研人员等高层次人才需求仍存在较大差距。怀柔科学城规划团队的问卷调查显示：74.5%的受访科学家对教育、医疗、住房等公共配套设施关注度最高；82.3%的受访科学家认为科学城距离北京中心城区较远，交通不便，尤其外籍人才关注的国际学校、国际医院、国际社区以及高品质文化体育和特色商业配套服务还不完善，适合国际人才工作生活的新型城市形态尚未形成。

（四）文化环境需求

舒适的文化环境是营造拴心留人环境的重要因素。一个社区的语言、习俗、交际和文化娱乐等氛围，直接影响到外籍人才是否有归属感。当前，怀柔科学城现有的大众传媒、文化娱乐活动还没有最大限度地减少外籍人才异国他乡工作的感觉，还没有充分照顾到外籍人才的文化需要。

二、国内外其他科学城外籍人才服务的经验做法

国内外发展较为成熟的科学城人才建设工作典型做法，对怀柔科学城做好外籍人才服务具有重要的参考意义。

（一）张江科学城建立人才优待机制，率先推进外籍人才引进落户新政

张江科学城是上海发展的重中之重。近几年，为落实好人才发展战略，上海市建立健全制度机制，精准解决保障需求，着力吸纳外籍人才创新创业。一是建立人才优待机制。上海市先后出台《关于深化人才工作体制机制改革促进人才创新创业的实施意见》《加快实施人才高峰工程行动方案》等多项政策，坚持优化人才创新创业生态环境，不断营造宜居宜业的良好环境。二是率先推进人才引进落户新政，开通张江核心区域重点机构人才引进绿色通道，针对高端外籍人才推出最短审发期、最长签证有效期、最长停留期、最优惠待遇的制度。三是按需建立保障机制。从外籍人才的实际需求出发，多举措解决留住人才等问题。为外籍高端人才量身创设新型工作机构，按需建设定制

式实验室，优先保障科研场地，优先使用张江科学城大科学装置。在社会保障方面，系统建立住房保障、中国国籍申办、养老医疗保障、配偶子女保障等，解除外籍高峰人才及其团队的后顾之忧。

（二）中关村科学城加强外籍人才"一站式"服务，打造宜居宜业的"类海外"环境

中关村科学城是中关村国家自主创新示范区的核心区，聚集众多科研院所、高校和创新型企业。为进一步聚合人才，中关村着力为外籍人才创造便捷的出入境、居住停留条件。一是出台措施吸引国际人才。2016年3月，率先尝试外籍高层次人才申请永久居留的便利政策，根据外籍人士及家人需要为其办理《外国人永久居住证》或外国人居留许可；优先办理外籍人才入中国国籍手续。2017年5月，北京又启动实施外籍人才出入境改革"新十条"，为外籍人才提供更宽松便捷的出入境、居住停留环境。二是打造宜居宜业的"类海外"环境。打造国际高端人才公寓、特色街区，加大国际学校建设，健全国际人才服务体系，为国际人才提供出入境、创业、生活等方面便利和政策支持。2019年初，中关村海淀留学人员创业园专为外国优秀创业项目打造了"洋创社区"，正式启用不到一年，已有26家外籍人才创业团队入驻。三是加强外籍人才"一站式"服务。2017年9月，中关村管委会、海淀区政府共同设立"中关村外籍人才服务窗口"，为外籍人才提供更加快捷、高效、优质的服务直通车。依托中关村创业大街的优势资源，外籍人才服务窗口为外籍人才和团队提供全面专业的基础配套服务，打造快捷、高效、优质的"一站式"外籍人才创新创业服务平台。

（三）合肥滨湖科学城设立外国专家"合肥友谊奖"，优化外国专家工作环境

合肥不断创新的平台、不断升级的产业，为外国人才开创了发挥

潜能、实现梦想的事业。一是政策引才，打造优质人才发展环境。合肥市贯彻落实新形势下开展外国人才工作的综合性指导文件，出台了1个实施意见、7个配套细则或办法。2018年2月，合肥在启动了市级外国人才重点人才项目的同时，打造合肥引才引智基地，市级引智项目最高资助20万元。进一步加大聘请高层次外国人才工薪资助力度，惠及155名高层次人才，着力优化外国专家工作环境。二是开创性地设立外国专家“合肥友谊奖”，表彰和奖励在合肥经济建设和社会发展中做出突出贡献的外国专家，为进一步加强全市外国人才管理服务工作，发挥好外国专家作用，营造服务外国专家的良好氛围。三是持续优化政务服务，坚持以环境留才。如在外国人来华工作许可证的办理方面，合肥市积极落实“绿色通道”，各县区的15个受理窗口满足就近办理需要。

（四）成都天府新区便捷外籍人才自由进出境，建立智慧人文社区卫生服务中心

近年来，成都市为吸引更多国际化企业落地天府新区，瞄准外籍人才工作生活难点痛点关注点，便捷外籍人才自由进出境，大力建设国际化社区，营造拴心留人环境条件。一是以国际人才自由流动为关注点，给予外籍人才口岸入境的便利，拓宽外籍人才入境签证申请渠道，简化申请手续和审批流程。在外国人停留和居住方面，放宽签证和居留许可有效期限，最长可办理5年有效期多次往返签证和居留许可。在外国人永久居留方面，降低门槛，简化手续。二是以营造类海外生活场景为着力点，引入国际品牌，打造国际商圈，积极丰富社区商业类型，满足外籍人才普适性需求。2019年3月，天府新区启动全域国际化社区建设。按照因地制宜、分类布局的原则，在“一心三城”功能区、“中优”区域、乡村区域规划建设不同类型、各具特色的国际化社区。鼓励学校缔结优质境外友好学校，加强与国际优质医疗机构交流合作，实现国际高端资源共建共享。三是以解决社会保障为发力

点，着力吸引更多更优质人才落户。天府新区在科学城、总部经济功能区、鹿溪智谷核心区、新兴工业园起步区内，建设 4 处人才公寓和园区配套住房。为给外籍人才提供便利的就医环境，天府新区成都管委会打造了首个国际化、现代化、高度信息化的智慧人文社区卫生服务中心，集成多国国际保险结算服务，提供满足外籍人才的特需服务。

（五）美国硅谷形成宽松的创新创业环境，完善人才产业链条

硅谷自建立以来，始终坚持市场经济的主体地位，围绕吸引人才、留下人才建立软硬件配套，把服务人才当成重大工程。长期发展实践中，硅谷形成了市场主导相互联系的产业带，宽松的创新创业环境，完善的风险投资体系，科研开发成果快、新、尖、优，人才创新生态优良，人才产业链条完整。其中，计算机硬件、半导体、互联网、生命科学、通信设备、医疗器件、人工智能、媒体广播等科学研究和科创企业人员 42 万余人，占总就业岗位的 25.7%；法律服务、人力资源、设计工程、技术管理、投资机构、销售广告、物流等科技服务人员 26 万余人，占总就业岗位的 16.1%；城市服务人员 81 万人，占总就业岗位的 49.4%。硅谷以 3/4 的保障人才，吸引和服务了 1/4 的全球优秀科研人才。

（六）日本筑波在实践中探索，吸引外国研究人才多领域发展

日本政府在 20 世纪五六十年代，为推进科研快速发展，曾经以政府为主导，建立没有产业的日本国家级科学中心，暴露出以基础科研为主、新技术开发慢、风险投资体制不健全、主要依靠政府拨款及大公司投资等问题，运行中还暴露出因筑波城市基础配套设施缺乏、对居住人口没有吸引力，导致职住不平衡等问题。时至今日，政府先期的引导作用如何与市场机制有效融合，仍然是筑波科学城和世界其他

科学园区深入研究的问题，这些需要怀柔科学城重点关注。当然，经过近半个世纪的努力，筑波科学城现有46个国家级研究机构与教育院所，拥有众多的私人研究机构，聚集了包括众多外国研究人员在内的1.3万余名多学科、高水平的研究人才，从事宇宙航天、生物技术等领域的科研活动。3位科学家因在筑波科研获得诺贝尔化学奖。日本环境研究协会、地球科学研究协会、构造工学研究协会等非官方中介机构发展迅速，有力促进了筑波科学城的技术创新活动。

三、提升怀柔科学城外籍人才服务水平的对策建议

近年来，怀柔区围绕提升怀柔科学城吸引人才的软硬件质量，做了大量的工作，包括创建首都院士之家怀柔服务中心、建立海创产业技术研究院、推出"雁栖计划"人才品牌、与海淀区建立战略合作关系等，已经有了一定的基础。下一步，建议在以下几个方面进行完善：

（一）建立健全吸引外籍人才来怀的相关政策办法

加快落实吸纳外籍人才制度机制的顶层设计，提升外籍人才来怀工作、居留便利化水平。一是建立外籍人才权限管理体系，提升管理与服务能力。发挥外籍人才服务平台作用，安排"一对一"服务专员，为外籍人才提供创新创业、出入境、子女入学、看病就医等线上线下服务；加强服务外延，注重外籍人才团队建设。二是更新补充现行与外籍人才相关政策办法，保障、明确与外籍人才有关的权益和义务。为外籍人才办理人才签证、工作类居留许可、私人事务类居留许可、短期私人事务签证、兼职创业意向证明等服务提供便利条件和绿色途径。三是建设服务外籍人才的"一站式"政务服务工作站，进一步降低外籍人才申领口岸签证、停留居留、永久居留标准门槛，放宽居留期限，简化报批材料，提升外籍人才服务便利化水平。

（二）优化外籍人才生活配套保障

加快基础设施建设，针对外籍人才生活特性，提升交通、医疗、教育、商业、餐饮等质量水平。一是完善住房服务保障。按照合理规划、分类保障的原则，建立科技人才长期居住、短期交流居住等分类分层次住房保障体系。分层次、多渠道为外籍人才提供科学家小院、商品房和人才公租房，为外籍人才提供购房资格审核、网上签约、缴税、不动产登记流程等全流程购房服务。二是完善教育服务保障。按照高等教育牵引、基础教育支撑、社会办学补充的原则，建立多层次、多元化的教育服务保障体系，为外籍人才子女就读怀柔公立学校国际班、北京青苗国际学校顺义总校等提供绿色通道和专车接送等服务。三是完善医疗服务保障。突出区域医疗特色，结合重大科技基础设施和交叉平台研究，建设质子、重离子治疗等高端医疗机构。共建中国科学院大学附属北京怀柔医院，统筹社区卫生服务中心和社区卫生服务站等基层医疗机构，完善区域医疗卫生服务体系。积极为外籍人才及家庭成员提供怀柔医院特需医疗部绿色通道、全国百佳医院门诊预约和外语陪诊服务。四是完善商业服务保障。强化怀柔科学城商贸服务、旅游休闲等配套设施建设，依托雁栖小镇建设雁栖湖文化商业综合体，培育购物休闲、生活体验有机融合的商业新业态。

（三）协助提升外籍人才科研水平满足科技创新需求

积极利用北京或周边科研院所资源，选派外籍人士到科研院所深造，提高科研水平。区外与各高等学府、科研机构合作，京内挖掘北京高校资源，区内依托中国科学院大学，为外籍人才提供再教育机会，提供相应实习岗位和晋升空间。补充完善高校人才国际交流制度和奖学金激励制度，鼓励外籍人才跨学科选修、辅修第二学位，增加实验班数量。积极进行校企合作，培养优秀外籍人才为我所用。大力开展跨区域联合活动，开展短期交换生项目、中外合作办学、国际学术会议等，鼓励在校学生参与国际竞赛，从而增强国际知名度和影响力，利用隐形资本"声望"来吸引国际人才。

（四）积极丰富外籍人才精神生活

以开放的心态包容不同文化的人们在价值观、思维方式、宗教信仰和生活习惯等方面的差异，跨越"文化障碍"，避免形成"文化孤岛"。生态文明方面，积极推进生态建设，使"蓝天白云，绿水青山"成为常态；营造尊重人才和外来友人的氛围，真正形成"用才、爱才、重才"的社会环境；建立体系化的辅助机构，根据需要介绍我国法律法规和当地风俗习惯，为国际人才快速进入全新环境、独立开展工作生活提供帮助和人文关怀。尝试依托产业集聚效应，打造像合肥"科学岛"这类适合国际人才生活的国际化社区。人文交流方面，加强与国外科学城、国家实验室、知名大学的联系，建立国际人才联系网络体系。建设不同文化外籍人才街区，提供国际人才需要的心理诊所、图书馆、文化艺术中心、餐厅、咖啡馆、教堂、双语标识系统及公共交流空间，构建国际人才社区微生态，增强外籍人才归属感。引进国际化学术会议和组织积极落户怀柔。加强本地居民外语交流能力培训，为外籍人才在本地工作、生活中降低日常交流障碍，同时应注意在交通指示、公共场所标语、餐厅菜单、景区标识等处采用双语标识，降低外籍人才在本地工作和生活中的困惑和不便利性。

作者：冯瑶，中共北京市怀柔区委党校培训二科教师。

推进生态与科技产业融合发展
打造百年科学城的亮丽生态底色

　　党的十九届五中全会明确提出支持绿色技术创新，指出要"促进经济社会发展全面绿色转型，建设人与自然和谐共生的现代化……加快推动绿色低碳发展……强化绿色发展的法律和政策保障，发展绿色金融，支持绿色技术创新，推进清洁生产，发展环保产业，推进重点行业和重要领域绿色化改造"。在给首届世界科技与发展论坛的贺信中，习近平总书记指出："当前，新一轮科技革命和产业变革不断推进，科技同经济、社会、文化、生态深入协同发展，对人类文明演进和全球治理体系发展产生深刻影响。"其中，提高科技创新能力，协调推进生态与科技产业融合发展，有助于生态环境优势转化为经济优势、进一步激发科技创新潜力。

　　国家支持北京形成国际科技创新中心，为首都新发展带来了新的机遇。怀柔科学城是北京推进国际科技创新中心建设"三城一区"主平台，是世界级原始创新承载区。2017 年 5 月，国家发展改革委、科技部联合批复《北京怀柔综合性国家科学中心建设方案》，同意建设北京怀柔综合性国家科学中心。根据《北京城市总体规划（2016 年—2035 年）》，怀柔科学城要建成与国家战略需要相匹配的世界级原始创新承载区，打造战略性前瞻性基础研究新高地、综合性国家科学中心集中承载地、生态宜居创新示范区。怀柔科学城主要围绕物质、信息与智能、空间、生命、地球系统等五大科学方向的成果孵化，着力培育科技服务业、新材料、生命健康、智能信息与精密仪器、太空与地球探测、节能环保等高精尖产业，构建"基础设施—基础研究—应用研究—技术开发—成果转化—高精尖产业"的创新链，产业发展符合区域生态功能定位。

怀柔属于北京的生态涵养区，对于怀柔科学城的建设和发展来说，生态与科技产业的融合发展很重要，既是对自身优势的充分利用，又是对科学城的促进和提升。

一、生态与科技产业融合发展是怀柔科学城的显著特征

生态与科技产业的融合发展其内涵非常丰富，一方面可以理解为对水源、森林、土壤等生态资源的有效利用，把绿水青山变成金山银山，即通过科学技术与创新手段，将生态作为一种产业，有效率、有节制、可持续地开发利用、加工转化自然生态资源，在治理生态环境的同时，注重生态本身的价值，从而通过科技创新将生态优势转化为经济优势。另一方面，可以理解为理念上的契合，即打造生态科技产业，在区域产业发展定位上，以绿色、循环、低碳为导向，发展关联度高、带动力强、绿色低碳的节能环保产业，将科技产业活动纳入到生态系统的大循环，实现经济效益与生态效益的最大化。或者说非节能环保产业但企业在建设和运行过程中使用了环保技术、节能减排技术，具备一定的生态环保特点。发展生态、节能、环保的科技产业内涵具体包括：科技产业发展要服从生态环境建设要求，严格落实生态保护红线；科技产业要服务生态，形成一批专门服务生态环境保护和治理的产业，如新能源产业、节能环保产业、污水处理产业、垃圾处理产业等；科技产业提升生态，通过科技产业推广资源节约、循环利用、零污染零排放技术等提升生态环境水平。

生态与科技产业融合发展是怀柔科学城的显著特征。一方面，打造百年科学城，是实现中华民族伟大复兴中国梦的战略安排，科技是核心，亮丽的生态底色是基础和保障，百年科学城的打造需要以可持续发展作为基本原则，在经济社会、资源环境等方面与区域协调可持续发展，而生态与科技产业的融合发展应是重要支撑点和关键发力点，这是怀柔科学城的显著特色。另一方面，《北京城市总体规划（2016年—2035年)》确定怀柔区的功能定位是：首都北部重点生态保育和区域生态治理协作区、服务国家对外交往的生态发展示范区、绿色创新引领的高端科技文化发展区。怀柔区正加快构建以科学城为统领的"1＋3"（"1"：生态涵养；"3"：科技创新、会议休闲、影视文化）融合发展新格局。生态与科技产业的融合发展契合区域功能定位和发展新格局，将成为推动怀柔科学城创新发展、高质量发展的有力支撑，是打造百年科学城的必然选择与显著特征。

二、扬长避短推进生态科技产业融合发展

怀柔科学城位于北京市东北部，以怀柔区为主，并拓展到密云区部分地区，规划面积 100.9 平方公里，其中，怀柔区域 68.4 平方公里，占规划面积的 67.8％；密云区域 32.5 平方公里，占规划面积的 32.2％。怀柔科学城战略定位是世界级原始创新承载区，功能定位是"两地一区"，即：战略性前瞻性基础研究新高地、综合性国家科学中心集中承载地、生态宜居创新示范区。综合性国家科学中心是怀柔科学城的显著特色和明显标志，主要围绕物质科学、信息与智能科学、空间科学、生命科学、地球系统科学五大科学方向，重点推进"五个一批"，即建成一批国家重大科技基础设施和科技平台；吸引一批国内外顶尖科学家、科技领军人才、青年科技人才和创新创业团队；集聚一批高水平的科研院所、高等学校、创新型企业；开展一批基础研究、前沿交叉研究等科技创新活动；产出一批世界领

先的原创科研成果，提高我国在基础研究和交叉前沿领域的原始创新能力和科技综合实力，代表国家在更高层次上参与和引领国际科技竞争合作。

截至 2020 年 12 月，综合极端条件实验装置、高能同步辐射光源、空间环境地基综合监测网（子午工程二期）等 5 个大科学装置已经全部开工建设，其中，高能同步辐射光源、多模态跨尺度生物医学成像设施、空间环境地基综合监测网（子午工程二期）3 个大科学装置实现主体封顶，综合极端条件实验装置完成竣工验收并进入科研状态；5 个交叉研究平台完成竣工验收，进入科研设备安装调试阶段，其中，材料基因组研究平台、清洁能源材料测试诊断与研发平台两大研究平台进入了科研状态；11 个科教基础设施和第二批 5 个交叉研究平台正在加快建设，其中，7 个科教设施和 2 个交叉研究平台实现主体封顶；中国科学院物理研究所怀柔园区启用，物理所 5 个研究组、超过 200 名科研人员入驻开展科研设备安装调试和科研工作。这在很大程度上标志着科学设施平台从建设阶段开始转向建设与运行并重的阶段。同时，科学城创新小镇功能不断完善，城市客厅、科学之光、国际人才社区、雁栖河生态廊道等一批配套设施项目加快推进，并全面构建科学创新生态体系。怀柔科学城原始创新动力和城市活力逐步增强，各类创新要素呈现明显聚集趋势，建设框架全面拉开，北京怀柔综合性国家科学中心建设成效初步显现。当前，科学城范围固定资产投资加速明显，高新技术产业发展平稳，科学城建设逐步发力。

本文采用 SWOT 分析又称为态势分析法，即优势（Strength）—劣势（Weakness）—机会（Opportunity）—威胁（Threat）分析，对怀柔科学城生态科技产业的融合发展进行系统分析，分析其所处环境，所具有的优势、劣势，以及面临的机会和威胁，提出利用优势、挖掘机会，利用优势、克服威胁，捕捉机会、克服劣势，紧急处理将加剧劣势恶化的威胁的思路，探索实现怀柔科学城生态与科技产业融合发展这一战略目标的措施或路径。

（一）优势分析

1. 丰富的生态资源和优质的自然环境是发展生态产业发展的重要依托

怀柔空气质量好，严格执行重污染天气应急措施，加大减排力度。2020 年全年细颗粒物（PM2.5）年均浓度为 29 微克/立方米，排名全市第一，PM10、SO_2、NO_2 三项污染物浓度和重污染天数五项指标全市第一，优良天数达到 290 天，生态环境状况指数排名全市第一。2019 年全面启动国家森林城市创建，2020 年深入推进森林城市建设，完成新一轮平原造林 7744 亩，治理京津风沙源二期营林造林 4.73 万亩，抚育林木 16.1 万亩，全区林木绿化率、森林覆盖率分别达到 81%、59.32%，植被生态质量位居全市第一，绿色生态空间进一步扩大。

怀柔地处首都饮用水源保护区，怀柔境内有 64 条河流，总长度 911 公里，其中四级以上河流 17 条，大小水库 22 座，山泉 774 处，年水资源总量 8.6 亿立方米，占全北京市水资源总量的 1/5；地表水环境质量达到国家二级标准，考核全市排名第一。丰富的生态资源和良好的环境质量是怀柔区生态与科技产业融合发展的支撑和优势，一方面，科技产业可以利用生态资源进行科技研发和生产；另一方面，干净的空气，清洁的水源，高比例的绿化空间，为科研人员提供优质的生活和工作环境，可进一步提高人口红利。

2. 雁栖湖国际会都为信息交流与发展融合提供高端平台与载体

国际会都这张名片是促进怀柔生态与科技产业融合发展的对外交流平台，借助这一优势，可以举办生态类与科技产业类国际国内会议，将生态科技产业化和科技产业生态化的路径打通，建立各种节能环保技术、污染治理技术、生态治理技术等企业和组织的信息共享平台。

3. 区域功能定位和现有政策、实践是生态与科技产业融合发展的坚实基础

怀柔紧扣生态涵养区和"三城一区"主平台功能定位，加快构建以科学城为统领的"1＋3"融合发展新格局，出台《怀柔科学城促进产业聚集专项政策（试行）》《怀柔区促进科技创新发展专项支持资金实施细则》《产业发展五年行动计划》等有利于生态、科技产业发展的政策措施，这是促进怀柔科学城生态与科技产业融合发展的关键政策基础。同时，怀柔区在探索生态、科技产业融合发展方面已有一定的基础。比如，宝山镇盘道沟村利用本村闲置的屋顶建设光伏电站，采用"统一规划、集中开发、专业运维"的户用分布式光伏发电系统。利用新能源技术减少了环境污染，这是科学技术促进生态环保的一个有力实践。

4. 科学城高科技人才集聚为生态产业融合发展提供智力支持

怀柔科学城的第一要素是科学家，随着科学城建设与发展，会吸引一大批海外高层次人才、世界级科学家、国内外高水平创新人才，聚集各领域各类型人才，这无疑是促进生态与科技产业融合发展的关键资本要素。

（二）劣势分析

1. 怀柔有限的资源环境承载力一定程度制约科学城生态产业化、规模化发展

怀柔科学城规划就业岗位约 22 万个，居住人口总规模 26 万～28 万人。这些人口无论工作还是生活都需要相应的能源资源消耗，同时，科学城入驻企业、科研院所、其他组织等在日常运行中要有能源资源支撑。而怀柔辖区面积 2122.82 平方公里，平原面积只有 164.95 平方公里，科学城怀柔区域面积 68.4 平方公里，占到平原面积的 41.5%。怀柔的资源环境承载力是一个硬约束，近一半的平原用来支持建设科学城，这是一个挑战。如此大的功能负荷，对生态产业化、规模化来

说可能会受到一定制约。

2. 财政收入低会造成公共基础设施供给不足、优惠政策受限，制约企业科技创新

2019 年，怀柔全区一般公共预算收入 404778 万元，按照常住人口 41.4 万人计算，人均一般公共预算收入为 9777 元，仅为北京市当年人均财政收入的 36%。这在一定程度上限制了企业创新发展所需要的公共基础设施供给（比如道路等硬件设施）以及对企业的各项优惠政策（比如财政补贴、创新奖励等）。

3. 企业科技创新能力不强，科技化意识不够

2019 年，全区规模以上企业共 207 家，其中有研究与试验发展活动的企业 51 家，占 24.6%；有研发机构的企业 15 家，仅占 7.2%；全年规模以上企业研究与试验发展经费内部支出 85207 万元，占当年地区生产总值的 2.75%，低于北京市平均水平（6.17%）。

（三）机会分析

当前，国家非常重视科技与经济、社会、文化、生态的协同发展，因此，科技与生态的融合发展是新的发展趋势，借助怀柔科学城建设，也是顺应生态科技产业融合发展的大环境和机会。

生态科技类产业发展潜力较大。2019 年，怀柔三次产业结构为 2.2∶52.0∶45.8，二产比重仍然较高，产业结构仍需优化。其中，科学研究和技术服务业占地区生产总值的 4.7%，信息传输、软件和信息技术服务业占地区生产总值的 0.36%，水利、环境和公共设施管理业占地区生产总值的 2.2%。可见，科技、环保类产业总体所占比重较低，增长空间较大，这也是怀柔科学城生态科技产业融合发展的一个潜在机会。

（四）挑战分析

生态红线的划定限制以生态资源为生产要素的生态科技产业。

2018年7月12日，北京市正式印发生态保护红线。根据划定范围，北京市生态保护红线面积4290平方公里，占市域总面积的26.1%。生态保护红线主要分布在西部、北部山区，包括以下区域：水源涵养、水土保持和生物多样性维护的生态功能重要区、水土流失生态敏感区；市级以上禁止开发区域和有必要严格保护的其他各类保护地。怀柔区在生态保护红线范围内的主要涉及怀柔水库区域、喇叭沟门区域。北京市生态保护红线严禁不符合主体功能定位的各类开发活动，严禁任意改变用途，确保生态功能不降低、面积不减少、性质不改变。生态保护红线划定后，只能增加，不能减少。因此，以生态资源为生产要素的生态科技产业会因此受到限制，这对于生态与科技产业融合发展是一项挑战。

三、多措并举推进怀柔科学城生态科技产业融合发展

（一）将生态与科技产业融合发展作为区域经济发展的一项重要内容加以推进

1. 围绕怀柔区域功能定位和科学城产业定位，制定生态与科技产业融合发展实施方案，强化顶层设计

建议制定生态与科技产业融合发展实施方案，强化协同融合的顶层设计，科学引导生态产业落地开花。方案首先要对怀柔科学城建设的生态理念进行合理设计，明确如何通过科技创新手段的运用凸显科学城生态资源的使用和生态理念的融入。例如，倡导垃圾分类、厨余垃圾沼气利用、清洁能源使用、污水处理等方面的设计，这些应在方案中具体化。同时，方案应明确科学城需要倡导和发展的生态产业名录和保障措施，这些保障措施包括产业政策、科技创新政策、金融政策、财税政策、要素供给政策等，通过各种优惠政策加大对生态产业的支持。各类支持首先要贯彻落实国家和北京市层面相关政策要求，

进而根据怀柔实际制定特色化优惠扶持政策。比如,为加大力度吸引国际一流人才,加快提升医疗保障服务水平,支持具有国际医疗保险结算服务的高水平医疗机构在怀柔科学城落地,为国际人才营造更好的生活环境。

2. 加快引进生态产业入驻科学城,积极开展绿色技术研发和创新

怀柔科学城在产业方面,围绕物质、空间、地球系统、生命、智能等五大科学方向的成果孵化,着力培育科技服务业、新材料、生命健康、智能信息与精密仪器、太空与地球探测、节能环保等高精尖产业,构建"基础设施—基础研究—应用研究—技术开发—成果转化—高精尖产业"的创新链。从生态与科技创新融合的角度,建议加快引进生态产业入驻科学城,比如污水处理研发企业、大气污染治理技术研发企业、土壤污染修复企业、节能减排企业等。借助中科院科研院所、中国科学院大学等科研机构,搭建学术交流平台和合作发展平台,积极开展污染末端治理、超低排放、生态修复、能源资源节约循环利用、清洁生产和绿色化改造等领域关键技术攻关和创新,为生态产业发展提供技术支撑。

3. 打造生态产业链,培育上下游产业和竞争产业,形成产业集聚效应

产业集聚的规模优势和技术创新优势都会对全要素生产率增长产生重要促进作用,生态产业的集聚将会进一步促进生态与科技产业的高效融合。因此,通过对投资怀柔科学城的企业提供土地、税收和融资等各种优惠,主动诱导促使生态企业向科学城集聚,构建科学城生态产业链,作为怀柔产业的重要引领方向,培育上游研发产业和下游应用产业,以及横向的竞争产业,实现产业链延伸和拓展,促进上下游产业之间的紧密联系,横向之间的充分竞争,充分发挥产业集聚的经济效应。

4. 以科学城企业为依托、利用市场机制促进生态与科技产业的融合

将森林、水资源、草地等生态要素作为一种特殊的公共产品进行

开发，积极探索资源定价机制，用价格杠杆调节资源高效利用。推进生态建设项目的企业化经营、产业化运作、环保科技手段应用，运用招投标、经营权转让等方式把生态项目推向市场，注重科学城节能环保等高科技产业与区域生态资源的有效衔接，促进怀柔生态资源借助科学城优势充分体现、充分利用、价值充分实现。

（二）怀柔科学城基础设施建设要充分体现绿色生态与科技创新

1. 怀柔科学城与环保相关的基础设施在设计和建设时要采用高标准

怀柔科学城是"科学＋城"，科技是核心，而很多环保技术也是科技，因此，促进科学城生态科技产业融合发展很重要的一点是要体现在科学城的设计方面。所有跟环保相关的公共服务、基础设施，在设计和建设时都要采用高标准。比如建筑物墙体保温材料、雨污分流系统、污水处理技术、垃圾处理技术、节能减排技术等都要执行高标准。同时，在科学城内倡导垃圾分类，分类的要求、设置和管理也都要达到国内先进水平。同时，每个入驻科学城的企业都要在生态科技、节能环保方面有自己的体现和重视，比如，企业所使用的建设楼宇是节能减排楼，可以通过自己发电实现零排放不耗一度电。而像这类企业本身不是节能环保企业，但其建筑设计时引进了先进技术，属于低碳零排放，在符合怀柔科学城产业定位条件下，可以优先引进。按照这样的思路进行设计和建设，就逐渐形成了怀柔科学城自身的特点和主题，这本身就是生态与科技融合的一个诠释。

2. 在科学城内高效利用太阳能光伏发电技术，满足部分用电用热需求

借助科学城清洁能源材料测试诊断与研发平台和创新小镇能源科技公司企业的专业优势，对科学城用能用热进行合理设计，充分利用太阳能光伏发电技术，降低科学城能耗负荷、减少污染物排放。比如，使用太阳能电池的储能路灯；在建筑顶部安装分布式并网光伏电站和

太阳能热水器,满足部分用电用热需求;用薄膜太阳能电池作为建筑幕墙,既可以解决普通玻璃幕墙产生的光污染问题,又能够满足部分用电需求;还可以设计使用太阳能光伏及电网联合供电的电动汽车作为科学城内的代步工具。

(三)提高全区思想认识,促进生态科技产业融合发展的理念深入人心

1. 建设一个以"生态与科技产业融合发展"为主题的展示中心,提升对生态科技融合发展的重视和宣传

围绕"生态与科技产业融合发展"这一主题,在科学城建设一个博物馆,一方面能够提升对生态与科技产业融合发展的重视程度;另一方面,也是基于怀柔区域功能定位对生态与科技两大核心理念的大力宣传。前期进行充分调研和设计,将科学城内的高校、科研院所和公司企业先进的生态科技理念、好的做法、科研成果等进行展示和宣传。比如,雨污分流工程、垃圾分类流程、零耗电智能建筑、清洁能源技术以及节能环保高科技研发等,通过实景重现、流程模拟、现场体验、图片影像资料进行展览,充分融入科技元素和生态理念,吸引区内外人士前来参观,走进科学城、了解科学城,共同推动科学城生态科技产业的融合发展。

2. 立足怀柔区天然绿色生态优势,加快培育生态有价理念,把发展绿色生态产业相关内容纳入各级各类教育培训

怀柔区生态资源丰富,在保护的同时也要树立"绿水青山就是金山银山"的理念,既要生产物质产品,也要生产优质的生态产品。生态与科技产业的融合不仅是物质链的融合,也是生态链的融合,更是基于生态规律、经济规律、社会规律、怀柔科学城科技产业优势的融合。生态产品应是有形的,能够体现劳动价值,可交换的产品实体。生态产品价值的体现源于各环境要素的支撑,因此可将清洁的水、空气、土壤、森林等优质环境要素凝练为生态产品的基本有形载体。在

此基础上，立足怀柔区天然绿色生态优势，培育生态有价理念，通过创造、维系改善及修复技术提供生态产品，共享生态惠民的成果。同时，要加强教育培训，把发展绿色生态产业相关内容纳入各级各类教育培训，提高大众特别是领导干部的思想认识，真正把生态与科技产业融合发展摆在更加重要的位置来抓。

作者：杜倩倩，中共北京市怀柔区委党校教师。

探索怀柔科学城科技与旅游产业融合发展的路径

随着科学城的建设和发展，科技给区域旅游产业注入了源源不断的新活力，全国很多城市都纷纷利用其科技资源，大力发展科技旅游业。对于怀柔来说，科技旅游业有望成为推动怀柔经济发展的新引擎。

一、加快科技旅游发展的重要意义

（一）完善旅游产业体系，推动传统旅游业转型升级

旅游业一直是怀柔支柱产业之一。怀柔拥有科学城、国际会都、中国影都、长城山水、民宿乡风、农家美味等众多旅游名片与品牌，这些旅游资源都是宝贵财富。这些旅游品牌融入实时天气预报、线路查询、3D实景等旅游科技手段，一方面让传统旅游更加便捷、新颖；另一方面，让科技旅游成为旅游的一大亮点，也是传统旅游的有益补充，形成山水＋科技、民俗＋科技等的资源整合，增强吸引力。发展科技旅游可以使怀柔旅游产品由山水、自然拓展到科学、文化等领域，让游客的体验感与互动感更强；可以使原有旅游产品重组重塑，形成具有怀柔特点的科技旅游几大线路，增添怀柔科技旅游品牌名片；可以使旅游产业为来怀游客提供更人性化、专业化、智能化、精细化的管理与服务；还可以分流怀柔发展较为成熟的自然景观游、风土人情

游等传统旅游形式的游客，保护自然资源，顺应"绿色经济"发展潮流，推动旅游业的可持续发展，进而使整个旅游业转型升级，推动怀柔区经济向前发展。

（二）营造良好科技氛围，促进科学知识普及

近年来，怀柔区持续开展"干部学科技""科技大讲堂""科技创新大赛"等活动，进行科学知识普及，营造科技氛围。这些活动培养了人们对科技的兴趣，满足了不同年龄段群体了解科技的需求，对于干部，提升其科学素养；对于群众，培养其科学兴趣；对于青少年学生，激发其爱祖国、爱科学的科技报国情怀。在旅游的过程中使人们高度参与前沿科技的生产与研究过程，在提升其科学文化素养的同时，能够增强其创新能力与实践动手能力。尤其是怀柔的青少年学生，通过持续的耳濡目染与亲身参与，可以在将来更好地投身到怀柔科学城建设和科研院所发展中去。

（三）科技旅游带来经济效益，产生新的增长点

科技旅游是旅游行业的一个重要分支。在科技旅游景区建设运营过程中，不仅可以获取景区本身所带来的门票、内设娱乐体验项目费用等直接收益，以及餐饮、旅馆、交通运输、旅游纪念品等带来的间接增收，有利于怀柔招商引资、推广怀柔特产美食、便利交通、美化环境等，还可以完善地区基础设施建设、增加就业机会，进而推动怀柔的商业、饮食业、住宿业、交通运输业和园林绿化行业等的发展，提高当地居民生活水平和当地整体经济水平，为怀柔发展增添新的经济增长点。

（四）吸引科技企业与科技人才，实现互动双赢

发展科技旅游能让更多的人了解科学城、走近科学城。有助于提升怀柔科学城的知名度和影响力，吸引更多的科技企业、科学家和科

技人才入驻；而科学城的发展又可以为怀柔发展科技旅游提供更多资源和载体，实现互动双赢。

二、怀柔科学城科技旅游资源

《北京旅游绿皮书：北京旅游发展报告（2018）》中将北京的科技旅游资源分成了4种形式，即高校旅游、产业园区旅游、科技园区旅游和科技场馆旅游。[①] 其中值得一提的是，高校旅游除了依靠高校的深厚文化底蕴和优美校园环境吸引游客（如北京大学、清华大学、武汉大学、厦门大学等）外，还包括每年各大高校举办的夏令营和各种科技节等活动；科技场馆游则是以科技博物馆、展览馆等为依托，采用科技实物展示、高新科技手段演示等方法，向游客介绍基础科学原理和高新技术手段。其中科技场馆游是最早也是占比最大的科技旅游形式。

（一）怀柔科技旅游资源分析

根据怀柔科学城现有的科技资源以及科学城未来的空间规划，怀柔科技旅游大致可以分为大科学装置游、商务科技会展游、科研院校游以及科技产业园区游四大类。

1. 大科学装置游。

首先，怀柔科学城拥有五大科学装置，是北京市大科学装置最密集的地区。2019年7月底，五大科学装置已全部实现开工建设。2020年11月，综合极端条件实验装置已经率先进入了科研状态。到2025年，五个大科学装置将全部完工并投入使用。怀柔科学城将成为物质、信息和智能、空间、生命、地球系统等五大科学方向于一身的"科学

① 窦文章、赵玲玲：《北京科技与科技旅游发展研究——基于"旅游＋"视角》，北京旅游学会编著：《北京旅游绿皮书：北京旅游发展报告（2018）》，社会科学文献出版社2018年版，第205—207页。

城"，并拥有各领域前沿实验室等高端科技装置，充分彰显科技本色，大科学装置游将会是怀柔科技旅游的重中之重。在《北京市怀柔区全域旅游发展规划（2017—2025年）》（以下简称《规划》）中还明确提到未来将建设南北两个大科学装置科普中心等科技旅游产品，这两个大科学装置科普中心，将成为怀柔科技旅游的主要空间载体。北部以生命科学为主题，建设的生命科学体验馆，将是集病理、基因、干细胞、免疫细胞于一体的综合性科普教育平台。运用声、光、电、影等多媒体手段，营造出一个体验与互动的科学海洋。南部主要利用暗物质粒子探测卫星、实践十号返回式科学实验卫星、世界首座复现高超声速飞行条件的超大型激波风洞等高科技研究成果，与企业联合进行科研转化，同时定期举办高科技学术论坛，提供为国内外科学家交流、研讨的平台。

2. 商务科技会展游

包括由各高校、科研院所、怀柔科学城及有关部门筹备的各种科技论坛、研讨会等带来的商务科技会展旅游。如中国科学院大学会议中心举办的第二届磁性半导体、区块链、人工智能等学术论坛，由怀柔区科委主办的以"打造怀柔科学城　畅享绿色新能源"为主题的科技活动周，以及由科学城管理委员会主办、中科雁栖湖企业创新服务平台承办的"怀柔科学城雁栖科学论坛—科创·北京"专题论坛等。2020年怀柔区还广泛参与服贸会、中关村论坛、科博会；除此之外，还举办了世界心血管大会、黑马营企业家峰会、"国科大杯"创新创业大赛等科技活动。未来中央美术学院也将致力于与怀柔共同打造科学艺术博物馆、科学艺术节，举办国际大赛等活动。同时，怀柔区的许多会议会展场所也充满着科技元素，可以作为科技旅游资源。如雁栖湖国际会展中心坐落于雁栖湖畔，是集会议、展览、餐饮、酒店、综合配套服务于一体的综合型会展场馆，因其承接国际高端会议而受到全国乃至全世界的瞩目。在场馆建设中，会展中心运用了国内领先的太阳能供电储电系统、智能照明控制系统、雨水收集循环利用系统、餐厨垃圾处理系统、生活污水处理系统等 30 多项前沿节能技术和国内自主创新技术，内部各大宴会厅和会议室都配备了顶级视听设备，其本身就是一座以科技著称的智能旅游场馆。

3. 科研院校游

主要指区内的高校、科研院所，及其举办的各种科技活动项目。高校和科研院所包括中国科学院大学以及其物理、电子、力学等 18 家科研院所，北京电影学院怀柔新校区，中国人民解放军战略支援部队航天工程大学怀柔校区等高校。科技项目活动包括高校和科研院所举办的夏令营、挑战杯、科技开放日、科技竞赛等科技活动。

4. 科技产业园区游

这一分类包括科技园区和科技型企业两大类。科技园区包括北京纳米科技产业园、清华工研院雁栖湖创新中心、北京雁栖湖应用数学研究院以及有色金属新材料科创园等；科技型企业包括中科合成油技术有限公司、北京碧水源科技股份有限公司怀柔分公司等。其中，在中科合成油技术有限公司产业园区内的第四会议室，游览者戴上 3D 眼镜，就仿佛置身于宁煤制油的模拟工厂，切身体会它的工艺过程、内部结构、全场布局等情境。游览者还可参观用于实验的扫描电子显微镜、激光显微拉曼光谱仪、X 射线光电子能谱仪等高端精密的仪器等。

（二）科技旅游消费群体分析

1. 慕名而来的游客群体

这部分群体以青少年为主。自 2016 年起，每年 3 月中下旬国科大雁栖湖校区都会举办青少年科技创新大赛的决赛，2019 年，该大赛吸引了 30 万名青少年参赛。这些青少年了解怀柔之后，在一定程度上可以影响周边人群，带动有兴趣的亲人朋友或未能参赛的青少年日后来怀柔进行旅游活动。青少年群体对科学知识具有强烈的猎奇心理，大多喜欢互动性的科技游戏和有趣的科学现象，且他们自发进行科技旅游大多以家庭为单位，很大程度上会在当地留宿。

2. 科技相关人员

这一部分可以分为科技从业者和科技爱好者。科技从业者或是大科学装置的科学家与家人自发产生的科技旅游活动，怀柔区开展的各类论坛、研讨会、联盟理事会的科技交流活动大多对国内高校和科研院所人员开放，这些人员正是怀柔科学城科技旅游重要的受众群体。而对于全国乃至全世界的科技爱好者，这部分受众大多接受过高等教育，对前沿科技和科学城感兴趣自发来怀旅游，对科学技术有着强烈的爱好。

3. 各类培训群体

这部分消费群体包括怀柔本地培训班次和外地培训班次，这部分群体大多知识水平高、理解能力强，对科技以及怀柔发展高度关注。其中本地培训班次包括怀柔区处级干部、科级干部、初任公务员和青年人才等群体。而外来培训班次，主要包括全国各地的党政领导干部和科技型企业人才，他们对科技兴趣浓厚，未来很大可能开展科学城科技旅游，是科学城发展科技旅游宝贵的潜在资源。

三、对怀柔科学城科技旅游的建议

怀柔发展科技旅游具备一定的资源优势、市场优势，也有很多潜在的消费群体，预计怀柔以后每年的游客量有望持续增长。但怀柔还处于发展科技旅游的初期，还应根据科技旅游发展趋势，借鉴国际国内的发展经验，不断优化发展路径。基于此，提出以下几点建议：

（一）大科学装置"显"科技旅游特色

首先应重视对大科学装置和科普中心的利用，发挥其应有的作用，凸显科技旅游底色。在美国，无论是科学博物馆还是哈佛大学、麻省理工学院等高校的博物馆都在每周和每年特定的时间免费向公众开放，也会举办各种类型的科技文化活动；在波士顿每人都可申办波士顿科学博物馆会员卡，每次入馆除本人外还可携带一名客人作为会员卡的福利。未来，建议两大科普中心定期对外开放，或在不影响科学家工作以及保证安全的情况下，开放大科学装置实验室或者在大科学装置内部设置游客观光通道，让游客体验最前沿的科技成果；也可以借鉴波士顿的"年卡"模式，为感兴趣的潜在游客线上线下办理会员卡，充分利用大科学装置资源。针对大科学装置游，传递科学知识是未来怀柔科技旅游的一大亮点。为形成具有自身特色的科技旅游品牌，除科技小镇、"旅游嘉年华"等项目，还可以举办科技旅游节、科技夏令营、科普知识月等活动，切实打造充满活力和魅力的科学城。

（二）互动场馆"搭"科技旅游平台

科技性、互动性、趣味性、知识性相结合的科技场馆是发展科技旅游的支撑。尤其近年伴随着 VR、AR、人工智能等技术的发展，这种沉浸式的体验深受人们关注与喜爱。不少游客进行科技旅游活动为的就是进行科技项目体验，在开拓视野的同时感受高科技带来的便利。贵州省平塘国际天文体验馆就是宣传"中国天眼"的科学展馆，在搭建互动平台上下足了功夫。展馆内有序厅、射电体验厅、天文科普厅、儿童天文园、互动体验区，周边配套建设有时光之门、天文时空塔、暗夜观星园、"深空之眼"动感球幕飞行影院等天文科学体验项目，极具科幻感，生动形象地向游客展示了天文知识。现如今，平塘县因拥有享誉世界的大国重器中国"天眼"，已发展成为世界闻名的科技天文小镇。建议怀柔用好大科学装置，借鉴"天眼"经验，将声、光、投影、3D特效、计算机动画、VR等高新技术和天体物理、宇宙、生物结构、微观世界等要素有机融合，结合先进的影音播放系统，设置各种科技体验项目，为观众呈现一场视觉、听觉、触觉的极致盛宴。

科技感不仅体现在科技项目体验中，也体现在游玩的过程中。怀柔区传统旅游资源已有一定的科技配置，雁栖湖、青龙峡等景区的

VR 漫游、3D 实景、电子导游、实时天气预报等已体现了科技元素。我们可在此基础上深度开发，如开发"智能导游"App，量身定做专属于游客自身需求的旅游计划与线路，引进无人驾驶、指路引领、电子解说等功能的机器人，将遥感、人工智能、VR、AR、MR 等技术应用到游客在场馆内的购、娱、行以及应急中，使游客有更深切的科技体验，利用科技场馆搭建科技旅游的互动主平台。

（三）多样形式"聚"科技旅游客源

麻省理工学院的博物馆经常以最前沿的科技展品作为主题邀请小学生前去参观，还曾邀请空军退役人员讲解火箭和飞机的运行原理，并鼓励小朋友上台互动；美国一些小学每学年至少参观三次哈佛自然历史博物馆，每次都会有专门的志愿者耐心地为这些孩子进行讲解。这种专门针对青少年儿童的科技活动一定会吸引这部分受众，从而打开这一年龄段的客源。建议将科学城与大、中、小学校对接，利用中国科学院大学、北京电影学院、北京一零一中学怀柔校区以及北京各区各大学、中学、小学资源，举办"科技知识进校园"、科技夏令营等活动，重点吸引青少年学生。

对于其他客源群体，一方面应重视科学城现场教学基地的开发，另一方面在培训中应多渠道让学员深入全面了解科学城未来建设。对于本土的培训班次，建议将科学城纳入必设课程；对于外地来怀班次，根据班次不同精心设计、完善现场教学内容，规划现场教学路线，保证培训效果。比如运用多媒体形式重点讲解科学城以及大科学装置等建设的最新进展和最新规划，在介绍大科学装置的同时可以突出其开发的旅游项目，让在怀及来怀干部全面了解科学城及未来发展规划。

（四）专业公司"促"科技旅游发展

怀柔区目前主要有慕田峪长城、雁栖湖、红螺寺、青龙峡、黄花城水长城等 5 处 4A 及以上景区，有荆编技术、北京果脯传统制作技艺、敛巧饭风俗等非物质文化遗产项目，还有各种民宿、农家乐文化等传统旅游资源。要充分发挥怀柔科学城科技旅游公司的作用，整合怀柔旅游资源，设计适合不同游客群体旅游需求的旅游路线，将科技旅游与传统旅游融合，促进科技旅游创新发展。将原有传统旅游客源作为基础来吸引更多的游客，让老游客能够"留得下"，新游客能够"引得来"。

作者：刘颖，中共北京市怀柔区委党校实训服务指导科教师。